"十三五"国家重点出版物出版规划项目

卓越工程能力培养与工程教育专业认证系列规划教材

（电气工程及其自动化、自动化专业）

传感器技术案例教程

樊尚春　编著

机械工业出版社

本书分 13 章，介绍传感器的原理及其应用，包括传感器的特性与评估、热电式传感器、电位器式传感器、应变式传感器、硅压阻式传感器、电容式传感器、变磁路式传感器、压电式传感器、谐振式传感器、光纤传感器、微机械传感器，以及智能化传感器等。每章都给出了较丰富的应用实例及分析，并配有适量的思考题与习题。

本书可作为普通高校电气工程、自动化、测控技术与仪器、机械工程等专业本科生的教材，也可供相关专业的师生和有关工程技术人员参考。

本书配有免费电子课件和习题答案，欢迎选用本书作教材的老师发邮件到 jinacmp@ 163. com 索取，或登录 www.cmpedu.com 注册下载。

图书在版编目（CIP）数据

传感器技术案例教程/樊尚春编著 . —北京：机械工业出版社，2019. 9
"十三五"国家重点出版物出版规划项目　卓越工程能力培养与工程教育专业认证系列规划教材 . 电气工程及其自动化、自动化专业
ISBN 978-7-111- 63566-6

Ⅰ . ①传…　Ⅱ . ①樊…　Ⅲ . ①传感器—高等学校—教材　Ⅳ . ①TP212

中国版本图书馆 CIP 数据核字（2019）第 186057 号

机械工业出版社（北京市百万庄大街 22 号　邮政编码 100037）
策划编辑：吉　玲　责任编辑：吉　玲　王　荣　刘丽敏
责任校对：佟瑞鑫　封面设计：鞠　杨
责任印制：孙　炜
天津嘉恒印务有限公司印刷
2020 年 1 月第 1 版第 1 次印刷
184mm×260mm · 15 印张 · 370 千字
标准书号：ISBN 978-7-111-63566-6
定价：38. 00 元

电话服务　　　　　　　网络服务
客服电话：010-88361066　机 工 官 网：www.cmpbook.com
　　　　　010-88379833　机 工 官 博：weibo.com/cmp1952
　　　　　010-68326294　金 书 网：www.golden-book.com
封底无防伪标均为盗版　机工教育服务网：www.cmpedu.com

"十三五"国家重点出版物出版规划项目
卓越工程能力培养与工程教育专业认证系列规划教材
（电气工程及其自动化、自动化专业）
编审委员会

主 任 委 员

郑南宁　中国工程院 院士，西安交通大学　教授，中国工程教育专业认证协会电子信息与电气工程类专业认证分委员会　主任委员

副主任委员

汪槱生　中国工程院 院士，浙江大学 教授

胡敏强　东南大学 教授，教育部高等学校电气类专业教学指导委员会 主任委员

周东华　清华大学 教授，教育部高等学校自动化类专业教学指导委员会 主任委员

赵光宙　浙江大学 教授，中国机械工业教育协会自动化学科教学委员会 主任委员

章　兢　湖南大学 教授，中国工程教育专业认证协会电子信息与电气工程类专业认证分委员会 副主任委员

刘进军　西安交通大学 教授，教育部高等学校电气类专业教学指导委员会 副主任委员

戈宝军　哈尔滨理工大学 教授，教育部高等学校电气类专业教学指导委员会 副主任委员

吴晓蓓　南京理工大学 教授，教育部高等学校自动化类专业教学指导委员会 副主任委员

刘　丁　西安理工大学 教授，教育部高等学校自动化类专业教学指导委员会 副主任委员

廖瑞金　重庆大学 教授，教育部高等学校电气类专业教学指导委员会 副主任委员

尹项根　华中科技大学 教授，教育部高等学校电气类专业教学指导委员会 副主任委员

李少远　上海交通大学 教授，教育部高等学校自动化类专业教学指导委员会 副主任委员

林　松　机械工业出版社 编审 副社长

委员（按姓氏笔画排序）

于海生　青岛大学 教授

王　超　天津大学 教授

王志华　中国电工技术学会 教授级高级工程师

王美玲　北京理工大学 教授

艾　欣　华北电力大学 教授

吴在军　东南大学 教授

吴美平　国防科技大学 教授

汪贵平　长安大学 教授

张　涛　清华大学 教授

张恒旭　山东大学 教授

黄云志　合肥工业大学 教授

穆　钢　东北电力大学 教授

王　平　重庆邮电大学 教授

王再英　西安科技大学 教授

王明彦　哈尔滨工业大学 教授

王保家　机械工业出版社 编审

韦　钢　上海电力学院 教授

李　炜　兰州理工大学 教授

吴成东　东北大学 教授

谷　宇　北京科技大学 教授

宋建成　太原理工大学 教授

张卫平　北方工业大学 教授

张晓华　大连理工大学 教授

蔡述庭　广东工业大学 教授

鞠　平　河海大学 教授

序

工程教育在我国高等教育中占有重要地位，高素质工程科技人才是支撑产业转型升级、实施国家重大发展战略的重要保障。当前，世界范围内新一轮科技革命和产业变革加速进行，以新技术、新业态、新产业、新模式为特点的新经济蓬勃发展，迫切需要培养、造就一大批多样化、创新型卓越工程科技人才。目前，我国高等工程教育规模世界第一。我国工科本科在校生约占我国本科在校生总数的 1/3，近年来我国每年工科本科毕业生约占世界总数的 1/3 以上。如何保证和提高高等工程教育质量，如何适应国家战略需求和企业需要，一直受到教育界、工程界和社会各方面的关注。多年以来，我国一直致力于提高高等教育的质量，组织并实施了多项重大工程，包括卓越工程师教育培养计划（以下简称卓越计划）、工程教育专业认证和新工科建设等。

卓越计划的主要任务是探索建立高校与行业企业联合培养人才的新机制，创新工程教育人才培养模式，建设高水平工程教育教师队伍，扩大工程教育的对外开放。计划实施以来，各相关部门建立了协同育人机制。卓越计划要求试点专业要大力改革课程体系和教学形式，依据卓越计划培养标准，遵循工程的集成与创新特征，以强化工程实践能力、工程设计能力与工程创新能力为核心，重构课程体系和教学内容；加强跨专业、跨学科的复合型人才培养；着力推动基于问题的学习、基于项目的学习、基于案例的学习等多种研究性学习方法，加强学生创新能力训练，"真刀真枪"做毕业设计。卓越计划实施以来，培养了一批获得行业认可、具备很好的国际视野和创新能力、适应经济社会发展需要的各类型高质量人才，教育培养模式改革创新取得突破，教师队伍建设初见成效，为卓越计划的后续实施和最终目标的达成奠定了坚实基础。各高校以卓越计划为突破口，逐渐形成各具特色的人才培养模式。

2016 年 6 月 2 日，我国正式成为工程教育"华盛顿协议"第 18 个成员国，这标志着我国工程教育真正融入世界工程教育，人才培养质量开始与其他成员国达到了实质等效，同时，也为以后我国参加国际工程师认证奠定了基础，为我国工程师走向世界创造了条件。专业认证把以学生为中心、以产出为导向和持续改进作为三大基本理念，与传统的内容驱动、重视投入的教育形成了鲜明对比，是一种教育范式的革新。通过专业认证，把先进的教育理念引入了我国工程教育，有力地推动了我国工程教育专业教学改革，逐步引导我国高等工程教育实现从课程导向向产出导向转变、从以教师为中心向以学生为中心转变、从质量监控向持续改进转变。

在实施卓越计划和开展工程教育专业认证的过程中，许多高校的电气工程及其自动化、自动化专业结合自身的办学特色，引入先进的教育理念，在专业建设、人才培养模式、教学内容、教学方法、课程建设等方面积极开展教学改革，取得了较好的效果，建设了一大批优质课程。为了将这些优秀的教学改革经验和教学内容推广给广大高校，中国工程教育专业认证协会电子信息与电气工程类专业认证分委员会、教育部高等学校电气类专业教学指导委员会、教育部高等学校自动化类专业教学指导委员会、中国机械工业教育协会自动化学科教学委员会、中国机械工业教育协会电气工程及其自动化学科教学委员会联合组织规划了"卓越工程能力培养与工程教育专业认证系列规划教材（电气工程及其自动化、自动化专业）"。本套教材通过国家新闻出版广电总局的评审，入选了"十三五"国家重点图书。本套教材密切联系行业和市场需求，以学生工程能力培养为主线，以教育培养优秀工程师为目标，突出学生工程理念、工程思维和工程能力的培养。本套教材在广泛吸纳相关学校在"卓越工程师教育培养计划"实施和工程教育专业认证过程中的经验和成果的基础上，针对目前同类教材存在的内容滞后、与工程脱节等问题，紧密结合工程应用和行业企业需求，突出实际工程案例，强化学生工程能力的教育培养，积极进行教材内容、结构、体系和展现形式的改革。

经过全体教材编审委员会委员和编者的努力，本套教材陆续跟读者见面了。由于时间紧迫，各校相关专业教学改革推进的程度不同，本套教材还存在许多问题。希望各位老师对本套教材多提宝贵意见，以使教材内容不断完善提高。也希望通过本套教材在高校的推广使用，促进我国高等工程教育教学质量的提高，为实现高等教育的内涵式发展贡献一份力量。

卓越工程能力培养与工程教育专业认证系列规划教材

（电气工程及其自动化、自动化专业）

编审委员会

前　言

本书列入"'十三五'国家重点出版物出版规划项目"的"卓越工程能力培养与工程教育专业认证系列规划教材"子项目，主要适用于电气工程、自动化、测控技术与仪器、机械工程等专业的本科生，也适用于其他相关专业的学生。

传感器技术是信息获取的首要环节，在当代科学技术中占有十分重要的地位。所有的自动化测控系统，都需要传感器提供赖以做出实时决策的信息。随着科学技术的发展与进步，特别是系统自动化程度和复杂性的增加，对传感器测量的精度、稳定性、可靠性和实时性的要求越来越高。传感器技术已经成为重要的基础性技术，掌握传感器技术，能够合理应用传感器，对每个科技工作者与工程技术人员来说是应该具备的基本素养。

就技术内涵而言，传感器是通过敏感元件直接感受被测量，并把被测量转变为可用电信号的一套完整的测量装置。对于传感器，应从三个方面来把握：一是传感器的工作机理，体现在敏感元件上；二是传感器的作用，体现在完整的测量装置上；三是传感器的输出信号形式，体现在可以直接利用的电信号上。

本书围绕着上述三个方面进行内容的组织，注重传感器的敏感机理、整体结构组成、参数设计、误差补偿和应用特点等的介绍，注重在工业自动化领域典型的、常用的传感器的介绍，注重近年来出现的新型传感器技术的介绍。

本书以便于读者阅读、理解所涉及的知识点为原则，突出典型案例分析。对重要知识点给出有针对性的分析、讨论；对需要进行定量分析的重要知识点，通过简单算例讨论、计算实例、设计计算实例，给出较详细的计算过程与分析、讨论。在介绍具体传感器的第 3～13 章中，给出许多传感器的典型实例及其分析、讨论。为了便于读者系统掌握传感器技术的主要内容，开展深入学习、研究，每一章配置一定数量的思考题与习题。

本书共分 13 章。

第 1 章是绪论。介绍有关传感器的基本概念，传感器的作用实例分析，传感器的功能、分类、技术特点；论述传感器新原理、新材料、新工艺的发展，传感器微型化、集成化、多功能和智能化的发展，多传感器融合与网络化的发展以及量子传感技术的发展；简要介绍本书的特点。

第 2 章介绍传感器的特性与评估。介绍传感器静态标定、主要静态性能指标、传感器的动态响应及动态性能指标、动态标定与动态模型建立；给出传感器静态特性的计算实例和动态特性的计算实例。

第 3 章介绍热电式传感器。介绍温度概念、温度标准、测温方法与测温仪器分类，金属热电阻、半导体热敏电阻的特性及测温电桥电路，热电偶、半导体温度传感器的测温原理，全辐射式、亮度式和比色式三种常用的非接触式测温原理。

　　第4章介绍电位器式传感器。介绍电位器的基本结构与功能、工作原理、输出特性、阶梯特性和阶梯误差，非线性电位器的特性及其实现途径，电位器的负载特性、负载误差以及改善措施，电位器的结构与材料等。

　　第5章介绍应变式传感器。介绍金属电阻丝产生应变效应的机理，金属应变片的结构及应变效应，应变片的横向效应及减小横向效应的措施，电阻应变片的温度误差及补偿方法；详细介绍电桥电路原理、差动检测原理及其应用特点等。

　　第6章介绍硅压阻式传感器。介绍半导体材料产生压阻效应的机理、特点，单晶硅的晶向、晶面的表示，压阻效应与金属应变效应的比较，单晶硅的压阻系数矩阵与任意方向压阻系数的计算，压阻式传感器温度漂移的补偿等。

　　第7章介绍电容式传感器。介绍电容式敏感元件的基本结构形式、特性、等效电路以及典型的信号转换电路；讨论电容式传感器温度变化对结构稳定性和介质介电常数的影响、绝缘问题以及寄生电容的干扰与防止等。

　　第8章介绍变磁路式传感器。介绍电感式、差动电感式和差动变压器式变换元件的基本结构形式、特性、等效电路以及典型的信号转换电路，磁电感应式变换原理、电涡流式变换原理和霍尔效应等。

　　第9章介绍压电式传感器。介绍石英晶体、压电陶瓷、聚偏二氟乙烯等常用压电材料的压电效应及应用特点，压电换能元件的等效电路及信号转换电路；讨论压电式传感器的抗干扰问题。

　　第10章介绍谐振式传感器。讨论机械谐振敏感元件的谐振现象，谐振子的机械品质因数 Q 值；介绍谐振式传感器闭环自激系统的基本结构，在复频域、时域中的幅值与相位条件，谐振式传感器测量原理及特点等。

　　第11章介绍光纤传感器。介绍光纤的结构与种类、传光原理、集光能力及其传输损耗，光纤传感器中应用的强度调制、相位调制、频率调制的原理、应用特点等。

　　第12章介绍近年来迅速发展起来的微机械传感器。简要介绍微传感器的发展过程、应用的材料与加工工艺、传感器中敏感结构的建模与微弱信号处理问题等。

　　第13章介绍代表传感器发展大趋势的智能化传感器。简要介绍智能化传感器的组成原理、功能和涉及的基本传感器、应用软件以及发展前景。

　　第3~13章分别介绍了一些测量典型参数的传感器，包括传感器的结构组成、敏感机理、设计思路、误差补偿，以及典型应用实例与特点等。

　　本书由北京航空航天大学仪器科学与光电工程学院测控与信息技术系樊尚春教授编著，内容结合了作者30多年在该技术领域积累的教学、科研与工程实践的体会，特别地，还包括在国家自然科学基金"谐振式直接质量流量传感器结构优化及系统实现（69674029）""科氏质量流量计若干干扰因素影响机理与抑制（60274039）""谐振式硅微结构压力传感器优化设计与闭环系统实现（50275009）""谐振式硅微结构传感器综合测试系统（科学仪器专项，60927005）""频率型微陀螺谐振子振动非线性特性的理论与实验研究（61273060）""具有差动检测结构的石墨烯谐振式压力传感器研究（61773045）"等项目资助下取得的部分研究结果，在此向国家自然科学基金委员会表示衷心感谢。

在本书编写过程中，为了充分反映国内外传感器技术的发展过程和最新进展，参考了一些国内外专家学者的教材与论著，清华大学丁天怀教授审阅了全稿并提出了许多宝贵的意见与建议，在此一并表示衷心感谢。

传感器技术领域内容广泛且发展迅速，限于作者的学识与水平，教材中的错误与不妥之处，敬请读者批评指正。作者的联系方式：shangcfan@ buaa. edu. cn。

作　者

目 录 Contents

第1章

绪　论

主要知识点：

传感器在信息技术中的重要作用

传感器的组成与基本结构

敏感元件在传感器中的重要作用

传感器的分类方式

传感器技术的应用特点及其发展趋势

微机械加工工艺在传感器中的应用

多传感器融合与传感器网络

无线传感器网络与物联网的发展

1.1　传感器的作用实例分析

什么是传感器？其作用是什么？下面以四个典型的压力传感器作为实例进行说明。

实例1：电位器式真空膜盒压力传感器（Potenti-ometer Pressure Transducer）的结构如图1-1所示。该传感器的核心部件为真空膜盒，由它直接感受被测气体压力。气体压力变化使膜盒产生位移变化，经放大传动机构带动电刷在电位器上滑动，则可从电位器电刷与电源地端间得到相应的输出电压，因此该输出电压的大小即可反映出被测压力的大小。若想知道传感器输出电压信号与被测气体压力的定量关系，就必须深入研究、分析传感器的敏感元件，即真空膜盒自身在气体压力作用下，其中心位移特性变化的有关规律；还要研究真空膜盒的几何结构参数和材料参数对这种定量关系的影响规律。在此基础上，合理设计、选择真空膜盒的有关参数，以便使所实现的电位器式压力传感器达到较理想的工作状态。

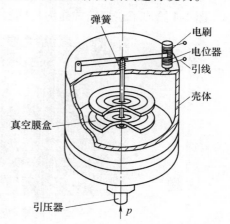

图1-1　电位器式真空膜盒压力
传感器的结构图

图1-2给出了电位器式真空膜盒压力传感器的实物图。

实例2：谐振筒式压力传感器（Resonant Cylinder Pressure Transducer）的结构如图1-3所示。该传感器的核心部件是谐振筒，由它直接感受被测压力。气体压力变化引起谐振筒的

图1-2　电位器式真空膜盒压力传感器的实物图

应力变化，导致其等效刚度变化；这个过程中谐振筒的等效质量几乎没有变化，因此，谐振筒的谐振频率发生了变化。所以通过对谐振筒谐振频率的测量就可以得到作用于谐振筒内的气体压力的量值。若想知道传感器输出频率信号与被测气体压力的定量关系，就必须深入研究、分析传感器的敏感元件，即谐振筒自身在气体压力作用下，其固有振动特性的有关规律；还要研究谐振筒的几何结构参数和材料参数对这种定量关系的影响规律。在此基础上，合理设计、选择谐振筒的有关参数，以便使所实现的谐振筒式压力传感器达到较理想的工作状态。

图1-4给出了谐振筒式压力传感器的实物图。

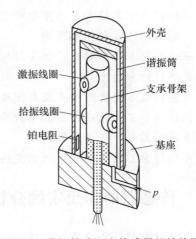

图1-3　谐振筒式压力传感器的结构图

图1-4　谐振筒式压力传感器的实物图

实例3：热激励硅微结构谐振式压力传感器

图1-5所示为一种典型的热激励硅微结构谐振式压力传感器的敏感结构，它由方形平膜片、梁谐振子和边界隔离部分构成。方形平膜片作为一次敏感元件，直接感受被测压力，将被测压力转化为膜片的应变与应力；在膜片的上表面制作浅槽和梁谐振子，以梁谐振子作为二次敏感元件，感受膜片上的应力，即间接感受被测压力。外部压力的作用使梁谐振子的等

效刚度发生变化，从而梁谐振子的固有频率随被测压力的变化而变化。通过检测梁谐振子固有频率的变化，即可间接测出外部压力的变化。若想知道传感器输出频率信号与被测气体压力的定量关系，就必须深入研究、分析传感器的敏感元件，即方形平膜片在压力作用下，梁谐振子固有振动特性的有关规律；还要研究方形平膜片、梁谐振子的几何结构参数和材料参数，梁谐振子在方形平膜片上的位置对这种定量关系的影响规律。在此基础上，合理设计、选择方形平膜片、梁谐振子的有关参数，以便使所实现的硅微结构谐振式压力传感器达到较理想的工作状态。

图 1-6 给出了硅微结构谐振式压力传感器敏感结构部分的实物图。

实例 4：石墨烯谐振式压力传感器

图 1-7 所示为一种新型的石墨烯谐振式压力传感器原型示意图，采用单晶硅制作方形平膜片为一次敏感元件直接感受被测压力；设置于方形平膜片上的双端固支石墨烯梁谐振子（Double Ended clamped Graphene Beam resonator, DEGB）作为二次谐振敏感元件间接感受被测压力。若想知道传感器输出频率信号与被测压力的定量关系，就必须深入研究、分析传感器的敏感元件，即方形平膜片在压力作用下，梁谐振子固有振动特性的有关规律；还要研究方形平膜片、梁谐振子的几何结构参数和材料参数，梁谐振子在方形平膜片上的位置对这种定量关系的影响规律。在此基础上，合理设计、选择方形平膜片、梁谐振子的有关参数，以便使所实现的硅微结构谐振式压力传感器达到较理想的工作状态。图 1-8 给出了 A、B 两类典型的复合敏感差动检测结构原理示意图，其中 A 类的两个 DEGB，一个设置于压力最敏感区域，另一个设置于压力弱敏感区域；B 类的两个

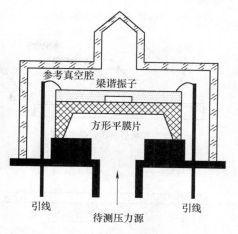

图 1-5 热激励硅微结构谐振式压力传感器的敏感结构示意图

图 1-6 硅微结构谐振式压力传感器敏感结构实物图

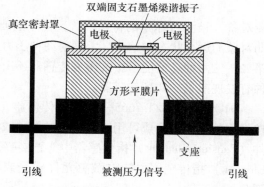

图 1-7 新型石墨烯谐振式压力传感器原型示意图

DEGB，一个设置于压力的正向最敏感区域，另一个设置于压力的负向最敏感区域。由于敏感结构极其微小，两个 DEGB 所处的温度场相同，温度对这两个 DEGB 谐振频率的影响规律也是相同的，因此通过差动检测方案可显著减小温度对测量结果的影响，实现高性能测量。

这四个实例充分说明，传感器直接的作用与功能就是测量。利用传感器，可以获得对被

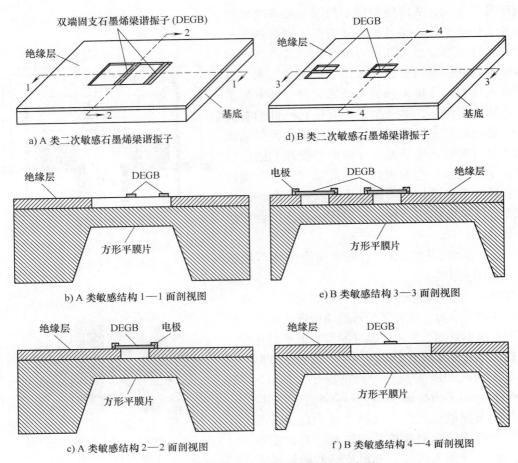

图 1-8　复合敏感差动检测结构原理示意图

测对象（被测目标）的特征参数，在此基础上进行处理、分析、反馈（监控），从而掌握被测对象的运行状态与趋势。上述前三种压力传感器成功应用于航空机载、工业自动化领域，第二、三两种高精度谐振式压力传感器还用于计量；第四种传感器目前还处于研究中，是一种有发展前景的新型传感器。

　　国家标准 GB/T 7665—2005 对传感器（Transducer/Sensor）的定义是：能感受被测量并按一定的规律转换成可用输出信号的器件或装置，通常由敏感元件和转换元件组成。敏感元件（Sensing Element）指传感器中能直接感受或响应被测量的部分；转换元件（Transducing Element）指传感器中能将敏感元件感受或响应的被测量转换成适于传输或测量的电信号部分。

　　根据国家标准的定义和传感器的内涵，传感器应当从以下三个方面来理解与把握：

　　1）传感器的作用——体现在测量上。获取被测量，即被测对象的特征量，根据传感器输入-输出特性，利用传感器的输出电信号解算出被测量。

　　2）传感器的工作机理——体现在其敏感元件上。敏感元件是传感器技术的核心，也是研究、设计和制作传感器的关键，更是学习本课程的重点。

　　3）传感器的输出信号形式——体现在其适于传输、处理与分析的电信号上。输出信号时需要解决非电量向电信号转换以及不适于传输、处理与分析的微弱电信号向适于传输、处理与分析的可用电信号转换的技术问题，反映了传感器技术在信息技术领域作为源头的时代性。

因此，认识一个传感器就必须从其功能、作用上入手，分析它是用来测量被测对象的什么"特征量"的；这个"特征量"为什么能够被测量，基于什么敏感机理感受被测量；通过什么样的转换装置或信号调理电路才能够给出可用的电信号输出。

传感器的基本结构组成如图1-9所示，其核心是敏感元件。在图1-1、图1-3、图1-5、图1-7中，敏感元件分别为真空膜盒、谐振筒、方形平膜片和其上制作的一个双端固支梁谐振子、硅膜片和其上制作的一对双端固支石墨烯梁谐振子。

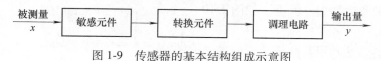

图1-9　传感器的基本结构组成示意图

事实上，人类的日常生活、生产活动和科学实验都离不开测量。从本质上说，测量的功能就是人们的感觉器官（眼、耳、鼻、舌、身）所产生的视觉、听觉、嗅觉、味觉、触觉的延伸和替代。如果把计算机看作自动化系统的"电脑"，就可以把传感器形象地比喻为自动化系统的"电五官"。可见，传感器技术是信息系统、自动化系统中信息获取的首要环节。如果没有传感器对原始参数进行准确、可靠、在线、实时地测量，那么无论信号转换、信息处理分析的功能多么强大，都没有任何实际意义。

在信息技术领域，传感器是源头。没有传感器，就不能实现测量，不能获得原始信息；没有测量，就没有科学，也就没有技术。因此，大力发展传感器技术在任何领域、任何时候都是重要的和必要的；掌握传感器技术，合理应用传感器几乎是所有技术领域工程技术人员必须具备的基本素养。

1.2　传感器的分类

1.2.1　按输出信号的类型分类

按传感器输出信号的类型，可以分为模拟式传感器、数字式传感器、开关型（二值型）传感器三类；模拟式传感器直接输出连续电信号，数字式传感器输出数字信号，开关型传感器又称二值型传感器，即传感器输出只有"1"和"0"或开（ON）和关（OFF）两个值，用来反映被测对象的工作状态。

1.2.2　按传感器能量源分类

按传感器能量源，可以分为无源型和有源型两类。无源型传感器不需要外加电源，而是将被测量的相关能量直接转换成电量输出，故又称能量转换器，如热电式、磁电感应式、压电式、光电式等传感器；有源型需要外加电源才能输出电信号，故又称能量控制型。这类传感器有应变式、压阻式、电容式、电感式、霍尔式等。

1.2.3 按被测量分类

按传感器的被测量——输入信号分类，能够很方便地表示传感器的功能，也便于用户使用。按这种分类方法，传感器可以分为温度、压力、流量、物位、质量、位移、速度、加速度、角位移、转速、力、力矩、湿度、浓度等传感器。生产厂家和用户都习惯于这种分类方法。

1.2.4 按工作原理分类

传感器按其工作原理或敏感原理，分为物理型、化学型和生物型三大类，如图1-10所示。

物理型传感器是利用某些敏感元件的物理性质或某些功能材料的特殊物理性能制成的传感器。如利用金属材料在被测量作用下引起的电阻值变化的应变效应的应变式传感

图1-10 传感器按照工作原理的分类

器；利用半导体材料在被测量作用下引起的电阻值变化的压阻效应制成的压阻式传感器；利用电容器在被测量的作用下引起电容值的变化制成的电容式传感器；利用磁阻随被测量变化的简单电感式、差动变压器式传感器；利用压电材料在被测力作用下产生的压电效应制成的压电式传感器等。

物理型传感器又可以分为结构型传感器和物性型传感器。

结构型传感器是以结构（如形状、几何参数等）为基础，利用某些物理规律来感受（敏感）被测量，并将其转换为电信号实现测量的。例如图1-1所示的电位器式真空膜盒压力传感器，必须有按规定参数设计制成的真空膜盒压力敏感元件；当被测压力作用在真空膜盒压力敏感元件上时，引起真空膜盒位移变化，通过杠杆转换机构带动电位器电刷的移动，导致电位器输出电压变化，从而实现对压力的测量。对于电容式压力传感器，必须有按规定参数设计制成的电容式压力敏感元件；当被测压力作用在电容式压力敏感元件的动极板上时，引起电容间隙变化，导致电容值变化，从而实现对压力的测量。而对于谐振式压力传感器，必须设计制作一个合适的感受被测压力的谐振敏感元件；当被测压力变化时，改变谐振敏感结构的等效刚度，导致谐振敏感元件的固有频率发生变化，从而实现对压力的测量。

物性型传感器就是利用某些功能材料本身所具有的内在特性及效应感受（敏感）被测量，并转换成可用电信号的传感器。例如利用半导体材料在被测压力作用下引起其内部应力变化导致其电阻值变化制成的压阻式传感器，就是利用半导体材料的压阻效应而实现对压力测量的；利用具有压电特性的石英晶体材料制成的压电式压力传感器，就是利用石英晶体材料本身具有的正压电效应而实现对压力测量的。

一般而言，物理型传感器对物理效应和敏感结构都有一定的要求，但侧重点不同。结构型传感器强调要依靠精密设计制作的结构才能保证其正常工作；而物性型传感器则主要依靠材料本身的物理特性、物理效应来实现对被测量的敏感。

近年来，由于材料科学技术的飞速发展与进步，物性型传感器应用越来越广泛。这与该类传感器易于小型化、低功耗、便于批量生产、性价比高等特点密切相关。

化学型传感器是利用电化学反应原理，把无机或有机化学的物质成分、浓度等转换为电信号的传感器。最常用的是离子敏传感器，即利用离子选择性电极，测量溶液的 pH 值或某些离子（如 K^+、Na^+、Ca^{2+} 等）的活度。电极的测量对象不同、测量的特征值不同，但其测量原理基本相同，主要是利用电极界面（固相）和被测溶液（液相）之间的电化学反应，即利用电极对溶液中离子的选择性响应而产生的电位差。所产生的电位差与被测离子活度的对数呈线性关系，故检测出其反应过程中的电位差或由其影响的电流值，即可得到被测离子的活度。

化学型传感器的核心部分是离子选择性敏感膜。膜可以分为固体膜和液体膜。液体膜有玻璃膜、单晶膜和多晶膜等；液体膜有带正、负电荷的载体膜和中性载体膜。

化学型传感器广泛应用于化学分析、化学工业的在线检测及环保检测中。

生物型传感器是近年来发展很快的一类传感器，它利用生物活性物质的选择性来识别和测定生物化学物质。生物活性物质对某种物质具有选择性亲和力或功能识别能力；利用这种单一识别能力来判定某种物质是否存在，浓度是多少，进而利用电化学的方法转换成电信号。

生物型传感器主要由两大部分组成。其一是功能识别物，作用是对被测物质进行特定识别。功能识别物主要有酶、抗原、抗体、微生物及细胞等。用特殊方法把这些识别物固化在特制的有机膜上，形成具有对特定的从低分子到大分子化合物进行识别的功能膜。其二是电、光信号转换装置，作用是把在功能膜上进行的识别被测物所产生的化学反应转换成电信号或光信号。最常用的是电极，如氧电极和过氧化氢电极。也可以把功能膜固定在场效应晶体管上代替栅-漏极的生物型传感器，可使传感器体积很小。若采用光学方法识别在功能膜上的反应，则要靠发光强度的变化来测量被测物质，如荧光生物型传感器等。

生物型传感器的最大特点是能在分子水平上识别被测物质，在医学诊断、化工监测、环保监测等方面应用广泛。

本书重点讨论物理型传感器。

对于传感器，同一个被测量，可以采用不同的测量原理；而同一种测量原理，也可以实现对不同被测量测量的传感器。例如对温度传感器，可用不同材料和方法来实现，如金属热电阻温度传感器、热敏电阻温度传感器、热电偶温度传感器、P-N 结二极管温度传感器和红外温度传感器等。而对于应变式测量原理，可以实现对多个参数测量的传感器，如应变式力传感器、应变式加速度传感器、应变式压力传感器和应变式扭矩传感器等。因此，必须掌握不同的测量原理实现测量不同被测量的传感器时，各自具有的特点。

通常，将传感器的工作原理和被测量结合在一起，可以对传感器进行命名，即先说工作原理，后说被测参数，如应变式力传感器、硅压阻式加速度传感器、电容式压力传感器、压电式振动传感器和谐振式质量流量传感器等。

1.3　传感器技术的特点

传感器技术涉及传感器的机理研究与分析、传感器的设计与研制、传感器的性能评估与应用等，是一门综合性技术。传感器技术具有以下特点：

1）涉及多学科与技术。传感器的敏感机理涉及许多基础学科，如物理量传感器就包括物理学科中的力学、电学、光学、声学、热学、原子物理等；而传感器的实现与多个技术学科密切相关，如材料、机械、电工电子、微电子、控制、信号处理、计算机技术等。由于现代技术发展迅速，敏感元件、转换元件与信号调理电路，以及传感器产品也得到了较快的发展，使得一些新型传感器具有原理新颖、机理复杂、技术综合等鲜明的特点。相应地，需要不断更新生产技术，配套相关的生产设备，同时更需要有多方面的高水平科技人才协同创新、通力合作。

2）品种繁多。被测参数包括热工量（温度、压力、流量、物位等），电工量（电压、电流、功率、频率等）、机械量（力、力矩、位移、速度、加速度、转角、角速度、振动等）、物理量（光、磁、湿度、浊度、声、射线等）、化学量（氧、氢、一氧化碳、二氧化碳、二氧化硫等）、生物量（酶、细菌、细胞、受体等）、状态量（开关、二维图形、三维图形等）等，故需要发展多种多样的敏感元件和传感器。除了传感器的基本类型，还要根据应用场合和不同具体要求来研制多种不同的规格和型号，生产大量派生产品。

3）应用领域十分广泛。无论是工业、农业和交通运输业，还是能源、气象、环保和建材业；无论是高新技术领域，还是传统产业；无论是大型成套技术装备，还是日常生活用品和家用电器，都需要采用大量的敏感元件和传感器。例如，我国复兴号动车组列车，整车检测点达 2500 多个，传感器需要采集 1500 多项车辆状态信息，对列车运行状态、振动、轴承温度、冷却系统温度、牵引制动系统状态、车厢环境等进行监测。

4）总体要求性能优良，环境适应性好。即要求传感器具有高的稳定性、高的重复性、低的迟滞和快的响应等。对于处于工业现场和自然环境下的传感器，应具有高的可靠性、良好的环境适应性，能够抗干扰、耐高温、耐低温、耐腐蚀、安全防爆，便于安装、调试与维修。

5）应用要求千差万别。有量大、面广、通用性高的，也有专业性强的；有单独使用单独销售的，也有与主机密不可分的；有的要求高精度，有的要求高稳定性，有的要求高可靠性；有的要求耐振动，有的要求防爆，等等。因此，不能用统一的评价标准进行考核、评估，也不能用单一的模式进行科研与生产。

6）在信息技术中发展相对缓慢，但生命力强大。相对于信息技术领域的传输技术与处理技术，作为获取技术的传感器技术发展缓慢，但一旦成熟，持续发展能力很强。像应变式传感技术已有 80 多年的历史，硅压阻式传感器也有 50 多年的历史，目前仍然在传感器技术领域占有重要的地位。与此同时，传感器技术的发展，极大地带动着信息技术的发展，有力支持着科学技术、工农业生产、国防建设等社会诸多方面的发展与进步。

1.4　传感器技术的发展

传感器技术的发展趋势突出表现在以下几个方面。

1.4.1　新原理、新材料和新工艺的发展

1. 新原理传感器

传感器的工作机理基于多种物理（化学或生物）效应和定律，由此启发人们进一步探索具有新机理的现象和新效应的敏感功能材料，并以此研制具有新原理的传感器，这是发展高性能、多功能、低成本和小型化传感器的重要途径。例如，近年来量子力学为纳米技术、

激光、超导研究、大规模集成电路等的发展提供了理论基础，利用量子效应研制的具有敏感某种被测量的量子敏感器件，像共振隧道二极管、量子阱激光器和量子干涉部件等，具有高速（比电子敏感器件速度提高 1000 倍）、低耗（低于电子敏感器件能耗的千分之一）、高效、高集成度、经济可靠等优点。此外，仿生传感器也有了较快的发展。这些将会在传感器技术领域中引起一次新的技术革命，从而把传感器技术推向更高的发展阶段。

2. 新材料传感器

传感器材料是传感器技术的重要基础。任何传感器都要选择恰当的材料来制作，而且要求所使用的材料具有优良的机械品质与特性。近年来，在传感器技术领域，所应用的新型材料主要有：

1）半导体硅材料。包括单晶硅、多晶硅、非晶硅、硅蓝宝石等，它们具有相互兼容的优良的电学特性和机械特性，因此，可采用硅材料研制多种类型的硅微结构传感器和集成传感器。

2）石英晶体材料。包括压电石英晶体和熔凝石英晶体（又称石英玻璃），它们具有极高的机械品质因数和非常好的温度稳定性，同时，天然的石英晶体还具有良好的压电特性，因此，可采用石英晶体材料研制多种微小型化的高精密传感器。

3）功能陶瓷材料。近年来，利用某些精密陶瓷材料的特殊功能可以制造一些新型传感器，这在气体传感器的研制、生产中尤为突出。利用不同配方混合的原料，在精密调制化学成分的基础上，经高精度成型烧结，可以制作出对某一种或某几种气体进行识别的功能识别陶瓷敏感元件，实现新型气体传感器。功能陶瓷材料具有半导体材料的许多特点，而且工作温度上限很高，有效弥补半导体硅材料工作上限温度低的不足。因此，功能陶瓷材料的进步意义很大，应用领域广阔。

此外，一些化合物半导体材料、复合材料、薄膜材料、石墨烯材料、形状记忆合金材料等，也在传感器技术中得到了成功的应用。随着研究的不断深入，未来将会有更多更新的传感器材料被研发出来。

3. 加工技术微精细化

传感器有逐渐小型化、微型化的趋势，这为传感器的应用带来了许多方便。以集成电路（IC）制造技术发展起来的微机械加工工艺，可使被加工的敏感结构的尺寸达到微米、亚微米，甚至纳米级，并可以批量生产，从而制造出微型化、价格便宜、性价比高的传感器，如微型加速度传感器、压力传感器、流量传感器等。这种传感器已广泛应用于汽车电子系统，大大促进了汽车工业的快速发展。

微机械加工工艺主要包括：

1）平面电子加工工艺技术，如光刻、扩散、沉积、氧化、溅射等。

2）选择性的三维刻蚀工艺技术，各向异性腐蚀技术、外延技术、牺牲层技术、LIGA 技术（X 射线深层光刻、电铸成型、注塑工艺的组合）等。

3）固相键合工艺技术，如 Si-Si 键合，实现硅一体化结构。

4）机械切割技术，将每个芯片用分离切断技术分割开来，以避免损伤和残余应力。

5）整体封装工艺技术，将传感器芯片封装于一个合适的腔体内，隔离外界干扰对传感器芯片的影响，使传感器工作于较理想的状态。

图 1-11 给出了利用硅微机械加工工艺制成的一种精巧的复合敏感结构。被测量直接作

用于 E 形圆膜片的下表面，在其环形膜片的上表面制作一对结构、参数完全相同的双端固支梁谐振子（梁谐振子 1、梁谐振子 2），并封装于真空内。由于 E 形圆膜片具有的应力分布规律，这两个梁谐振子一个处于拉伸状态，另一个处于压缩状态，可以实现差动检测机制，不仅提高了测量灵敏度，更大幅减小了共模干扰因素，特别是温度的影响，从而实现高性能测量。此外，基于该复合敏感结构的信号转换机制，通过适当调节 E 形圆膜片的厚度 H，便可以方便地适用于不同的测量范围。该复合敏感结构可用于测量绝对压力、集中力或加速度。图中所示为测量绝对压力的结构。

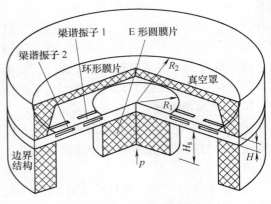

图 1-11 一种精巧的复合敏感结构

4. 传感器模型及其仿真技术

针对传感器技术的上述发展特点，传感器技术充分体现了其综合性。特别是涉及敏感元件输入-输出特性规律的参数以及影响传感器输入-输出特性的不同环节的参数越来越多。因此，在分析、研究传感器的特性，设计、研制传感器的过程中，甚至在选用、对比传感器时，都要对传感器的工作机理有针对性地建立模型和进行细致的模拟计算。如图 1-3 所示的谐振筒压力传感器和图 1-11 所示的精巧的复合敏感结构，没有符合实际情况的传感器的模型建立与相应的模拟计算，就不可能在定量意义上系统掌握它们，更谈不上研究、分析和设计。可见，传感器模型及其仿真技术在传感器技术领域中的地位日益突出。

1.4.2 微型化、集成化、多功能和智能化的发展

1. 微型化传感器

微型化传感器的特征之一就是体积小，其敏感元件的尺寸一般为微米级，由包括光刻、腐蚀、淀积、键合和封装等工艺的微机械加工技术制作。利用各向异性腐蚀、牺牲层技术和 LIGA 工艺，可以制造出层与层之间有很大差别的三维微结构，包括可活动的膜片、悬臂梁、桥以及凹槽、孔隙、锥体等。这些微结构与特殊用途的薄膜和高性能的集成电路相结合，已成功用于制造多种微型化传感器乃至多功能的敏感元阵列（如光电探测器等），如测量压力、力、加速度、角速率、应力、应变、温度、流量、成像、磁场、湿度、pH 值、气体成分、离子和分子浓度的传感器以及生物传感器等。

2. 集成化传感器

集成化技术包括传感器与 IC 的集成制造技术以及多参量传感器的集成制造技术，该技术缩小了传感器的体积、提高了抗干扰能力。采用敏感结构和信号处理电路与一体的单芯片集成技术，能够避免多芯片组装时引脚引线引入的寄生效应，改善器件的性能。单芯片集成技术在改善器件性能的同时，还可以充分地发挥 IC 技术可批量化、低成本生产的优势。

3. 多功能传感器

一般的传感器多为单个参数测量的传感器。近年来，也出现了利用一个传感器实现多个参数测量的多功能传感器。如一种同时检测 Na^+、K^+ 和 H^+ 的传感器，其几何结构参数为

2.5mm×0.5mm×0.5mm，可直接用导管送到心脏内进行检测，检测血液中的 Na^+、K^+ 和 H^+ 的浓度，对诊断心血管疾患非常有意义。

气体传感器在多功能方面的进步最具代表性。图 1-12 所示为一种多功能气体传感器结构示意图，能够同时测量 H_2S、C_8H_{18}、$C_{10}H_{20}O$、NH_3 四种气体。该结构共有 6 个用不同敏感材料制成的敏感部分，其敏感材料分别是 WO_3、ZnO、SnO_2、$SnO_2(Pd)$、$ZnO(Pt)$、$WO_3(Pt)$。它们对上述四种被测气体均有响应，但其响应的灵敏度差别很大；利用其从不同敏感部分输出的差异，即可测出被测气体的浓度。这种多功能的气体传感器采用厚膜制造工艺做在同一基板上，根据敏感材料的工作机理，在测量时需要加热。

4. 智能化传感器

所谓智能化传感器就是将传感器获取信息的基本功能与专用的微处理器的信息处理、分析功能紧密结合在一起，并具有诊断、数字双向通信等新功能的传感器。由于微处理器具有强大的计算和逻辑判断功能，故可方便地对数据进行滤波、变换、校正补偿、存储记忆、输出标准化等；同时实现必要的自诊断、自检测、自校验以及通信与控制等功能。智能化传感器由多片模块组成，其中包括传感器、微处理器、微执行器和接口电路，它们构成一个闭环系统，通过数字接口与更高一级的计算机控制相连，通过利用专家系统中得到的算法对传感器提供更好的校正与补偿。

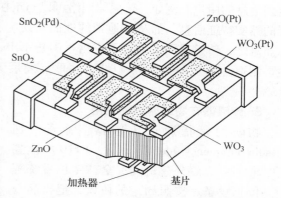

图 1-12 一种多功能气体传感器

图 1-13 所示为一个应用三维集成器件和异质结技术制成的三维图像传感器示意图，主要由光电变换部分（图像敏感单元）、信号传送部分、存储部分、运算部分、电源与驱动部分等组成。

智能化传感器的特征表明，其优点更突出，功能更多，精度和可靠性更高，应用更广泛。

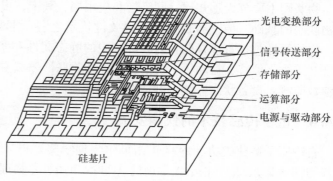

图 1-13 一种智能化图像传感器

1.4.3 多传感器融合与网络化的发展

1. 多传感器的集成与融合

由于单传感器不可避免存在不确定或偶然不确定性，缺乏全面性和鲁棒性，所以偶然的故障就会导致系统失效。多传感器集成与融合技术正是解决这些问题的良方。多个传感器不仅可以描述同一环境特征的多个冗余的信息，而且可以描述不同的环境特征。其显著特点是冗余性、互补性、及时性和低成本性。

多传感器的集成与融合技术涉及信息技术的多个领域，是新一代智能化信息技术的核心基础之一，已经成为智能机器与系统领域的一个重要研究方向。从 20 世纪 80 年代初以军事领域的研究为开端，多传感器的集成与融合技术迅速扩展到许多应用领域，如自动目标识别、自主车辆导航、遥感、生产过程监控、机器人、医疗应用等。

2. 传感器的网络化

随着通信技术、嵌入式计算技术和传感器技术的飞速发展和日益成熟，具有感知能力、计算能力和通信能力的微型传感器广泛应用。由这些微型传感器构成的传感器网络更是引起人们的极大关注。这种传感器网络能够协作地实时监测、感知和采集网络分布区域内的多种环境或监测对象的信息，并对这些信息进行处理分析，获得详尽而准确的信息，传送到需要这些信息的用户。例如，传感器网络可以向正在准备进行登陆作战的部队指挥官报告敌方岸滩的翔实特征信息，如丛林地带的地面坚硬度、干湿度等，为制定作战方案提供可靠的信息。总之，传感器网络系统可应用于国防军事、国家安全、环境监测、交通管理、医疗卫生、制造业、反恐抗灾等领域，并重点发展无线传感器网络（Wireless Sensors Network，WSN）。

3. 传感器在物联网中的应用

物联网是指通过传感器、射频识别（Radio Frequency Identification，RFID）标签（见图 1-14）、红外感应器、全球定位系统等信息传感设备，按照约定的协议，把物品与互联网相链接以进行信息交换和通信，实现智能化识别、定位、跟踪、监控和管理的一种网络。

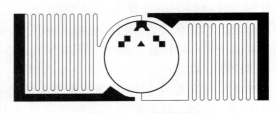

图 1-14　RFID 标签

物联网主要分为感知层、网络层和应用层，其中，由大量、多类型传感器构成的感知层是物联网的基础。传感器是物联网的关键技术之一，主要用于感知物体属性和进行信息采集。物体属性包括直接存储在射频标签中的静态属性和实时采集的动态属性，如环境温度、湿度、重力、位移、振动等。目前传感器在物联网领域主要应用于物流及安防监控领域、环境参数监测、设备状态监测、制造业过程管理。

1.4.4　量子传感技术的快速发展

自冷原子捕获成功（1997 年诺贝尔物理学奖）以来，波色-爱因斯坦凝聚（2001 年诺贝尔物理学奖）、量子相干光学理论（2005 年诺贝尔物理学奖）以及单个量子系统的测量与操控（2012 年诺贝尔物理学奖）等关键物理基础理论和技术的新发现、新突破，使得基于量子调控理论与技术的量子传感技术快速发展。同时，基于核磁共振的磁谱技术（1991 年诺贝尔化学奖）和核磁共振成像技术（2001 年诺贝尔医学或生理学奖）说明高灵敏度的科学仪器促进了新领域的研究。这充分说明，基础研究大大促进了新传感器、新仪器的发展，而新传感器和新仪器的实现又不断提升人类的探测能力，二者相辅相成。因此，量子传感技术的发展促进超高灵敏测量科学仪器的发展，促进研究人员不断获取新的实验数据、揭示新的自然现象、发现新的科学规律，为推动科学研究的持续创新与成果转化奠定坚实的理论与技术基础。

量子传感技术的研究在国际范围内得到了越来越多的重视与关注，已经成为学术研究与关键技术攻关的热点、重点、难点，虽然目前还没有完全发挥出其优势，还需要解决许多技术问题，但它的成功研制将会对人类社会、科学研究、国计民生、军事国防产生重要的影响，必将产生广泛的应用价值。

2016 年 10 月，北京航空航天大学仪器科学与光电工程学院承载的"量子传感技术"实验室获批工业和信息化部重点实验室。该实验室根据先进设备发展对量子传感技术的需求牵引，以及相关学科技术发展的推动，在分析国内外相关技术研究现状、发展趋势、国外技术差距的基础上，重点从四个方面开展研究工作：①无自旋交换弛豫（SERF）量子传感技术；②核磁共振量子传感技术；③金刚石色心原子量子传感技术；④冷原子量子传感技术。实验室建设将为我国量子传感技术又好又快的发展提供研究平台。

综上，近年来传感器技术得到了较大的发展，有力地推动着各个技术领域的发展与进步。作为信息技术源头的传感器技术，当其产生较快的发展时，必将为信息技术领域以及其他技术领域的发展、进步带来新的动力与活力。

1.5 本书的特点

本书是根据"'十三五'国家重点出版物出版规划项目"的"卓越工程能力培养与工程教育专业认证系列规划教材"子项目《传感器技术案例教程》制定的大纲而编写的，综合了国内外传感器技术发展过程、最新进展，特别反映了作者 30 多年来在该技术领域积累的教学、科研与工程实践的心得体会。

本书介绍传感器的基础理论知识，传感器的基本结构组成、误差分析与补偿措施、应用特点等。本书涵盖了传感器技术的主要内容，包括传感器的特性与评估、热电式传感器、电位器式传感器、应变式传感器、硅压阻式传感器、电容式传感器、变磁路式传感器、压电式传感器、谐振式传感器、光纤传感器、微机械传感器、智能化传感器等。

本书突出传感器的典型案例分析。对于重要知识点，给出有针对性的分析、讨论；便于进行定量分析的重要知识点，通过简单算例讨论、计算实例、设计计算实例，给出较详细的计算过程与分析、讨论；在介绍具体传感器的第 3~13 章中，给出许多传感器的典型实例及其分析、讨论。为了便于读者系统掌握传感器技术的主要内容，有利于读者开展深入学习、研究，每一章配置一定数量的思考题与习题。

通过本书的学习，读者可以理解传感器技术在信息技术中具有的重要地位，把握传感器技术领域的发展趋势；掌握典型传感器的机理研究与分析中的理论方法、设计与研制中的关键技术；了解传感器技术在信息技术、智能技术以及工业自动化领域中的典型应用，掌握传感器技术的应用特点。

思考题与习题

1-1 如何理解传感器？举例说明。

1-2 简述传感器技术在信息技术中的作用。

1-3 针对传感器的基本结构，简要说明各组成部分的作用。

1-4 图 1-1 所示的传感器提供了哪些信息？

1-5 简要说明图 1-3 所示传感器的工作机理。

1-6 阐述传感器技术的特点。

1-7 简要说明传感器技术发展过程中的主要特征。

1-8 查阅相关文献，说明"量子力学"对现代传感器技术的重要作用。

1-9 简要说明新材料和新工艺的发展对传感器技术的重要性。

1-10 如何理解传感器模型及其仿真技术的重要性？

1-11 简述图 1-11 所示的复合敏感结构实现测量加速度的机理。

1-12 图 1-11 所示的复合敏感结构能否测量相对压力？如果不能，应如何改进？

1-13 查阅相关文献，给出一个多功能传感器示意图，并进行简要说明。

1-14 简要说明图 1-12 所示传感器的工作机理。

1-15 简要说明物联网的组成及主要应用领域。为什么说感知层是基础？

1-16 查阅相关文献，针对一个物联网的应用实例进行简要说明。

第 2 章

传感器的特性与评估

主要知识点：

传感器的静态特性与静态标定

传感器静态标定的基本条件

传感器的主要性能指标及其意义

传感器的稳定性及其重要意义

传感器测量误差及其分项评估方法

传感器综合误差的评估

传感器的重复性与综合误差的极限点法评估

传感器的动态模型及其建立方法

传感器的主要动态特性指标及其计算

2.1 传感器的静态标定

　　静态标定（Calibration）是在一定标准条件下，利用一定等级的标定设备对传感器进行多次往复测试，获得传感器静态特性的过程，如图 2-1 所示。测试时，要求输入量 x 不随时间变化，或随时间变化的程度远缓慢于传感器固有最低阶运动模式的变化程度。

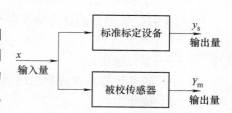

2.1.1 静态标定条件

图 2-1 传感器的静态标定

静态标定的标准条件主要反映在标定的环境、所用的标定设备和标定的过程上。

1. 标定环境

1）无加速度，无振动，无冲击。

2）温度为 15～25℃。

3）相对湿度不大于 85%。

4）大气压力为 0.1MPa。

2. 标定设备

$$\sigma_s \leqslant \frac{1}{3}\sigma_m \tag{2-1}$$

式中　σ_s，σ_m——标定设备的随机误差和被标定传感器的随机误差。

$$\varepsilon_s \leqslant \frac{1}{10}\varepsilon_m \tag{2-2}$$

式中 ε_s，ε_m——标定设备的系统误差和被标定传感器的系统误差。

3. 标定过程

在被测量的标定范围内，选择 n 个测量点 x_i（$i=1$，2，$\cdots$，n）；共进行 m 个循环，得到 $2mn$ 个测试数据：(x_i,y_{uij})、(x_i,y_{dij})（$j=1,2,\cdots,m$）；它们分别表示第 i 个测点，第 j 个循环正行程和反行程的测试数据。

n 个测点 x_i 通常是等分的，也可以是不等分的。例如可以在传感器工作较为频繁或者特性变化较大的区域，多取一些测点。同时，第一个测点 x_1 就是被测量的最小值 $x_{\min}$，第 n 个测点 x_n 就是被测量的最大值 $x_{\max}$。

2.1.2 传感器的静态特性

基于标定过程得到的 $(x_i，y_{uij})$、$(x_i，y_{dij})$ 测试数据，第 i 个测点的平均输出为

$$\overline{y}_i = \frac{1}{2m}\sum_{j=1}^{m}(y_{uij}+y_{dij}) \quad i=1,2,\cdots,n \tag{2-3}$$

通过式（2-3）得到了传感器 n 个测点对应的输入-输出关系$(x_i,\overline{y}_i)$，即为传感器的静态特性，也可以拟合成一条曲线来表述。

$$y = f(x) = \sum_{k=0}^{N}a_k x^k \tag{2-4}$$

式中 a_k——传感器的标定系数，反映了传感器静态特性曲线的形态；

N——传感器拟合曲线的阶次，$N\leqslant n-1$。

当 $N=1$ 时，传感器的静态特性为一条直线

$$y = a_0 + a_1 x \tag{2-5}$$

式中 a_0——零位输出；

a_1——静态传递系数或静态增益。通常传感器的零位是可以补偿的，则传感器的静态特性为

$$y = a_1 x \tag{2-6}$$

从应用的角度，式（2-5）描述的是线性传感器；而式（2-6）描述的是严格数学意义上的线性传感器。

传感器的静态特性也可以用表 2-1 或图 2-2 来表述。对于数字式传感器，一般直接利用上述 n 个离散的点进行分段（线性）插值来表述传感器的静态特性。

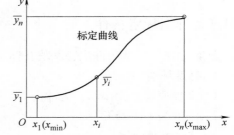

图 2-2　传感器的标定曲线

表 2-1　传感器的标定结果

x_i	x_1	x_2	$\cdots$	x_{n-1}	x_n
$\overline{y}_i$	$\overline{y}_1$	$\overline{y}_2$	$\cdots$	$\overline{y}_{n-1}$	$\overline{y}_n$

2.2　传感器的主要静态性能指标

2.2.1　测量范围与量程

传感器所能测量到的最小被测量 x_{min} 与最大被测量 x_{max} 之间的范围称为传感器的测量范围（Measuring Range），表述为 (x_{min}, x_{max}) 或 $x_{min} \sim x_{max}$；传感器测量范围的上限值 x_{max} 与下限值 x_{min} 的代数差 $x_{max} - x_{min}$，称为量程（Span）。

例如一温度传感器的测量范围是 $-55 \sim 105℃$，那么该传感器的量程为 $160℃$。

2.2.2　静态灵敏度

传感器被测量（输入）的单位变化量引起的输出变化量称为静态灵敏度（Sensitivity），如图 2-3 所示，可描述为

$$S = \lim_{\Delta x \to 0}\left(\frac{\Delta y}{\Delta x}\right) = \frac{\mathrm{d}y}{\mathrm{d}x} \qquad (2\text{-}7)$$

某一测点处的静态灵敏度是其静态特性曲线的斜率。线性传感器的静态灵敏度为常数，非线性传感器的静态灵敏度为变量。

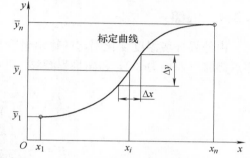

图 2-3　传感器的静态灵敏度

静态灵敏度是重要的性能指标。它可以根据传感器的测量范围、抗干扰能力等进行选择。特别是对于传感器中的敏感元件，其灵敏度的选择尤为关键。一方面，信号检测点或转换点总是设置在敏感元件的最大灵敏度处。另一方面，敏感元件不仅受被测量的影响，而且也受到其他干扰量的影响。因此，在优选敏感元件的结构及其参数时，就要使敏感元件的输出对被测量的灵敏度尽可能大，而对于干扰量的灵敏度尽可能小。

例如加速度敏感元件的输出量 y，理想情况下只是被测量 x 轴方向加速度 a_x 的函数，但也与干扰量 y 轴方向的加速度 a_y，z 轴方向的加速度 a_z 有关，即其输出为

$$y = f(a_x, a_y, a_z) \qquad (2\text{-}8)$$

那么对该敏感元件优化设计的原则为

$$|S_{ax}/S_{ay}| \gg 1 \qquad (2\text{-}9)$$
$$|S_{ax}/S_{az}| \gg 1 \qquad (2\text{-}10)$$

式中　$S_{ax} = \partial f/\partial a_x$——敏感元件输出对被测量 a_x 的静态灵敏度；

$S_{ay} = \partial f/\partial a_y$——敏感元件输出对干扰量 a_y 的静态灵敏度；

$S_{az} = \partial f/\partial a_z$——敏感元件输出对干扰量 a_z 的静态灵敏度。

2.2.3　分辨力与分辨率

传感器工作时，当输入量变化太小时，输出量不会发生变化；而当输入量变化到一定程度时，输出量才产生可观测的变化。即传感器的特性有许多微小起伏，如图 2-4 所示。

对于第 i 个测点 x_i，当有 $\Delta x_{i,min}$ 变化时，输出才有可观测到的变化，即输入变化量小于

$\Delta x_{i,\min}$ 时, 传感器的输出不会产生可观测的变化; 那么 $\Delta x_{i,\min}$ 就是该测点处的分辨力 (Resolution), 对应的分辨率为

$$r_i = \frac{\Delta x_{i,\min}}{x_{\max} - x_{\min}} \qquad (2\text{-}11)$$

考虑传感器的测量范围, 都能产生可观测输出变化的最小输入变化量的最大值 $\max |\Delta x_{i,\min}| \, (i=1, 2, \cdots, n)$ 就是该传感器的分辨力, 而传感器的分辨率为

$$r = \frac{\max |\Delta x_{i,\min}|}{x_{\max} - x_{\min}} \qquad (2\text{-}12)$$

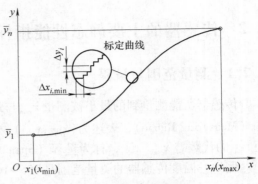

图 2-4　传感器的分辨力

传感器在最小测点处的分辨力通常称为阈值 (Threshold) 或死区 (Dead Band)。

2.2.4　温漂

由外界环境温度变化引起的输出量变化的现象称为温漂 (Temperature Drift)。温漂分为零点漂移 (Zero Drift)ν 和满量程漂移 (Full Scale Drift)β, 计算式如下:

$$\nu = \frac{\bar{y}_0(t_2) - \bar{y}_0(t_1)}{\bar{y}_{FS}(t_1)(t_2 - t_1)} \times 100\% \qquad (2\text{-}13)$$

$$\beta = \frac{\bar{y}_{FS}(t_2) - \bar{y}_{FS}(t_1)}{\bar{y}_{FS}(t_1)(t_2 - t_1)} \times 100\% \qquad (2\text{-}14)$$

式中　$\bar{y}_0(t_2), \bar{y}_{FS}(t_2)$——在规定的温度 (高温或低温) t_2 保温 1h 后, 传感器零点输出的平均值和满量程输出的平均值;

　　　$\bar{y}_0(t_1), \bar{y}_{FS}(t_1)$——在室温 t_1 时, 传感器零点输出的平均值和满量程输出的平均值。

2.2.5　时漂 (稳定性)

当传感器的输入和环境温度不变时, 输出量随时间变化的现象就是时漂, 反映的是传感器稳定性的指标。它是由于传感器内部诸多环节性能不稳定引起的。通常考核传感器时漂的时间范围是一小时、一天、一个月、半年或一年等, 可以分为零点漂移 d_0 和满量程漂移 d_{FS}, 计算式如下:

$$d_0 = \frac{\Delta y_{0,\max}}{y_{FS}} \times 100\% = \frac{|y_{0,\max} - y_0|}{y_{FS}} \times 100\% \qquad (2\text{-}15)$$

$$d_{FS} = \frac{\Delta y_{FS,\max}}{y_{FS}} \times 100\% = \frac{|y_{FS,\max} - y_{FS}|}{y_{FS}} \times 100\% \qquad (2\text{-}16)$$

式中　y_0, $y_{0,\max}$, $\Delta y_{0,\max}$——初始零点输出, 考核期内零点最大漂移处的输出, 考核期内零点的最大漂移;

　　　y_{FS}, $y_{FS,\max}$, $\Delta y_{FS,\max}$——初始的满量程输出, 考核期内满量程最大漂移处的输出, 考核期内满量程的最大漂移。

2.2.6 传感器的测量误差

传感器在测量过程中产生的测量误差的大小是衡量传感器水平的重要技术指标之一。传感器的测量误差是由于其测量原理、敏感结构的实现方式及参数、测试方法的不完善以及使用环境条件的变化带来的，可定义为

$$\begin{cases} \Delta y = y_a - y_t \\ \Delta x = x_a - x_t \end{cases} \tag{2-17}$$

式中　Δy——针对传感器输出值定义的测量误差；

Δx——针对传感器被测输入值定义的测量误差；

y_t，y_a——传感器的无失真输出值与传感器实际的输出值；

x_t，x_a——被测量的真值与由 y_a 解算出的被测量值。

对于传感器的指标计算，目前主要针对传感器的输出测量值。事实上，测量过程总是希望得到精确的输入被测量值。例如要测量大气压力，不论采用哪种传感器，都希望精确给出输入被测压力值。如对于图 1-1 所示电位器式压力传感器，希望由输出电压解算出精确压力值；而对于图 1-3 所示谐振筒式压力传感器，希望由输出频率解算出精确压力值。

对于线性传感器，其静态灵敏度为常值，由输出测量值计算出的性能指标，与由它们解算出的输入被测量值计算得到的性能指标相差极小。但对于非线性传感器，由于其灵敏度不为常值，即相同的输出变化量对应的输入变化量不同，非线性程度越大，差别越明显。这时应该由传感器的输入被测量值来计算有关性能指标。本书不对这一问题进行深入讨论，读者可阅读有关参考资料。

2.2.7 线性度

线性度又称传感器的非线性误差。传感器实际静态校准特性曲线与所选参考直线不吻合程度的最大值就是线性度（Linearity），如图 2-5 所示。其计算公式为

$$\xi_L = \frac{(\Delta y_L)_{max}}{y_{FS}} \times 100\% \tag{2-18}$$

$$(\Delta y_L)_{max} = \max |\Delta y_{i,L}| \quad i = 1, 2, \cdots, n$$

$$\Delta y_{i,L} = \bar{y}_i - y_i$$

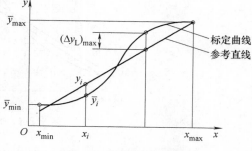

图 2-5　传感器的线性度

式中　$\Delta y_{i,L}$——第 i 个校准点平均输出值与参考直线的偏差，即非线性偏差；

y_{FS}——满量程输出，$y_{FS} = |B(x_{max} - x_{min})|$；$B$ 为所选参考直线的斜率。

参考直线不同，计算出的线性度不同，下面介绍几种常用的计算方法。

1. 绝对线性度 ξ_{LA}

绝对线性度又称理论线性度。参考直线是事先规定好的，过坐标原点 O 和所期望的最大输入值对应的输出点，与实际标定结果无关，如图 2-6 所示。

2. 端基线性度 ξ_{LB}

端基参考直线是两个端点 $(x_1, \bar{y}_1)$，$(x_n, \bar{y}_n)$ 的连线，如图 2-7 所示，端基参考直线为

$$y = \bar{y}_1 + \frac{\bar{y}_n - \bar{y}_1}{x_n - x_1}(x - x_1) \quad (2\text{-}19)$$

端基参考直线只考虑了标定的两个端点，实际测点的偏差分布可能不合理。

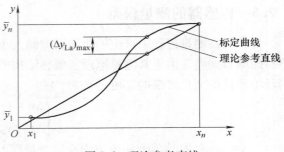

图 2-6　理论参考直线

3. 平移端基线性度 $\xi_{LB,M}$

将端基参考直线平移，使最大正、负偏差绝对值相等，得到平移端基参考直线，这样有效避免了端基参考直线的问题，如图 2-8 所示。

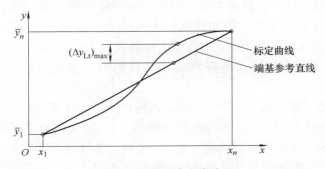

图 2-7　端基参考直线

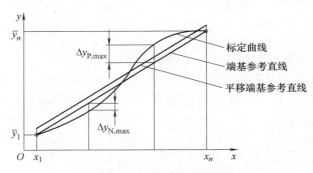

图 2-8　平移端基参考直线

由式（2-19）可以计算出第 i 个校准点平均输出值与端基参考直线的偏差

$$\Delta y_i = \bar{y}_i - y_i = \bar{y}_i - \bar{y}_1 - \frac{\bar{y}_n - \bar{y}_1}{x_n - x_1}(x_i - x_1)$$

假设上述 n 个偏差 Δy_i 的最大正偏差为 $\Delta y_{P,max} \geq 0$，最大负偏差为 $\Delta y_{N,max} \leq 0$，则平移端基参考直线为

$$y = \bar{y}_1 + \frac{\bar{y}_n - \bar{y}_1}{x_n - x_1}(x - x_1) + 0.5(\Delta y_{P,max} + \Delta y_{N,max}) \quad (2\text{-}20)$$

n 个测点对平移端基参考直线的最大正偏差与最大负偏差的绝对值相等，均为

$$\Delta y_{B,M} = 0.5(\Delta y_{P,max} - \Delta y_{N,max})$$

显然有

$$\Delta y_{B,M} \leqslant \max(\Delta y_{P,max}, -\Delta y_{N,max})$$

4. 最小二乘线性度 ξ_{LS}

取参考直线为

$$y = a + bx \tag{2-21}$$

总的偏差二次方和为

$$J = \sum_{i=1}^{n} (\Delta y_i)^2 = \sum_{i=1}^{n} [\bar{y}_i - (a + bx_i)]^2 \tag{2-22}$$

利用 $\partial J/\partial a = 0$，$\partial J/\partial b = 0$，可以得到最小二乘法最佳 a、b 值

$$a = \frac{\sum\limits_{i=1}^{n} x_i^2 \sum\limits_{i=1}^{n} \bar{y}_i - \sum\limits_{i=1}^{n} x_i \sum\limits_{i=1}^{n} x_i \bar{y}_i}{n \sum\limits_{i=1}^{n} x_i^2 - \left(\sum\limits_{i=1}^{n} x_i\right)^2} \tag{2-23}$$

$$b = \frac{n \sum\limits_{i=1}^{n} x_i \bar{y}_i - \sum\limits_{i=1}^{n} x_i \sum\limits_{i=1}^{n} \bar{y}_i}{n \sum\limits_{i=1}^{n} x_i^2 - \left(\sum\limits_{i=1}^{n} x_i\right)^2} \tag{2-24}$$

5. 独立线性度 ξ_{LD}

它是相对于"最佳直线"的线性度。最佳直线是指：对于式（2-21）描述的参考直线，任意改变参考直线的截距 a 与斜率 b，得到的最大偏差最小，可以描述为

$$\max_{\text{For all } i} |\bar{y}_i - (a + bx_i)| \rightarrow \min \tag{2-25}$$

2.2.8 迟滞

传感器正、反行程输出不一致的程度称为迟滞（Hysteresis），如图 2-9 所示。第 i 个测点正、反行程输出的平均校准点分别为 $(x_i, \bar{y}_{ui})$ 和 $(x_i, \bar{y}_{di})$，其偏差为

$$\Delta y_{i,H} = |\bar{y}_{ui} - \bar{y}_{di}| \tag{2-26}$$

$$\bar{y}_{ui} = \frac{1}{m} \sum_{j=1}^{m} y_{uij} \tag{2-27}$$

$$\bar{y}_{di} = \frac{1}{m} \sum_{j=1}^{m} y_{dij} \tag{2-28}$$

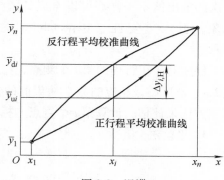

图 2-9　迟滞

则迟滞指标为

$$(\Delta y_H)_{max} = \max(\Delta y_{i,H}) \quad i = 1, 2, \cdots, n \tag{2-29}$$

考虑到标定过程的平均输出为参考值，则迟滞误差可定义为

$$\xi_H = \frac{(\Delta y_H)_{max}}{2y_{FS}} \times 100\% \tag{2-30}$$

2.2.9 非线性迟滞

综合考虑非线性偏差与迟滞，反映传感器正行程和反行程标定曲线与参考直线不一致的程度，如图 2-10 所示。对于第 i 个测点，传感器的标定点为 $(x_i, \bar{y}_i)$，参考点为 (x_i, y_i)；正、反行程输出的平均校准点 $(x_i, \bar{y}_{ui})$ 和 $(x_i, \bar{y}_{di})$ 对参考点 (x_i, y_i) 的偏差分别为 $\bar{y}_{ui} - y_i$ 和 $\bar{y}_{di} - y_i$；这两者中绝对值较大者就是非线性迟滞，即

$$\Delta y_{i,LH} = \max(|\bar{y}_{ui} - y_i|, |\bar{y}_{di} - y_i|) \quad (2\text{-}31)$$

对于第 i 个测点，非线性迟滞与非线性偏差、迟滞的关系为

$$\Delta y_{i,LH} = |\Delta y_{i,L}| + 0.5\Delta y_{i,H} \quad (2\text{-}32)$$

在整个测量范围，非线性迟滞为

$$(\Delta y_{LH})_{max} = \max(\Delta y_{i,LH}) \quad i = 1,2,\cdots,n \quad (2\text{-}33)$$

非线性迟滞误差为

$$\xi_{LH} = \frac{(\Delta y_{LH})_{max}}{y_{FS}} \times 100\% \quad (2\text{-}34)$$

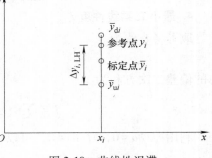

图 2-10 非线性迟滞

需要说明的是，由于非线性偏差的最大值和迟滞的最大值，不一定发生在同一个测点，因此传感器的非线性迟滞不大于线性度与迟滞误差之和。

2.2.10 重复性

传感器按同一方向多次重复测量时，同一个测点每一次的输出值不一样，可以看成是随机的。为反映这一现象，引入重复性（Repeatability）指标，如图 2-11 所示。

例如对于正行程的第 i 个测点，y_{uij} 是其输出子样 $(j = 1,2,\cdots,m)$，$\bar{y}_{ui}$ 是相应的数学期望值的估计值。可以利用下列方法来评估、计算第 i 个测点的标准偏差。

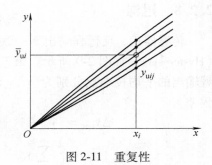

图 2-11 重复性

1. 极差法

$$s_{ui} = W_{ui}/d_m \quad (2\text{-}35)$$

$$W_{ui} = \max(y_{uij}) - \min(y_{uij}) \quad j = 1,2,\cdots,m$$

式中　W_{ui}——极差，第 i 个测点正行程 m 个标定值中的最大值与最小值之差；

d_m——极差系数，取决于测量的循环次数，即样本容量 m，见表 2-2。

类似可以得到第 i 个测点反行程的极差 W_{di} 和相应的 s_{di}。

$$s_{di} = W_{di}/d_m \quad (2\text{-}36)$$

$$W_{di} = \max(y_{dij}) - \min(y_{dij}) \quad j = 1,2,\cdots,m$$

表 2-2　极差系数表

m	2	3	4	5	6	7	8	9	10	11	12
d_m	1.41	1.91	2.24	2.48	2.67	2.83	2.96	3.08	3.18	3.26	3.33

2. 贝塞尔（Bessel）公式

$$s_{ui}^2 = \frac{1}{m-1}\sum_{j=1}^m (\Delta y_{uij})^2 = \frac{1}{m-1}\sum_{j=1}^m (y_{uij} - \bar{y}_{ui})^2 \tag{2-37}$$

s_{ui}的物理意义是：当随机测量值 y_{uij}看成是正态分布时，y_{uij}偏离期望值 $\bar{y}_{ui}$的范围在 $(-s_{ui}, s_{ui})$ 之间的概率为 68.37%；在 $(-2s_{ui}, 2s_{ui})$ 之间的概率为 95.40%；在 $(-3s_{ui}, 3s_{ui})$ 之间的概率为 99.73%，如图 2-12 所示。

类似地，可以给出第 i 个测点反行程的子样标准偏差为

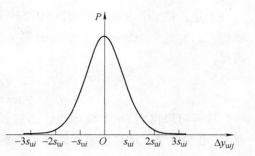

图 2-12　正态分布概率曲线

$$s_{di}^2 = \frac{1}{m-1}\sum_{j=1}^m (\Delta y_{dij})^2$$
$$= \frac{1}{m-1}\sum_{j=1}^m (y_{dij} - \bar{y}_{di})^2 \tag{2-38}$$

综合考虑正、反行程，若测量过程具有等精密性，则第 i 个测点子样标准偏差为

$$s_i = \sqrt{0.5(s_{ui}^2 + s_{di}^2)} \tag{2-39}$$

考虑全部 n 个测点，整个测量过程的标准偏差为

$$s = \sqrt{\frac{1}{n}\sum_{i=1}^n s_i^2} = \sqrt{\frac{1}{2n}\sum_{i=1}^n (s_{ui}^2 + s_{di}^2)} \tag{2-40}$$

利用标准偏差 s 就可以描述传感器的随机误差，即重复性指标

$$\xi_R = \frac{3s}{y_{FS}} \times 100\% \tag{2-41}$$

式中　$3s$——置信限或随机不确定度；

3——置信概率系数。

其物理意义是：在整个测量范围内，传感器相对于满量程输出的随机误差不超过 ξ_R 的置信概率为 99.73%。

2.2.11　综合误差

1. 综合考虑非线性、迟滞和重复性

$$\xi_a = \xi_L + \xi_H + \xi_R \tag{2-42}$$

$$\xi_a = \sqrt{\xi_L^2 + \xi_H^2 + \xi_R^2} \tag{2-43}$$

2. 综合考虑非线性迟滞和重复性

$$\xi_a = \xi_{LH} + \xi_R \tag{2-44}$$

3. 综合考虑迟滞和重复性

当传感器应用微处理器，可以不考虑非线性误差，只考虑迟滞与重复性

$$\xi_a = \xi_H + \xi_R \qquad (2\text{-}45)$$

4. 极限点法

基于重复性讨论，第 i 个测点正行程输出 y_{uij} 偏离期望值 $\bar{y}_{ui}$ 在 $(-3s_{ui}, 3s_{ui})$ 区间的置信概率为 99.73%，即 y_{uij} 以 99.73% 置信概率落在区间 $(\bar{y}_{ui} - 3s_{ui}, \bar{y}_{ui} + 3s_{ui})$。同样，第 i 个测点反行程输出 y_{dij} 以 99.73% 置信概率落在区间 $(\bar{y}_{di} - 3s_{di}, \bar{y}_{di} + 3s_{di})$，如图 2-13 所示。

于是，第 i 个测点输出值以 99.73% 的置信概率落在区域 $(y_{i,\min}, y_{i,\max})$，称 $y_{i,\min}$、$y_{i,\max}$ 为第 i 个测点的极限点，满足

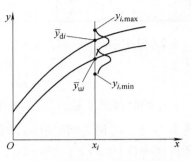

图 2-13　极限点法原理示意图

$$y_{i,\min} = \min(\bar{y}_{ui} - 3s_{ui}, \bar{y}_{di} - 3s_{di}) \qquad (2\text{-}46)$$

$$y_{i,\max} = \max(\bar{y}_{ui} + 3s_{ui}, \bar{y}_{di} + 3s_{di}) \qquad (2\text{-}47)$$

这样可以得到 $2n$ 个极限点，由它们可以给出传感器静态特性的一个"实际不确定区域"，进而评估、计算传感器的静态误差。该方法物理意义明确，评估客观。

对于第 i 个测点，如果以极限点的中间值 $0.5(y_{i,\min} + y_{i,\max})$ 为参考值（称为极限点参考值），则该点的极限点偏差为

$$\Delta y_{i,\text{ext}} = 0.5(y_{i,\max} - y_{i,\min}) \qquad (2\text{-}48)$$

利用上述 n 个极限点偏差中的最大值 Δy_{ext} 可以计算综合误差。

$$\xi_a = \frac{\Delta y_{\text{ext}}}{y_{\text{FS}}} \times 100\% \qquad (2\text{-}49)$$

$$\Delta y_{\text{ext}} = \max(\Delta y_{i,\text{ext}}) \quad i = 1, 2, \cdots, n \qquad (2\text{-}50)$$

$$y_{\text{FS}} = 0.5[(y_{n,\min} + y_{n,\max}) - (y_{1,\min} + y_{1,\max})] \qquad (2\text{-}51)$$

2.3　传感器的动态特性与评估

2.3.1　传感器的动态特性方程

对于线性传感器，可以采用时域微分方程和复频域传递函数来描述。

1. 微分方程

描述传感器输入-输出的微分方程为

$$\sum_{i=0}^{n} a_i \frac{\mathrm{d}^i y(t)}{\mathrm{d}t^i} = \sum_{j=0}^{m} b_j \frac{\mathrm{d}^j x(t)}{\mathrm{d}t^j} \qquad (2\text{-}52)$$

式中　　　　　　　　　　$x(t)$，$y(t)$——传感器的输入量（被测量）和输出量；

$a_i (i = 1, 2, \cdots, n)$；$b_j (j = 1, 2, \cdots, m)$——由传感器的工作原理、结构和参数等确定的常数，通常 $n \geqslant m$；考虑到传感器的实际特征，上述某些常数不能为零；

n——传感器的阶次，式（2-52）描述的为 n 阶传感器（$a_n \neq 0$）。

（1）零阶传感器

$$a_0 y(t) = b_0 x(t) \tag{2-53}$$

$$y(t) = kx(t)$$

式中　k——传感器的静态灵敏度或静态增益，$k = b_0/a_0$。

（2）一阶传感器

$$a_1 \frac{\mathrm{d}y(t)}{\mathrm{d}t} + a_0 y(t) = b_0 x(t) \tag{2-54}$$

$$T \frac{\mathrm{d}y(t)}{\mathrm{d}t} + y(t) = kx(t)$$

式中　T——传感器的时间常数（s），$T = a_1/a_0$，$a_0 a_1 \neq 0$。

（3）二阶传感器

$$a_2 \frac{\mathrm{d}^2 y(t)}{\mathrm{d}t^2} + a_1 \frac{\mathrm{d}y(t)}{\mathrm{d}t} + a_0 y(t) = b_0 x(t) \tag{2-55}$$

$$\frac{1}{\omega_n^2} \cdot \frac{\mathrm{d}^2 y(t)}{\mathrm{d}t^2} + \frac{2\zeta}{\omega_n} \cdot \frac{\mathrm{d}y(t)}{\mathrm{d}t} + y(t) = kx(t)$$

式中　ω_n——传感器的固有角频率（rad/s），$\omega_n = \sqrt{a_0/a_2}$，$a_0 a_2 \neq 0$；

　　　ζ——传感器的阻尼比，$\zeta = 0.5 a_1/\sqrt{a_0 a_2}$。

（4）高阶传感器

对于式（2-52）描述的系统，当 $n \geqslant 3$ 时称为高阶传感器。高阶传感器可看成由若干个低阶系统串联或并联组合而成。

2. 传递函数

对于式（2-52）描述的传感器，其输出量的拉普拉斯变换 $Y(s)$ 与输入量的拉普拉斯变换 $X(s)$ 之比称为其传递函数

$$G(s) = Y(s)/X(s) = \sum_{j=0}^{m} b_j s^j \Big/ \sum_{i=0}^{n} a_i s^i \tag{2-56}$$

2.3.2　传感器的动态响应及动态性能指标

1. 时域动态性能指标

当被测量为单位阶跃信号时

$$x(t) = \varepsilon(t) = \begin{cases} 1, & t \geqslant 0 \\ 0, & t < 0 \end{cases} \tag{2-57}$$

若要求传感器能对此信号进行无失真、无延迟测量，其输出为

$$y(t) = k\varepsilon(t) \tag{2-58}$$

式中　k——传感器的静态增益。

由式（2-54）可知，一阶传感器的传递函数为

$$G(s) = \frac{k}{Ts + 1} \tag{2-59}$$

一阶传感器的阶跃响应输出与相对动态误差分别为

$$y(t) = k\left[\varepsilon(t) - \mathrm{e}^{-t/T} \right] \tag{2-60}$$

$$\xi(t) = \frac{y(t) - y_s}{y_s} \times 100\% = -e^{-t/T} \times 100\% \qquad (2\text{-}61)$$

式中　y_s——传感器的稳态输出，$y_s = y(\infty) = k$。

图 2-14、图 2-15 分别给出了一阶传感器阶跃输入下的归一化响应和相对动态误差。

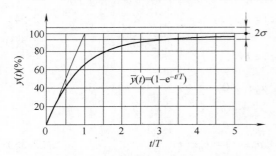

图 2-14　一阶传感器阶跃输入下的
　　　　归一化阶跃响应曲线

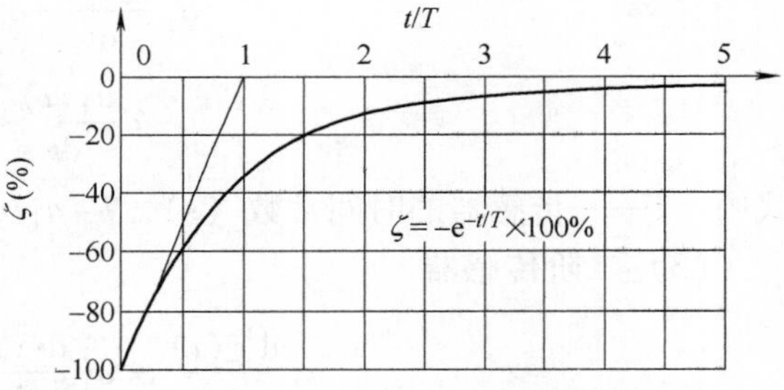

图 2-15　一阶传感器阶跃输入下的相对动态误差

对于传感器实际输出特性曲线，可选择几个特征时间点作为其时域动态性能指标。

1) 时间常数 T：输出 $y(t)$ 由零上升到稳态值 y_s 的 63% 所需的时间。

2) 响应时间 t_s（又称过渡过程时间）：输出 $y(t)$ 由零上升达到并保持在与稳态值 y_s 偏差的绝对值不超过某一量值 σ 的时间；σ 可看成传感器所允许的相对动态误差，通常为 5%。

3) 延迟时间 t_d：输出 $y(t)$ 由零上升到稳态值 y_s 的一半所需要的时间。

4) 上升时间 t_r：输出 $y(t)$ 由 $0.1y_s$ 上升到 $0.9y_s$ 所需要的时间。

一阶传感器的时间常数是非常重要的指标，5% 相对误差的响应时间 $t_{0.05}$、延迟时间 t_d、上升时间 t_r 与它的关系是

$$t_{0.05} \approx 3T$$
$$t_d \approx 0.69T$$
$$t_r \approx 2.20T$$

显然，为了提高传感器的动态特性，应当尽可能减小其时间常数。

2. 二阶传感器的时域响应特性及其动态性能指标

由式（2-55）可知，二阶传感器的传递函数为

$$G(s) = \frac{k\omega_n^2}{s^2 + 2\zeta\omega_n s + \omega_n^2} \qquad (2\text{-}62)$$

二阶传感器动态性能指标与 ω_n、ζ 有关，参见图 2-16，分三种情况进行讨论。

（1）当 $\zeta_n > 1$ 时

这是过阻尼无振荡系统，其阶跃响应输出与相对动态误差分别为

$$y(t) = k\left[\varepsilon(t) - \frac{(\zeta + \sqrt{\zeta^2 - 1})e^{(-\zeta + \sqrt{\zeta^2-1})\omega_n t}}{2\sqrt{\zeta^2 - 1}} + \frac{(\zeta - \sqrt{\zeta^2 - 1})e^{-(\zeta + \sqrt{\zeta^2-1})\omega_n t}}{2\sqrt{\zeta^2 - 1}}\right] \quad (2\text{-}63)$$

$$\xi(t) = \left[-\frac{(\zeta + \sqrt{\zeta^2 - 1})e^{(-\zeta + \sqrt{\zeta^2-1})\omega_n t}}{2\sqrt{\zeta^2 - 1}} + \frac{(\zeta - \sqrt{\zeta^2 - 1})e^{-(\zeta + \sqrt{\zeta^2-1})\omega_n t}}{2\sqrt{\zeta^2 - 1}}\right] \times 100\% \quad (2\text{-}64)$$

由式（2-64）可以计算出根据不同误差带 σ_T 对应的传感器的响应时间 t_s。

（2）当 $\zeta = 1$ 时

这是临界阻尼无振荡系统，其阶跃响应输出与相对动态误差分别为

$$y(t) = k[\varepsilon(t) - (1 + \omega_n t)e^{-\omega_n t}]$$
$$(2\text{-}65)$$

$$\xi(t) = -(1 + \omega_n t)e^{-\omega_n t} \quad (2\text{-}66)$$

由式（2-66）可以计算出根据不同误差带 σ_T 对应的系统响应时间 t_s。

（3）当 $0 < \zeta < 1$ 时

这是欠阻尼振荡系统，其阶跃响应输出与相对动态误差分别为

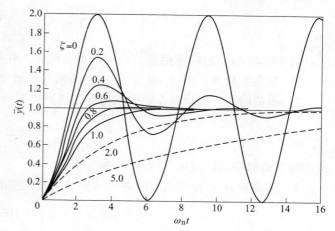

图 2-16　二阶传感器归一化阶跃响应曲线与阻尼比关系

$$y(t) = k\left[\varepsilon(t) - \frac{1}{\sqrt{1-\zeta^2}}e^{-\zeta\omega_n t}\cos(\omega_d t - \varphi)\right] \quad (2\text{-}67)$$

$$\xi(t) = -\frac{1}{\sqrt{1-\zeta^2}}e^{-\zeta\omega_n t}\cos(\omega_d t - \varphi) \times 100\% \quad (2\text{-}68)$$

式中　ω_d——传感器的阻尼振荡角频率（rad/s），$\omega_d = \sqrt{1-\zeta^2}\,\omega_n$，其倒数的 2π 倍为阻尼振荡周期 $T_d = 2\pi/\omega_d$；

　　　　φ——传感器的相位延迟，$\varphi = \arctan(\zeta/\sqrt{1-\zeta^2})$。

这时，二阶传感器响应以其稳态输出 $y_s = k$ 为平衡位置衰减振荡，其包络线为 $1 - \frac{1}{\sqrt{1-\zeta^2}}e^{-\zeta\omega_n t}$ 和 $1 + \frac{1}{\sqrt{1-\zeta^2}}e^{-\zeta\omega_n t}$，如图 2-17 所示，图中同时给出了有关指标的示意。

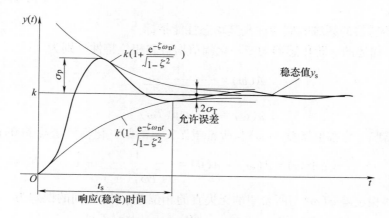

图 2-17　二阶传感器阶跃响应与包络线及有关指标

为便于计算，一个较为保守的做法是，相对误差用其包络线来限定，即

$$| \xi(t) | \leqslant \frac{1}{\sqrt{1-\zeta^2}}e^{-\zeta\omega_n t} \tag{2-69}$$

当 $0<\zeta<1$ 时，二阶传感器的响应过程有振荡，有关动态性能指标讨论如下。

1）振荡次数 N：相对误差曲线 $\xi(t)$ 的幅值超过允许误差限 σ 的次数。

2）峰值时间 t_p：动态误差曲线由起始点到达第一个振荡幅值点的时间间隔为

$$t_p = \frac{\pi}{\omega_p} = \frac{\pi}{\omega_n\sqrt{1-\zeta^2}} = \frac{T_d}{2} \tag{2-70}$$

这表明峰值时间为阻尼振荡周期 T_d 的一半。

3）超调量 σ_p：指峰值时间对应的相对动态误差值，即

$$\sigma_p = \frac{1}{\sqrt{1-\zeta^2}}e^{-\zeta\omega_n t_p}\cos(\omega_d t_p - \varphi) \times 100\% = e^{-\pi\zeta/\sqrt{1-\zeta^2}} \times 100\% \tag{2-71}$$

图 2-18 给出了超调量 σ_p 与阻尼比 ζ 的近似关系曲线。ζ 越小，σ_p 越大。

4）响应时间 t_s：超调量 $\sigma_p \leqslant \sigma_T$ 时，由式（2-68）确定不同误差带 σ_T 对应的传感器的响应时间；超调量 $\sigma_p > \sigma_T$ 时，由式（2-69）确定不同误差带 σ_T 对应的传感器的响应时间。

3. 频域动态性能指标

当被测量为正弦函数时

$$x(t) = \sin\omega t \tag{2-72}$$

传感器的稳态输出响应曲线为

$$y(t) = kA(\omega)\sin[\omega t + \varphi(\omega)] \tag{2-73}$$

式中　$A(\omega)$，$\varphi(\omega)$——传感器的归一化幅值频率特性和相位频率特性。

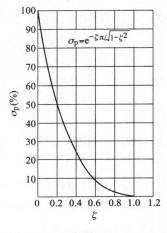

图 2-18　超调量 σ_p 与阻尼比 ζ 的近似关系

为了评估传感器的频域动态性能指标，常就 $A(\omega)$ 和 $\varphi(\omega)$ 进行研究。

（1）一阶传感器的频域响应特性及其动态性能指标

式（2-59）描述的一阶传感器的归一化幅值增益和相位特性分别为

$$A(\omega) = \frac{1}{\sqrt{(T\omega)^2 + 1}} \tag{2-74}$$

$$\varphi(\omega) = -\arctan(T\omega) \tag{2-75}$$

一阶传感器归一化幅值增益 $A(\omega)$ 与所希望无失真的归一化幅值增益 $A(0)$ 的误差为

$$\Delta A(\omega) = A(\omega) - A(0) = \frac{1}{\sqrt{(T\omega)^2 + 1}} - 1 \tag{2-76}$$

一阶传感器相位差 $\varphi(\omega)$ 与所希望的无失真的相位差 $\varphi(0)$ 之间的误差为

$$\Delta\varphi(\omega) = \varphi(\omega) - \varphi(0) = -\arctan(T\omega) \tag{2-77}$$

图 2-19 给出了一阶传感器归一化幅频特性和相频特性曲线。当频率较低时，传感器输出能够在幅值和相位上较好地跟踪输入；当频率较高时，传感器输出很难在幅值和相位上跟踪输入，会出现幅值衰减和相位延迟。因此必须对输入信号的频率范围加以限制。

除了幅值增益误差和相位误差以外，一阶传感器动态性能指标还有通频带和工作频带。

1）通频带 ω_B：幅值增益的对数特性衰减 3dB 处所对应的频率范围。

$$\omega_B = 1/T \qquad (2\text{-}78)$$

2）工作频带 ω_g：归一化幅值误差小于所规定的允许误差 σ_F 时，幅频特性曲线所对应的频率范围。

$$\omega_g = \frac{1}{T}\sqrt{\frac{1}{(1-\sigma_F)^2}-1} \qquad (2\text{-}79)$$

显然，提高一阶传感器的通频带和工作频带的有效途径是减小其时间常数。

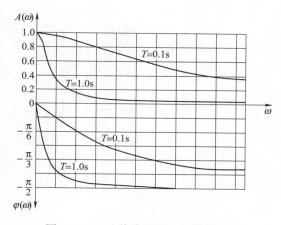

图 2-19　一阶传感器归一化幅频特性
和相频特性曲线

（2）二阶传感器的频域响应特性及其动态性能指标

式（2-62）描述的二阶传感器的归一化幅值增益和相位特性分别为

$$A(\omega) = \frac{1}{\sqrt{[1-(\omega/\omega_n)^2]^2 + [2\zeta(\omega/\omega_n)]^2}} \qquad (2\text{-}80)$$

$$\varphi(\omega) = \begin{cases} -\arctan\dfrac{2\zeta(\omega/\omega_n)}{1-(\omega/\omega_n)^2} & \omega \leqslant \omega_n \\[4mm] -\pi + \arctan\dfrac{2\zeta(\omega/\omega_n)}{(\omega/\omega_n)^2-1} & \omega > \omega_n \end{cases} \qquad (2\text{-}81)$$

图 2-20 给出了二阶传感器的幅频特性和相频特性曲线。

类似地，可以给出二阶传感器归一化幅值增益 $A(\omega)$ 与所希望的无失真归一化幅值增益 $A(0)$ 的误差，以及相位差 $\varphi(\omega)$ 与所希望的无失真相位差 $\varphi(0)$ 之间的误差。

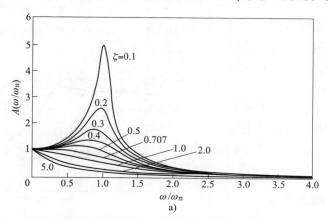

图 2-20　二阶传感器的幅频特性和相频特性曲线

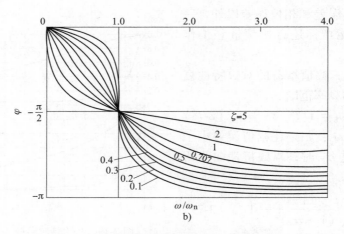

图 2-20　二阶传感器的幅频特性和相频特性曲线（续）

当阻尼比在 $0 \leqslant \zeta < 1/\sqrt{2}$ 时，幅频特性曲线出现峰值，对应着传感器的谐振角频率 ω_r。谐振角频率及所对应的谐振峰值、相角分别为

$$\omega_r = \sqrt{1 - 2\zeta^2}\,\omega_n \leqslant \omega_n \tag{2-82}$$

$$A_{\max} = A(\omega_r) = \frac{1}{2\zeta\sqrt{1 - \zeta^2}} \tag{2-83}$$

$$\varphi(\omega_r) = -\arctan\frac{\sqrt{1 - 2\zeta^2}}{2\zeta} \geqslant -\frac{\pi}{2} \tag{2-84}$$

考虑到二阶传感器幅值增益有时会产生较大峰值，故二阶传感器的工作频带更有意义。

1）阻尼比 ζ 对工作频带的影响。

图 2-21 给出了具有相同固有角频率 ω_n 而阻尼比不同，在允许的相对幅值误差不超过 σ_F 时，所对应的工作频带各不相同的示意。

2）固有角频率 ω_n 对工作频带的影响。当二阶传感器的阻尼比 ζ 不变时，固有频率 ω_n 越高，频带就越宽，如图 2-22 所示。

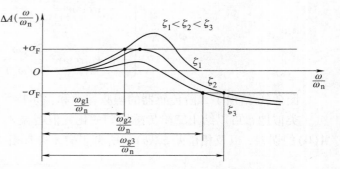

图 2-21　二阶传感器阻尼比与工作频带的关系

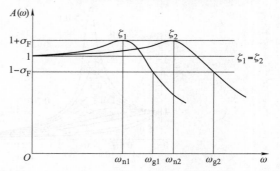

图 2-22　二阶传感器固有角频率与工作频带的关系

2.3.3　传感器的动态标定

对传感器进行动态标定，一是可以建立其动态模型，研究其动态特性；二是当传感器动态性能不满足动态测试需求时，可

以确定一个动态补偿模型，改善传感器的动态性能指标。对传感器进行动态标定，可以针对传感器在阶跃输入、回零过渡过程和脉冲输入下的时域瞬态响应进行；也可以针对传感器在正弦输入下的频域稳态响应的幅值增益和相位差进行。

对传感器进行动态标定，应有合适的典型输入信号发生器、动态信号记录设备和数据采集处理系统。例如典型信号发生器，要能够产生较理想的动态输入信号，若获得时域脉冲响应，要保证输入能量足够大，且脉冲宽度尽可能窄；若获得频域幅值频率特性和相位频率特性，要保证输入信号是不失真的正弦周期信号。对于动态信号记录设备，工作频带要足够宽，应高于被标定传感器输出响应中最高次谐波的频率。但这在实际动态测试时很难满足，因此动态标定中，常选择记录设备的固有角频率不低于被标定传感器固有角频率的 3~5 倍，或记录设备的工作频带不低于被标定传感器工作频带的 2~3 倍，即

$$\begin{cases} \Omega_n \geqslant (3 \sim 5)\omega_n \\ \Omega_g \geqslant (2 \sim 3)\omega_g \end{cases} \tag{2-85}$$

式中　Ω_n，Ω_g——记录设备的固有角频率（rad/s）和工作频带（rad/s）；

ω_n，ω_g——被标定传感器的固有角频率（rad/s）和工作频带（rad/s）。

对于信号采集系统，为了减少其对传感器输出响应的影响，其采样频率或周期应满足

$$f_s \geqslant 10f_n \tag{2-86}$$

$$T_s \leqslant 0.1T_n \tag{2-87}$$

式中　f_s，T_s——数据采集处理系统的采样频率（Hz）和周期（s）；

f_n，T_n——被标定传感器的固有频率（Hz）和周期（s）。

2.3.4 传感器的动态模型建立

1. 由非周期型阶跃响应过渡过程曲线求一阶或二阶传感器的传递函数

（1）一阶传感器

式（2-59）描述的一阶传感器的阶跃响应过渡过程曲线如图 2-14 所示。当实际阶跃过渡过程曲线与图 2-14 相似时，就可以按一阶传感器处理，其静态增益 k 由静态标定获得，时间常数 T 根据实验过渡过程曲线求出。利用式（2-60），一阶传感器归一化阶跃过渡过程和归一化回零过渡过程分别为

$$y_n(t) = 1 - e^{-t/T} \tag{2-88}$$

$$y_n(t) = e^{-t/T} \tag{2-89}$$

对于归一化阶跃过渡过程，利用式（2-88）可得

$$Y = At \tag{2-90}$$

$$Y = \ln[1 - y_n(t)]$$

$$A = -1/T$$

对于归一化回零过渡过程，由式（2-89）也可得到如式（2-90）的形式，只是

$$Y = \ln[y_n(t)]$$

由式（2-90）描述的线性特性方程求解回归直线的斜率 $A(A = -1/T)$，将得到的 T 代入式（2-88）或式（2-89）计算 $y_n(t)$，与实验值进行比较，检查回归效果。

（2）二阶传感器

当阻尼比 $\zeta \geqslant 1$ 时，式（2-62）描述的典型二阶传感器的传递函数可以改写为

$$G(s) = \frac{k\omega_n^2}{s^2 + 2\zeta\omega_n s + \omega_n^2} = \frac{k}{(T_1 s + 1)(T_2 s + 1)} = \frac{kp_1 p_2}{[s - (-p_1)][s - (-p_2)]} \quad (2\text{-}91)$$

$$p_1 = \omega_n(\zeta - \sqrt{\zeta^2 - 1}), p_2 = \omega_n(\zeta + \sqrt{\zeta^2 - 1})$$

式中 $-p_1$，$-p_2$——特征方程式中的两个负实根。

下面给出根据归一化单位阶跃响应的讨论。

1）当 $\zeta = 1$ 时，$p_1 = p_2 = \omega_n$，特征方程有两个相等的根。归一化单位阶跃响应为

$$y_n(t) = 1 - (1 + \omega_n t)e^{-\omega_n t} \quad (2\text{-}92)$$

当 $t = 1/\omega_n$ 时，由式（2-92）可得

$$y_n(t = 1/\omega_n) = 1 - 2e^{-1} \approx 0.264 \quad (2\text{-}93)$$

即归一化单位阶跃响应曲线，$y_n(t) = 0.264$ 处时间的倒数是传感器近似的固有角频率。

2）当 $\zeta > 1$ 时，归一化单位阶跃响应为

$$\begin{aligned} y_n(t) &= 1 + C_1 e^{-p_1 t} + C_2 e^{-p_2 t} \\ &= 1 - \frac{(\zeta + \sqrt{\zeta^2 - 1})e^{(-\zeta + \sqrt{\zeta^2 - 1})\omega_n t}}{2\sqrt{\zeta^2 - 1}} + \frac{(\zeta - \sqrt{\zeta^2 - 1})e^{-(\zeta + \sqrt{\zeta^2 - 1})\omega_n t}}{2\sqrt{\zeta^2 - 1}} \end{aligned} \quad (2\text{-}94)$$

经过一段时间后，传感器过渡过程中只有稳态值和绝对值较小的实根 $p_1 = \omega_n(\zeta - \sqrt{\zeta^2 - 1})$ 对应的暂态分量 $C_1 e^{-p_1 t}$，这时传感器的输出为

$$y_n(t) \approx 1 + C_1 e^{-p_1 t} = 1 - \frac{(\zeta + \sqrt{\zeta^2 - 1})e^{(-\zeta + \sqrt{\zeta^2 - 1})\omega_n t}}{2\sqrt{\zeta^2 - 1}} \quad (2\text{-}95)$$

因此当利用实际测试数据的后半段时，二阶传感器阶跃响应与一阶传感器阶跃响应类似。这样可求出系数 C_1 和 p_1。再利用初始条件：当 $t = 0$ 时，$y_n(t) = 0$，$\mathrm{d}y_n(t)/\mathrm{d}t = 0$，可得

$$\begin{cases} C_2 = -1 - C_1 \\ p_2 = \dfrac{C_1 p_1}{1 + C_1} \end{cases} \quad (2\text{-}96)$$

将所得到的 ω_n 代入式（2-92）（$\zeta = 1$），或者将 C_1、C_2、p_1、p_2 代入式（2-94）（$\zeta > 1$），计算 $y_n(t)$，与实验值进行比较，检查回归效果。

2. 由衰减振荡型阶跃响应过渡过程曲线求二阶传感器的传递函数

振荡二阶传感器的归一化阶跃响应为

$$y(t) = 1 - \frac{1}{\sqrt{1 - \zeta^2}}e^{-\zeta\omega t}\cos(\omega_d t - \varphi)$$

不同的阻尼比对应的阶跃响应差别比较大，下面分别进行讨论。

1）阻尼比较小、振荡次数较多，如图 2-23a 所示。这时实验曲线提供的信息比较丰富。例如利用超调量 A_1、峰值时间 t_p、上升时间 t_r 与 ω_n 和 ζ 的关系，即

$$\sigma_p = A_1 = e^{-\pi\zeta/\sqrt{1 - \zeta^2}} \quad (2\text{-}97)$$

$$t_p = \frac{\pi}{\omega_d} = \frac{\pi}{\omega_n\sqrt{1 - \zeta^2}} = \frac{T_d}{2} \quad (2\text{-}98)$$

$$t_r \approx \frac{1 + 0.9\zeta + 1.6\zeta^2}{\omega_n} \tag{2-99}$$

利用式（2-97）~式（2-99）中的两个可以得到固有角频率 ω_n 和阻尼比 ζ。

2）振荡次数 $0.5 < N < 1$，如图 2-23b 所示。可以利用上述相同方法计算 ω_n 和 ζ。

3）振荡次数 $N \leq 0.5$，如图 2-23c 所示。这时可以准确量出上升时间 t_r 和峰值时间 t_p；利用式（2-98）、式（2-99）计算 ω_n 和 ζ。

4）超调很小的情况，如图 2-23d 所示。这时可以准确量出上升时间 t_r，阻尼比在 $0.8 \sim 1.0$ 之间；初选一个阻尼比，由式（2-99）计算 ω_n，然后检验回归效果。

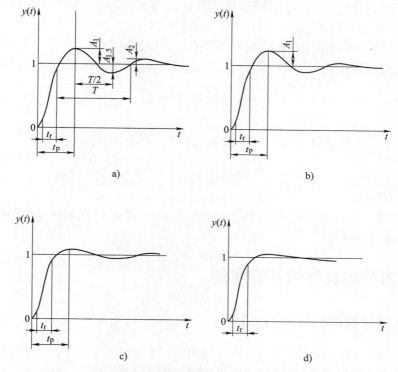

图 2-23   二阶传感器在单位阶跃作用下的衰减振荡响应曲线

3. 由实验频率特性获取一阶传感器传递函数

式（2-76）描述的一阶传感器归一化幅值频率特性 $A(\omega)$ 取 0.707、0.900 和 0.950 时的角频率分别记为 $\omega_{0.707}$、$\omega_{0.900}$ 和 $\omega_{0.950}$，如图 2-24 所示，有

$$\begin{cases} \omega_{0.707} \approx 1/T \\ \omega_{0.900} \approx 0.484/T \\ \omega_{0.950} \approx 0.329/T \end{cases} \tag{2-100}$$

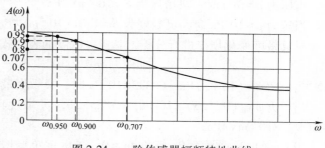

图 2-24   一阶传感器幅频特性曲线

利用 $\omega_{0.707}$、$\omega_{0.900}$ 和 $\omega_{0.950}$ 来回归一阶传感器的时间常数 T，即

$$T \approx \frac{1}{3}\left(\frac{1}{\omega_{0.707}} + \frac{0.484}{\omega_{0.900}} + \frac{0.329}{\omega_{0.950}}\right) \tag{2-101}$$

也可以利用其他数据处理方法，如最小二乘法来回归。得到传感器模型参数后，由式（2-74）计算幅频特性曲线，与实验值进行比较，检查回归效果。

4. 由实验频率特性获取二阶传感器传递函数

式（2-80）描述的二阶传感器的归一化幅值增益频率特性如图 2-20a 所示，幅频特性可以分为两类：一类为有峰值的；另一类为无峰值的。

当 $\zeta < 0.707$ 时，幅频特性有峰值，峰值 A_{max} 及对应的角频率 ω_r 如式（2-83）和式（2-82）。利用它们可以求得阻尼比 ζ 和固有角频率 ω_n。由式（2-80）计算幅频特性曲线，与实验值进行比较，检查回归效果。

对于动态测试所得的幅频特性曲线无峰值的二阶传感器而言，在曲线上可以读出 $A(\omega)$ 分别为 0.707、0.900 和 0.950 时的值 $\omega_{0.707}$、$\omega_{0.900}$ 和 $\omega_{0.950}$。由式（2-80）可得

$$\begin{cases} \dfrac{\omega_{0.950}}{\omega_n} = \sqrt{(1-2\zeta^2) + \sqrt{(1-2\zeta^2)^2 + \left\{\left[1/A(\omega_{0.950})\right]^2 - 1\right\}}} \\[2mm] \dfrac{\omega_{0.900}}{\omega_n} = \sqrt{(1-2\zeta^2) + \sqrt{(1-2\zeta^2)^2 + \left\{\left[1/A(\omega_{0.900})\right]^2 - 1\right\}}} \\[2mm] \dfrac{\omega_{0.707}}{\omega_n} = \sqrt{(1-2\zeta^2) + \sqrt{(1-2\zeta^2)^2 + \left\{\left[1/A(\omega_{0.707})\right]^2 - 1\right\}}} \end{cases} \tag{2-102}$$

由式（2-102）中的任意两式求得 ω_n 和 ζ。由式（2-80）计算幅频特性曲线，与实验值进行比较，检查回归效果。

2.4 传感器静态特性的计算实例

2.4.1 传感器灵敏度的计算与分析

某压力传感器的测量范围为 $0 \sim 10^5 Pa$，输出电压为 $u = 10^{-3}p - 10^{-10}p^2 + 10^{-15}p^3$，压力的单位为 Pa，输出电压的单位为 mV。试分析该传感器的灵敏度。

解：根据传感器灵敏度的定义，上述压力传感器的灵敏度（mV/Pa）为

$$S = \mathrm{d}u/\mathrm{d}p = 10^{-3} - 2\times10^{-10}p + 3\times10^{-15}p^2$$

当压力 $p = 0Pa$ 时，灵敏度为 $S = 10^{-3}mV/Pa$；

当压力 $p = 10^5 Pa$ 时，灵敏度为 $S = 1.01\times10^{-3}mV/Pa$；

对灵敏度变化规律进行分析，基于灵敏度的表达式，有

$$\mathrm{d}S/\mathrm{d}p = 2\times10^{-15}(3p - 10^5)$$

当压力 $p = (10^5/3)Pa \approx 0.333\times10^5 Pa$ 时，灵敏度最小，为 $S = 0.997\times10^{-3}mV/Pa$；

当压力 $p \in (0, 1/3)\times10^5 Pa$，$\mathrm{d}S/\mathrm{d}p \leqslant 0$，灵敏度单调减小，由 $S = 10^{-3}mV/Pa$ 减小到 $S = 0.997\times10^{-3}mV/Pa$；

当 $p \in (1/3, 1)\times10^5 Pa$，$\mathrm{d}S/\mathrm{d}p \geqslant 0$，灵敏度单调增加，由 $S = 0.997\times10^{-3}mV/Pa$ 增大到 $S = 1.01\times10^{-3}mV/Pa$。

可见，该传感器的最大灵敏度发生在压力 $p = 10^5 Pa$ 处。

2.4.2 传感器分辨力与分辨率的计算

某加速度传感器的输入-输出见表 2-3。被测量增加过程中，在 1~6 个测点分别有 $0.015\mathrm{m}\cdot\mathrm{s}^{-2}$、$0.012\mathrm{m}\cdot\mathrm{s}^{-2}$、$0.016\mathrm{m}\cdot\mathrm{s}^{-2}$、$0.013\mathrm{m}\cdot\mathrm{s}^{-2}$、$0.014\mathrm{m}\cdot\mathrm{s}^{-2}$、$0.015\mathrm{m}\cdot\mathrm{s}^{-2}$的变化才能产生可观测的输出变化；被测量减小过程中，在 1~6 个测点分别有 $-0.017\mathrm{m}\cdot\mathrm{s}^{-2}$、$-0.015\mathrm{m}\cdot\mathrm{s}^{-2}$、$-0.015\mathrm{m}\cdot\mathrm{s}^{-2}$、$-0.017\mathrm{m}\cdot\mathrm{s}^{-2}$、$-0.015\mathrm{m}\cdot\mathrm{s}^{-2}$、$-0.014\mathrm{m}\cdot\mathrm{s}^{-2}$的变化才能产生可观测的输出变化，试计算该传感器的分辨力与分辨率。

表 2-3 输入-输出数据表

测点序号	1	2	3	4	5	6
$x/\mathrm{m}\cdot\mathrm{s}^{-2}$	0	2	4	6	8	10
y/mV	0.2	20.3	40.0	59.8	79.1	101.0

解： 基于给定的数据，根据传感器分辨力的定义，可知：

在第 1 个输入点，其分辨力为 $\Delta x_{1,\min}=0.015\mathrm{m}\cdot\mathrm{s}^{-2}$；

在第 2 个输入点，其分辨力为 $\Delta x_{2,\min}=0.012\mathrm{m}\cdot\mathrm{s}^{-2}$；

在第 3 个输入点，其分辨力为 $\Delta x_{3,\min}=0.015\mathrm{m}\cdot\mathrm{s}^{-2}$；

在第 4 个输入点，其分辨力为 $\Delta x_{4,\min}=0.013\mathrm{m}\cdot\mathrm{s}^{-2}$；

在第 5 个输入点，其分辨力为 $\Delta x_{5,\min}=0.014\mathrm{m}\cdot\mathrm{s}^{-2}$；

在第 6 个输入点，其分辨力为 $\Delta x_{6,\min}=0.014\mathrm{m}\cdot\mathrm{s}^{-2}$。

所以，该传感器的分辨力为

$$\max\left|\Delta x_{i,\min}\right|=0.015\mathrm{m}\cdot\mathrm{s}^{-2}$$

分辨率为

$$r=\frac{\max\left|\Delta x_{i,\min}\right|}{x_{\max}-x_{\min}}=\frac{0.015}{10-0}=0.15\%$$

2.4.3 传感器主要静态性能指标的计算与评估

表 2-4 给出了某压力传感器的标定值，参考直线选端基参考直线，试评估其性能。

表 2-4 某压力传感器标定数据

行程	输入压力 $x\times10^5/\mathrm{Pa}$	传感器输出电压 y/mV				
		第 1 循环	第 2 循环	第 3 循环	第 4 循环	第 5 循环
正行程	0.0	0.5	0.7	0.9	1.2	1.0
	0.2	190.9	191.1	191.3	191.4	191.4
	0.4	382.8	383.2	383.5	383.7	383.8
	0.6	575.8	576.1	576.6	576.9	577.0
	0.8	769.4	769.4	770.4	770.8	771.0
	1.0	963.9	964.6	965.2	965.7	966.0

（续）

行程	输入压力 $x \times 10^5/\text{Pa}$	传感器输出电压 y/mV				
		第1循环	第2循环	第3循环	第4循环	第5循环
反行程	1.0	964.4	965.1	965.7	965.7	966.1
	0.8	770.6	771.0	771.4	771.4	772.0
	0.6	577.3	577.4	578.1	578.1	578.5
	0.4	384.1	384.2	384.1	384.9	384.9
	0.2	191.6	191.6	192.0	191.9	191.9
	0.0	0.6	0.8	0.9	1.1	1.1

解：基于表2-4的标定数据，表2-5给出了正、反行程平均输出 $\bar{y}_{ui}$ 和 $\bar{y}_{di}$，总平均输出 $\bar{y}_i$，迟滞 $\Delta y_{i,H}$，端基参考直线输出 y_i，非线性偏差 $\Delta y_{i,L}$，正、反行程非线性迟滞 $\bar{y}_{ui}-y_i$ 和 $\bar{y}_{di}-y_i$，正、反行程标准偏差 s_{ui} 和 s_{di} 等计算值。

端基参考直线的斜率为

$$b = \frac{965.24-0.88}{1-0} \times 10^{-5}\text{mV/Pa} = 964.36 \times 10^{-5}\text{mV/Pa}$$

端基参考直线的截距为 0.88mV，端基参考直线为

$$y = 0.88 + 964.36x$$

表 2-5　某压力传感器标定数据的计算处理过程一

计算内容	输入压力 $x \times 10^5/\text{Pa}$						备注
	0.0	0.2	0.4	0.6	0.8	1.0	
正行程平均校准输出 $\bar{y}_{ui}$	0.86	191.22	383.40	576.48	770.28	965.08	
反行程平均校准输出 $\bar{y}_{di}$	0.90	191.80	384.44	577.88	771.28	965.40	
总平均校准输出 $\bar{y}_i$	0.88	191.51	383.92	577.18	770.78	965.24	
迟滞 $\Delta y_{i,H}$	0.04	0.58	1.04	1.40	1.00	0.32	$(\Delta y_H)_{max}=1.40$
端基参考直线输出 y_i	0.88	193.75	386.62	579.50	772.37	965.24	$y_{FS}=964.36$
非线性偏差 $\Delta y_{i,L}(=\bar{y}_i-y_i)$	0	-2.24	-2.70	-2.32	-1.59	0	$(\Delta y_L)_{max}=2.70$
正行程非线性迟滞 $\bar{y}_{ui}-y_i$	-0.02	-2.53	-3.22	-3.02	-2.09	-0.16	$(\Delta y_{LH})_{max}=3.22$
反行程非线性迟滞 $\bar{y}_{di}-y_i$	0.02	-1.95	-2.18	-1.62	-1.09	0.16	
正行程标准偏差 s_{ui}	0.270	0.217	0.406	0.517	0.672	0.847	s_{ui} 由式（2-37）计算
反行程标准偏差 s_{di}	0.212	0.187	0.422	0.512	0.522	0.663	s_{di} 由式（2-38）计算

1. 测量范围与量程

测量范围为 $(0, 1.0 \times 10^5)\text{Pa}$ 或 $0 \sim 1.0 \times 10^5\text{Pa}$，量程为 $1.0 \times 10^5\text{Pa}$。

2. 灵敏度

$$S = \frac{(965.24-0.88)\text{mV}}{1.0 \times 10^5\text{Pa}} = 964.36 \times 10^{-5}\text{mV/Pa}$$

3. 非线性（端基线性度）

$$\xi_{LS} = \frac{|(\Delta y_L)_{max}|}{y_{FS}} \times 100\% = \frac{2.70}{964.36} \times 100\% = 0.280\%$$

4. 迟滞

$$\xi_H = \frac{(\Delta y_H)_{max}}{2y_{FS}} \times 100\% = \frac{1.40}{2 \times 964.36} \times 100\% \approx 0.073\%$$

5. 非线性迟滞

$$\xi_{LH} = \frac{(\Delta y_{LH})_{max}}{y_{FS}} \times 100\% = \frac{3.22}{964.36} \times 100\% \approx 0.334\%$$

6. 重复性

利用贝塞尔公式，由式（2-37）~式（2-41）计算出的标准偏差和重复性指标为

$$s = \sqrt{\frac{1}{n}\sum_{i=1}^{n} s_i^2} = \sqrt{\frac{1}{2n}\sum_{i=1}^{n}(s_{ui}^2 + s_{di}^2)}$$

$$= \sqrt{\frac{1}{2 \times 6}(0.270^2 + 0.212^2 + 0.217^2 + 0.187^2 + 0.406^2 + 0.422^2 + 0.517^2 + 0.512^2 + 0.672^2 + 0.522^2 + 0.847^2 + 0.663^2)}$$

$$\approx 0.496$$

$$\xi_R = \frac{3s}{y_{FS}} \times 100\% = \frac{3 \times 0.496}{964.36} \times 100\% \approx 0.154\%$$

7. 综合误差（针对端基参考直线）

（1）直接代数和

$$\xi_a = \xi_L + \xi_H + \xi_R = 0.280\% + 0.073\% + 0.154\% = 0.507\%$$

（2）方均根

$$\xi_a = \sqrt{\xi_L^2 + \xi_H^2 + \xi_R^2} = \sqrt{(0.280\%)^2 + (0.073\%)^2 + (0.154\%)^2} \approx 0.328\%$$

（3）综合考虑非线性迟滞和重复性

$$\xi_a = \xi_{LH} + \xi_R = 0.334\% + 0.154\% = 0.488\%$$

（4）综合考虑迟滞和重复性

$$\xi_a = \xi_H + \xi_R = 0.073\% + 0.154\% = 0.227\%$$

观察表 2-5 中 6 个测点的非线性偏差，0、-2.24、-2.70、-2.32、-1.59、0，均为非正偏差。显然端基参考直线作为参考直线不合适。为此，采用平移端基参考直线为参考直线，其斜率不变，截距（输出的初始值）由 0.88 变为 0.88+（-2.70/2）= -0.47。

与参考直线无关的数据，即正行程平均校准输出 $\bar{y}_{ui}$、反行程平均校准输出 $\bar{y}_{di}$、总平均校准输出 $\bar{y}_i$、迟滞 $\Delta y_{i,H}$ 与表 2-5 相同，相关的迟滞、重复性指标不变。表 2-6 给出了传感器与参考直线相关的数据，有关指标重新计算如下。

8. 非线性（平移端基线性度）

$$\xi_{LB,M} = \frac{|(\Delta y_L)_{max}|}{y_{FS}} \times 100\% = \frac{1.35}{964.36} \times 100\% \approx 0.140\%$$

对比端基线参考直线的线性度 0.280%，平移端基线性度是其一半。

9. 非线性迟滞

$$\xi_{LH} = \frac{(\Delta y_{LH})_{max}}{y_{FS}} \times 100\% = \frac{1.87}{964.36} \times 100\% \approx 0.194\%$$

对比端基参考直线的非线性迟滞0.334%，平移端基非线性迟滞是其58.1%。

表 2-6　某压力传感器标定数据的计算处理过程二

计算内容	输入压力 $x \times 10^5$/Pa						备注
	0.0	0.2	0.4	0.6	0.8	1.0	
平移端基参考直线输出 y_i	−0.47	192.40	385.27	578.15	771.02	963.89	$y_{FS} = 964.36$
非线性偏差 $\Delta y_{i,L}$	1.35	−0.89	−1.35	−0.97	−0.24	1.35	$(\Delta y_L)_{max} = 1.35$
正行程非线性迟滞 $\bar{y}_{ui} - y_i$	1.33	−1.18	−1.87	−1.67	−0.74	1.19	$(\Delta y_{LH})_{max} = 1.87$
反行程非线性迟滞 $\bar{y}_{di} - y_i$	1.37	−0.60	−0.83	−0.37	0.26	1.51	

10. 综合误差再讨论（针对平移端基参考直线）

（1）直接代数和

$$\xi_a = \xi_L + \xi_H + \xi_R = 0.140\% + 0.073\% + 0.154\% = 0.367\%$$

（2）方均根

$$\xi_a = \sqrt{\xi_L^2 + \xi_H^2 + \xi_R^2} = \sqrt{(0.140\%)^2 + (0.073\%)^2 + (0.154\%)^2} \approx 0.221\%$$

（3）综合考虑非线性迟滞和重复性

$$\xi_a = \xi_{LH} + \xi_R = 0.194\% + 0.154\% = 0.348\%$$

（4）综合考虑迟滞和重复性

$$\xi_a = \xi_H + \xi_R = 0.073\% + 0.154\% = 0.227\%$$

与非线性有关的指标明显下降。平移端基参考直线要比端基参考直线客观。

11. 利用极限点法进行评估

基于表2-5列出的正、反行程平均输出 $\bar{y}_{ui}$ 和 $\bar{y}_{di}$，正、反行程标准偏差 s_{ui} 和 s_{di} 等计算值，可以计算出正行程极限点、反行程极限点、综合极限点、极限点参考值和极限点偏差，列于表2-7。

利用式（2-49）~式（2-51）可以计算出"极限点法"综合误差

$$\xi_a = \frac{\Delta y_{ext}}{y_{FS}} \times 100\% = \frac{2.54}{964.22} \times 100\% \approx 0.263\%$$

$$y_{FS} = 0.5 \times (962.54 + 967.62) - 0.5 \times (0.05 + 1.67) = 964.22$$

表 2-7　某压力传感器标定数据的计算处理过程三

计算内容	输入压力 $x \times 10^5$/Pa						备注
	0.0	0.2	0.4	0.6	0.8	1.0	
正行程极限点 $(\bar{y}_{ui} - 3s_{ui}, \bar{y}_{ui} + 3s_{ui})$	(0.05, 1.67)	(190.57, 191.87)	(382.18, 384.62)	(574.93, 578.03)	(768.26, 772.30)	(962.54, 967.62)	
反行程极限点 $(\bar{y}_{di} - 3s_{di}, \bar{y}_{di} + 3s_{di})$	(0.26, 1.54)	(191.24, 192.36)	(383.17, 385.71)	(576.34, 579.42)	(769.71, 772.85)	(963.41, 967.39)	

（续）

计算内容	输入压力 $x \times 10^5$/Pa						备注
	0.0	0.2	0.4	0.6	0.8	1.0	
综合极限点 $(y_{i,\min}, y_{i,\max})$	(0.05, 1.67)	(190.57, 192.36)	(382.18, 385.71)	(574.93, 579.42)	(768.26, 772.85)	(962.54, 967.62)	
极限点参考值	0.86	191.47	383.95	577.18	770.56	965.08	
极限点偏差 $\Delta y_{i,\text{ext}}$	0.81	0.90	1.77	2.25	2.30	2.54	$\Delta y_{\text{ext}} = 2.54$

2.4.4　传感器温度漂移的计算

若表 2-4 给出的某压力传感器标定数据是在室温 $t_1 = 20℃$ 时得到的，在规定的温度 85℃ 保温 1h 后，该传感器在最小校准点、最大校准点的输出测试数据列于表 2-8。试评估其温度漂移。

表 2-8　某压力传感器在 85℃保温一小时后的部分标定数据

行程	输入压力 $x \times 10^5$/Pa	传感器输出电压 y/mV				
		第 1 循环	第 2 循环	第 3 循环	第 4 循环	第 5 循环
正行程	0.0	0.9	1.1	1.2	1.7	1.7
	1.0	965.9	966.6	967.1	968.0	968.3
反行程	1.0	966.3	966.8	967.0	967.9	968.3
	0.0	1.1	1.3	1.5	1.6	1.7

以端基参考直线进行分析、评估、计算。室温 20℃时，传感器零点输出的平均值和满量程输出的平均值分别为

$$\bar{y}_0(t_1 = 20℃) = 0.88\text{mV}$$
$$\bar{y}_{\text{FS}}(t_1 = 20℃) = 965.24\text{mV} - 0.88\text{mV} = 964.36\text{mV}$$

85℃时，传感器零点输出的平均值和满量程输出的平均值分别为

$$\bar{y}_0(t_2 = 85℃) = 1.38\text{mV}$$
$$\bar{y}_{\text{FS}}(t_2 = 85℃) = 967.22\text{mV} - 1.38\text{mV} = 965.84\text{mV}$$

于是，零点漂移和满量程漂移分别为

$$\nu = \frac{\bar{y}_0(t_2) - \bar{y}_0(t_1)}{\bar{y}_{\text{FS}}(t_1)(t_2 - t_1)} = \frac{1.38 - 0.88}{964.36(85 - 20)} \times 100\%/℃ \approx 7.98 \times 10^{-4}\%/℃$$

$$\beta = \frac{\bar{y}_{\text{FS}}(t_2) - \bar{y}_{\text{FS}}(t_1)}{\bar{y}_{\text{FS}}(t_1)(t_2 - t_1)} \times 100\% = \frac{965.84 - 964.36}{964.36(85 - 20)} \times 100\%/℃ \approx 2.36 \times 10^{-3}\%/℃$$

2.4.5　传感器稳定性的计算

若表 2-4 给出的某压力传感器，在 12 个月考核期内，在室温 $t_1 = 20℃$ 时进行标定时，零点输出值、最大压力时的输出值以及计算得到的端基参考直线的满量程输出值列于表 2-9。试评估其 12 个月的稳定性指标。

表 2-9　某压力传感器在 12 个月考核期内的部分标定数据（室温 20℃）

输入压力 x ×10⁵/Pa	传感器输出电压 y/mV												
	第 1 次	第 2 次	第 3 次	第 4 次	第 5 次	第 6 次	第 7 次	第 8 次	第 9 次	第 10 次	第 11 次	第 12 次	第 13 次
0.0	0.88	1.01	1.12	1.17	1.19	1.18	1.17	1.20	1.22	1.24	1.22	1.20	1.23
1.0	965.24	965.40	965.59	965.96	965.95	966.09	966.00	965.75	966.11	966.10	966.15	966.21	966.26
y_{FS}	964.36	964.39	964.47	964.79	964.76	964.91	964.83	964.55	964.89	964.86	964.93	965.01	965.03

以端基参考直线进行分析、评估、计算。基于表 2-9，零点最大值为 1.24mV，满量程输出最大值为 965.03mV；由式（2-15）、式（2-16），零点漂移和满量程漂移分别为

$$d_0 = \frac{|y_{0,\,max} - y_0|}{y_{FS}} \times 100\% = \frac{1.24 - 0.88}{964.36} \times 100\% \approx 0.0373\%$$

$$d_{FS} = \frac{|y_{FS,\,max} - y_{FS}|}{y_{FS}} \times 100\% = \frac{965.03 - 964.36}{964.36} \times 100\% \approx 0.0695\%$$

2.5　传感器动态特性计算实例

2.5.1　利用传感器阶跃响应建立传递函数

表 2-10 的前三行给出了某传感器单位阶跃响应的实测动态数据，试建立其传递函数。

表 2-10　某传感器单位阶跃响应的实测动态数据及相关处理数据

实验点数	1	2	3	4	5	6	7
时间 t/s	0	0.1	0.2	0.3	0.4	0.5	0.6
实测值 $y(t)$	0	0.426	0.670	0.812	0.892	0.939	0.965
$Y_i = \ln[1-y(t)]$	0	−0.555	−1.109	−1.671	−2.226	−2.797	−3.352
回归值 $\hat{y}(t)$	0	0.427	0.672	0.812	0.893	0.938	0.965
偏差 $\hat{y}(t) - y(t)$	0	0.001	0.002	0	0.001	−0.001	0

解： 首先计算 $Y_i = \ln[1-y(t)]$，列于表 2-10 的第四行。

利用有约束的最小二乘法（即这时直线的截距为零），求回归直线的斜率。

$$A = \sum_{i=1}^{7} Y_i \Big/ \sum_{i=1}^{7} t_i \approx -5.576$$

故回归时间常数为

$$T = -1/A \approx 0.1793\text{s}$$

回归传递函数为

$$G(s) = \frac{1}{0.1793s + 1}$$

检查所建模型的效果：利用式（2-60）可以计算出回归得到的过渡过程曲线，结果列于表 2-10 的第五行，同时在表 2-10 的第六行列出了回归结果与实测值的偏差。回归效果较好，所建立的传感器模型较准确。

2.5.2 传感器幅频特性的测试及改进

这里给出一个实际的 WLJ-200 型加速度传感器幅频特性的测试及改进的例子。

1. WLJ-200 型传感器的原始幅频特性测试

加速度传感器幅频特性测试系统框图如图 2-25 所示。它是一个闭环测控系统，其中标准加速度传感器的工作频带为 15kHz，远高于测试加速度传感器的工作频带。实测中，系统提供幅值一定的正弦扫频信号进行多点测试。通过检测标准加速度传感器的输出作为反馈信号，不断修正输出值使振动台稳定。利用示波器读取标准传感器和被测传感器的输出峰值。为了检验测试数据的重复性，对被测加速度传感器进行多次测试。

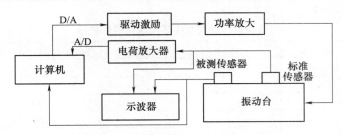

图 2-25　加速度传感器幅频特性测试系统框图

2. WLJ-200 型传感器的动态性能测试

在系统的正弦扫频方式下，对一灵敏度为 $0.005\mathrm{V}/(\mathrm{m \cdot s^{-2}})$ 的加速度传感器进行了多次幅频特性测试，如图 2-26 中的曲线 1。为便于比较，图中同时给出了所建立的加速度传感器模型的幅频特性曲线的仿真结果和补偿后加速度传感器的幅频特性曲线的仿真结果。结果表明，该传感器的幅频特性和厂家提供的基本吻合。在 75Hz 附近，系统有一个谐振峰，80Hz 之后，幅频特性曲线下降很快。

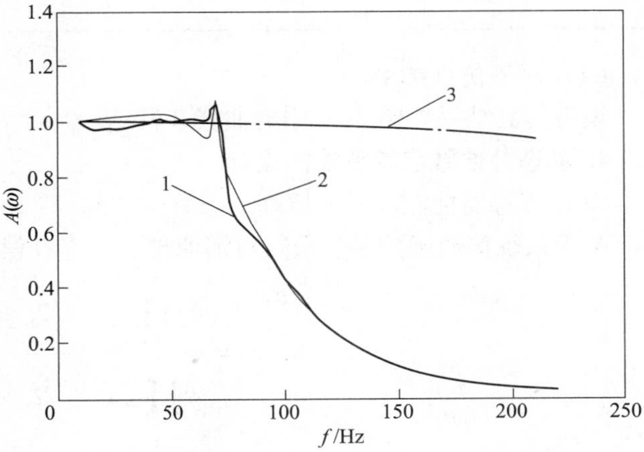

图 2-26　加速度传感器的归一化幅频特性

3. 频率域建模

（1）频率域建模及原理

基于图 2-26 所示的曲线 1 的特点，提出以下传感器幅频特性建模的主要基本原理：

1）综合考虑传感器动态特性在整个频率段的特征和在低频段和可扩展频率段的局部特征，特别是在谐振点附近。

2）将加速度传感器动态模型看成一个全局模型和若干个局部模型的组合；建立全局模型时，不考虑传感器的局部特性；而建立局部特性模型时，尽量考虑传感器的整体模型。

（2）模型阶次和参数的确定

1）整体模型的阶次确定：传感器的全局模型是一个典型的二阶系统或四阶系统。而在传感器幅频特性的每一个谐振点，包含一个二阶系统。因此，传感器的阶次为 $N=2n+2$ 或 N

$=2n+4$；其中 n 为在所讨论的频率段内的谐振点个数。

2）参数确定的步骤：利用加权最小二乘法来确定。

（3）加速度传感器的实际模型

根据以上原则，该加速度传感器的归一化原始模型的阶次为 6，可以表示为

$$G_0(s) = \frac{k\,(s^2 + 2\zeta_{11}\omega_{11}s + \omega_{11}^2)}{\prod\limits_{i=1}^{3}(s^2 + 2\zeta_{i2}\omega_{i2}s + \omega_{i2}^2)} \tag{2-103}$$

$$k\omega_{11}^2 = \prod\limits_{i=1}^{3}\omega_{i2}^2$$

详细结果见表 2-11。

表 2-11　加速度传感器原始模型参数

参　数	数　值
$k/(\text{rad/s})^4$	1.42313×10^{11}
ζ_{11}	0.0259
$\omega_{11}/(\text{rad/s})$	440.1
ζ_{12}	0.47
$\omega_{12}/(\text{rad/s})$	483.8
ζ_{22}	0.021
$\omega_{22}/(\text{rad/s})$	440
ζ_{32}	1.0073
$\omega_{32}/(\text{rad/s})$	779.7

（4）模型仿真结果

模型仿真结果如图 2-26 中的曲线 2 所示。

4. 动态补偿数字滤波器的设计

（1）传感器性能改进的原理

基于系统传递函数零、极点对消原理，动态补偿数字滤波器可以设计为

$$G_C(s) = \frac{k_C\prod\limits_{i=1}^{3}(s^2 + 2\zeta_{i2}\omega_{i2}s + \omega_{i2}^2)}{k\prod\limits_{i=1}^{3}(s^2 + 2\zeta_{i1}\omega_{i1}s + \omega_{i1}^2)} \tag{2-104}$$

$$k_C\prod\limits_{i=1}^{3}\omega_{i2}^2 = k\prod\limits_{i=1}^{3}\omega_{i1}^2$$

详细结果见表 2-12。

表 2-12　加速度传感器补偿模型参数

参　数	数　值
$k_C/(\text{rad/s})^4$	7.538×10^{11}
ζ_{21}	0.55
$\omega_{21}/(\text{rad/s})$	2 513
ζ_{31}	1.000
$\omega_{31}/(\text{rad/s})$	3455

注：未列出者同表 2-11。

（2）改进后传感器的系统函数

$$G_{\mathrm{F}}(s) = G_0(s)G_{\mathrm{C}}(s) = \frac{k_{\mathrm{C}}}{\prod\limits_{i=2}^{3}(s^2 + 2\zeta_{i1}\omega_{i1}s + \omega_{i1}^2)} \qquad (2\text{-}105)$$

$$k_{\mathrm{C}} = \prod\limits_{i=2}^{3}\omega_{i1}^2$$

引入了补偿数字滤波器后的幅频特性如图 2-26 中的曲线 3。

（3）改进后传感器的时域响应检验

补偿后的传感器检验仍采用上述测控系统来进行，用幅值 5m/s² 、脉宽 1ms 的半正弦激励信号去激励振动台。图 2-27 为检测到的参考加速度传感器的实际输出（即标准输出）；图 2-28 为 WLJ-200 加速度传感器的实际输出；图 2-29 为加速度传感器经补偿后的输出。WLJ-200 的频带较窄，引起所测信号幅值衰减，补偿后与标准加速度传感器的基本相同，误差约为 1%。结果表明该加速度传感器模型建立与补偿是成功的。

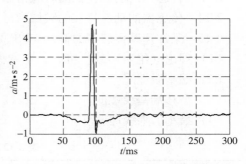

图 2-27　标准传感器所测的波形

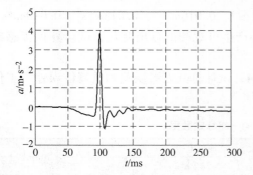

图 2-28　加速度传感器所测原始波形

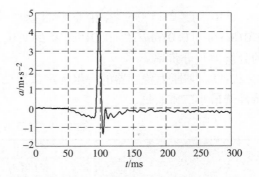

图 2-29　经动态补偿滤波器后的波形

思考题与习题

2-1　对于一个实际传感器，如何获得它的静态特性？可以评价哪些静态性能指标？

2-2　简要说明传感器的静态校准条件。

2-3　在传感器静态校准条件中，对标定设备的系统误差的要求比随机误差的要求高得多。简要说明理由。

2-4　静态灵敏度是传感器的一项主要性能指标，简要说明你的理解。

2-5　简要对比传感器的静态灵敏度与分辨率。

2-6　简要说明温漂与时漂在传感器性能指标中的重要性。

2-7　传感器的测量误差，可以从其输出电信号进行定义，也可以从其输入被测量进行定义。简要说明你的理解。

2-8 基于传感器线性度的定义，给出一种有别于书中所介绍的计算方法，简要说明其应用特点。

2-9 简述利用"极限点法"计算传感器综合误差的过程，说明其特点。

2-10 计算传感器的综合误差时，说明式（2-88）~式（2-91）的意义。

2-11 描述传感器动态模型的主要形式。它们各自的特点是什么？

2-12 传感器进行动态校准时，应注意哪些问题？

2-13 传感器的动态特性的时域指标主要有哪些？说明其物理意义。

2-14 传感器的动态特性的频域指标主要有哪些？说明其物理意义。

2-15 某加速度传感器的输入-输出见表 2-13，试计算该传感器的有关线性度：

（1）理论（绝对）线性度，给定方程为 $y = 2.5x$。

（2）端基线性度。

（3）平移端基线性度。

（4）最小二乘线性度。

表 2-13 输入-输出数据表

$x/(m/s^2)$	1	2	3	4	5	6
y/mV	2.52	5.00	7.58	10.07	12.60	15.05

2-16 题 2-15 中，若在 6 个测量点分别只要有 $0.016m/s^2$、$0.013m/s^2$、$0.010m/s^2$、$0.018m/s^2$、$0.016m/s^2$、$0.015m/s^2$ 的变化，就能产生可观测的输出变化，试计算该传感器的分辨力与分辨率。

2-17 某压力传感器的一组标定数据见表 2-14，试计算其迟滞误差和重复性误差。工作特性选最小二乘直线。

表 2-14 某压力传感器的一组标定数据

行程	输入压力×10⁵/Pa	输出电压/mV		
		第 1 循环	第 2 循环	第 3 循环
正行程	0.0	0.1	0.1	0.1
	2.0	190.9	191.1	191.3
	4.0	382.8	383.2	383.5
	6.0	575.8	576.1	576.6
	8.0	769.4	769.8	770.4
	10.0	963.9	964.6	965.2
反行程	10.0	964.4	965.1	965.7
	8.0	770.6	771.0	771.4
	6.0	577.3	577.4	578.1
	4.0	384.1	384.2	384.7
	2.0	191.6	191.6	192.0
	0.0	0.1	0.2	0.2

2-18 一线性传感器的校验特性方程为 $y = x + 0.001x^2 - 0.0001x^3$；其中，$x$，$y$ 分别为传感器的输入和输出。输入范围为 $0 \leqslant x \leqslant 10$，计算传感器的平移端基线性度。

2-19　试分析题 2-18 中的传感器的灵敏度。

2-20　用极限点法，计算表 2-14 列出的某压力传感器的综合误差。

2-21　某传感器的回零过渡过程见表 2-15，试求该传感器的一阶动态回归模型以及时间常数、响应时间（所允许的动态相对误差值按 5% 计算）。

表 2-15　某传感器的回零过渡过程

实验点数	1	2	3	4	5	6
时间 t/s	0	0.2	0.4	0.6	0.8	1.0
实测值 $y(t)$	1	0.671	0.449	0.301	0.202	0.135

▶ 第3章

热电式传感器

主要知识点：

温度的概念与测量的特殊性

金属热电阻及其特点

半导体热敏电阻及其特点

热电偶中的热电效应

热电偶的应用与误差补偿

半导体温度传感器的工作原理与应用特点

非接触式测温方法与应用特点

测温电桥电路的典型应用方式

3.1 概述

3.1.1 温度的概念

自然界中几乎所有的物理化学过程都与温度密切相关。工业自动化系统的实际工作过程离不开对温度的实时精准测量。温度测量的目的分为两类：一是系统运行过程与温度密切相关，需要实时的温度测量值；二是环境温度的变化会对传感器产生较大影响，需要掌握温度影响传感器测量过程的规律，在此基础上，通过测量温度，对传感器由于温度变化带来的误差进行补偿。可见，温度的实时精准测量非常重要。

温度是表征物体冷、热程度的物理量，反映了物体内部分子运动的平均动能。温度高，分子运动剧烈，动能大；温度低，分子运动缓慢，动能小。温度的概念以热平衡为基础。两个温度不同的物体相互接触，会发生热交换现象，热量由温度高、热程度高的物体向温度低、热程度低的物体传递，直至它们温度相等、冷热程度一致，处于热平衡状态。

温度是一个内涵量。两个温度不能相加，只能进行相等或不相等的比较。

3.1.2 温标

目前的温标主要有摄氏温标（单位为℃）、华氏温标（单位为℉）、热力学温标［单位为 K（开尔文）］和国际实用温标。国际实用温标与热力学温标非常接近，其温度复现性好，便于国际上温度量值的传递。摄氏温度与华氏温度、热力学温度的关系分别为

$$\begin{cases} F = 1.8t + 32 \\ T = t + 273.15 \end{cases} \tag{3-1}$$

式中　F——华氏温度（℉）；

　　　t——摄氏温度（℃）；

　　　T——热力学温度（K）。

3.1.3　测温方法与测温仪器的分类

温度的测量通常是利用一些材料或元器件的特性随温度变化的规律，例如材料的弹性、电阻、热电动势、热膨胀率、介电系数、磁导率、石英晶体的频率特性、光学特性等。

温度测量分为接触式和非接触式两大类。接触式的特点是感温元件直接与被测对象相接触，两者之间进行充分的热交换，达到热平衡。这时，感温元件的某一物理参数的量值就代表了被测对象的温度值。接触式测温的主要优点是直观可靠；缺点是被测温度场的分布易受感温元件的影响，接触不良时会带来测量误差。此外，温度太高和腐蚀性介质对感温元件的性能和寿命会产生不利影响等。非接触式测温的特点是感温元件不与被测对象相接触，而是通过辐射进行热交换，避免了接触式测温法的缺点，具有较高的测温上限。非接触式测温法的热惯性小，故便于测量运动物体的温度和快速变化的温度。

接触式温度传感器主要有电阻式温度传感器（包括金属热电阻温度传感器和半导体热敏电阻温度传感器）、热电式温度传感器（包括热电偶和半导体温度传感器）以及其他原理的温度传感器。非接触式温度传感器有辐射式温度传感器、亮度式温度传感器和比色式温度传感器。

按照温度测量范围，可分为超低温、低温、中高温和超高温温度测量。超低温一般是指≤−263℃，低温指>−263~500℃，中温指>500~1600℃，高温指>1600~2500℃，2500℃以上被认为是超高温。

对于超低温测量，现有方法都只能用于个别区间，其主要困难在于温度传感器与被测对象热接触的实现和温度传感器的刻度方法。低温测量、超低温测量的特殊问题是感温元件对被测温度场的影响，故不宜用热容量大的感温元件来测量低温。

在中高温测量中，要注意防止有害介质的化学作用和热辐射对感温元件的影响，为此要用耐火材料制成的外套对感温元件加以保护。测量低于1300℃的温度一般可用陶瓷外套；测量更高温度时用难熔材料（如刚玉、铝、钍或铍氧化物）外套，并充以惰性气体。

对于超高温测量，物质处于等离子状态，不同粒子的能量对应的温度值不同，而且相差较大，变化规律各异，应根据不同情况利用特殊的亮度法和比色法来实现。

3.2　热电阻温度传感器

物质的电阻率随温度变化的物理现象称为热阻效应。实用中，热电阻温度传感器主要有金属热电阻（Thermal Resistor）和半导体热敏电阻（Semiconductor Thermal Resistor）两大类。

3.2.1　金属热电阻

大多数金属的电阻随温度的升高而增加。其原因是：温度增加时，自由电子的动能增加，这样改变自由电子的运动方式，使之做定向运动所需要的能量就增加。反映在电阻上，

阻值就会增加，可以描述为

$$R_t = R_0 \left[1 + \alpha(t - t_0) \right] \tag{3-2}$$

式中　R_0，R_t——温度 t_0 和 t 时的电阻值（Ω）；

α——热电阻的电阻温度系数（$1/℃$），表示单位温度引起的电阻相对变化，通常在 $0.3\%/℃ \sim 0.6\%/℃$ 之间。

1. 热电阻材料特性要求

用于金属热电阻的材料应该满足以下条件：

1）电阻温度系数 α 要大且保持常数。

2）电阻率 ρ 要大，以减小热电阻的体积和热惯性。

3）在使用温度范围内，材料的物理、化学特性要保持稳定。

4）生产成本要低，便于工艺实现。

常用的金属材料有铂、铜、镍等。

2. 铂热电阻

铂热电阻是最佳的金属热电阻。其优点主要有：物理、化学性能非常稳定，特别是耐氧化能力很强，在很宽的温度范围内（1200℃以下）都能保持上述特性；电阻率较高；易于加工，可以制成非常薄的铂箔或极细的铂丝等；其缺点主要是：电阻温度系数较小；成本较高；在还原性介质中易变脆等。

在实际应用中，可以利用如下模型来描述铂热电阻与温度之间的关系：

在 $-200 \sim 0℃$ 时

$$R_t = R_0 \left[1 + At + Bt^2 + C(t - 100)t^3 \right] \tag{3-3}$$

在 $0 \sim 850℃$ 时

$$R_t = R_0 (1 + At + Bt^2) \tag{3-4}$$

式中　R_0，R_t——温度为 0℃ 和 t（℃）时铂热电阻的电阻值（Ω）；

A，B，C——系数，$A = 3.96847 \times 10^{-3}$（℃）$^{-1}$，$B = -5.847 \times 10^{-7}$（℃）$^{-2}$，$C = -4.22 \times 10^{-12}$（℃）$^{-4}$。

我国常用的标准化铂热电阻主要有 Pt50、Pt100 和 Pt300。

3. 铜热电阻

铜热电阻也是一种常用的金属热电阻，主要用于测量精度要求不高而且测量温度较低的场合（如 $-50 \sim 150℃$）。其电阻温度系数较铂热电阻大、容易提纯、价格低廉。其主要缺点是电阻率较小，约为铂热电阻的 1/5.8，因而铜热电阻的电阻丝细而且长、机械强度较低、体积较大。此外，铜热电阻易被氧化，不宜在侵蚀性介质中使用。

温度在 $-50 \sim 150℃$ 范围内，铜热电阻与温度之间的关系如下：

$$R_t = R_0 (1 + At + Bt^2 + Ct^3) \tag{3-5}$$

式中　R_0，R_t——温度为 0℃ 和 t（℃）时铜热电阻的电阻值（Ω）；

A，B，C——系数，$A = 4.28899 \times 10^{-3}$（℃）$^{-1}$，$B = -2.133 \times 10^{-7}℃^{-2}$，$C = 1.233 \times 10^{-9}$（℃）$^{-3}$。

我国生产的铜热电阻初始电阻 R_0 主要有 50Ω 和 100Ω 两种，即 Cu50 和 Cu100。

4. 热电阻的结构

热电阻主要由金属电阻丝绕制而成，为了避免通过交流电时产生感抗，或有交变磁场时产生感应电动势，在绕制热电阻时要采用双线无感绕制法。这样，通过这两股导线的电流方向相反，使其产生的磁通相互抵消。图3-1和图3-2分别给出了铜热电阻和铂热电阻的结构图。需要指出，为提高铜热电阻的性能，引入了补偿线阻。

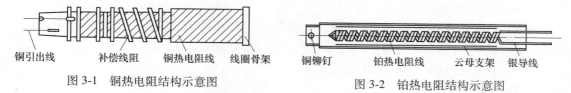

图 3-1　铜热电阻结构示意图　　　　　　图 3-2　铂热电阻结构示意图

3.2.2　半导体热敏电阻

半导体中参与导电的载流子的密度要比金属中的自由电子的密度小得多，所以半导体的电阻率远大于金属电阻。随着温度升高，一方面，半导体中的价电子受热激发跃迁到较高能级而产生的新的电子-空穴对增加，表现出电阻率减小；另一方面，半导体中的载流子的平均运动速度升高，表现出电阻率增大。因此，半导体热敏电阻有多种类型。

1. 半导体热敏电阻

半导体热敏电阻有三种类型，即负温度系数（Negative Temperature Coefficient，NTC）热敏电阻、正温度系数（Positive Temperature Coefficient，PTC）热敏电阻和在某一特定温度下电阻值发生突然变化的临界温度电阻器（Critical Temperature Resistor，CTR），如图3-3所示。

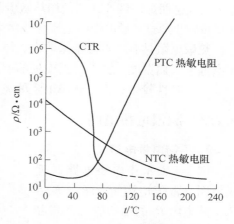

NTC热敏电阻的电阻率随温度的升高而均匀地减小。它采用负温度系数很大的固体多晶半导体氧化物的混合物制成，如用铜、铁、铝、锰、钴、镍、铼等的氧化物，取其中2~4种，按一定比例混合烧结而成。改变其氧化物的成分和比例，可以得到不同测温范围、阻值和温度系数的NTC热敏电阻。

图 3-3　半导体热敏电阻的温度特性曲线

PTC热敏电阻的电阻率随温度的升高而增加，且当超过某一温度后急剧增加。这种电阻材料都是半导体陶瓷材料，亦称PTC铁电半导体陶瓷，由强电介质钛酸钡掺杂铝或锶部分取代钡离子的方法制成。改变掺杂量，可以调节PTC热敏电阻的使用温度范围。

当CTR的温度升高接近某一温度（如68℃）时，电阻率大大下降，产生突变。这种热敏电阻通常由钒、钡、磷和硫化银系混合氧化物烧结而成。

PTC热敏电阻和CTR适合在某一较窄的温度范围内用作温度开关或监测元件；而NTC热敏电阻适合在稍宽的温度范围内用作温度测量元件，这也是目前使用最多的热敏电阻。

2. 负温度系数半导体热敏电阻的热电特性

NTC热敏电阻的阻值与温度的关系近似符合指数规律，可以写为

$$R_t = R_0 e^{B(1/T - 1/T_0)}$$

（3-6）

式中　T——被测温度（K），$T = t + 273.15$；

　　　T_0——参考温度（K），$T_0 = t_0 + 273.15$；

R_0，R_t——温度分别为 $T_0(\mathrm{K})$ 和 $T(\mathrm{K})$ 时热敏电阻的电阻值（Ω）；

　　　B——热敏电阻的材料常数（K），通常由实验获得，一般在 2000~6000K。

热敏电阻随温度变化的程度远高于金属电阻随温度变化的程度。

3. 半导体热敏电阻的伏安特性

伏安特性是指加在热敏电阻两端的电压 U 与流过热敏电阻的电流 I 之间的关系，即

$$U = f(I) \tag{3-7}$$

图 3-4 所示为热敏电阻的典型伏安特性。当流过热敏电阻的电流（或功率）很小时，热敏电阻的伏安特性符合欧姆定律，即图中曲线的线性段。当电流较大时，热敏电阻自身产生较明显的温度升高，即自热，从而影响热敏电阻的阻值。特别对于 NTC 热敏电阻，自热使电阻减小，导致端电压下降；而且电流越大，这种自热引起的电阻减小的效应越明显。因此，在使用热敏电阻时，应尽量减小通过热敏电阻的电流（或功率）。

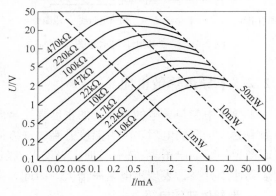

图 3-4　热敏电阻的典型伏安特性

热敏电阻具有电阻温度系数大、体积小、结构简单、便于制成不同形状的优点，广泛用于点温、表面温度、温差和温度场的测量中。其主要缺点是同一型号产品的特性和参数差别较大，互换性较差；而且热敏电阻的灵敏度变化较大，给使用带来一定不便。

3.2.3　测温电桥电路

1. 平衡电桥电路

图 3-5 为平衡电桥电路原理示意图，常值电阻 $R_1 = R_2 = R_3 = R_0$。热电阻 R_t 的初始值（即测温的下限值 t_0 时的电阻值）为 R_0；当温度变化时，R_t 的数值随温度变化，调节线性电位器 RP 的电刷位置 x，就可以使电桥电路处于平衡状态。

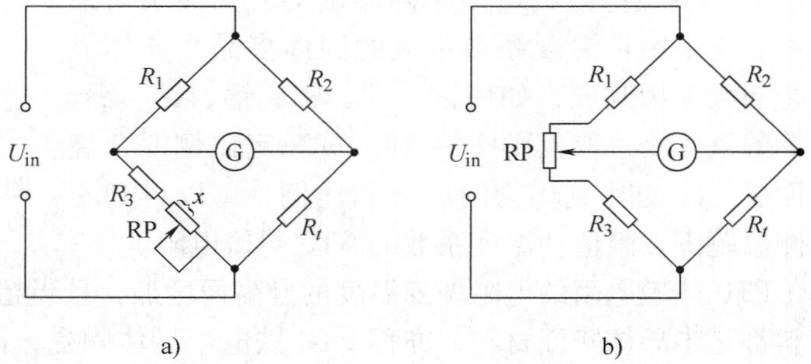

该电路的特点是：慢速测量、抗扰性强、电桥工作电压对测量的影响很小。

对于图 3-5a 所示的电路，有

图 3-5　平衡电桥电路原理示意图

$$R_t = R_0 + R_x = R_0 + \frac{R_\mathrm{P}}{L}x \tag{3-8}$$

式中　L，R_P——电位器的有效长度（m）和总电阻值（Ω）。

又因 R_t 与温度 t 的关系如式（3-2）所示，则有

$$t = t_0 + \frac{R_\mathrm{P}}{\alpha R_0 L}x \tag{3-9}$$

对于图 3-5b 所示的电路，考虑到热电阻 R_t 为初始电阻值 R_0 时，电桥电路处于平衡状态，则这时电刷应在电位器的正中间。当温度变化时，R_t 的阻值随温度变化，有

$$\frac{R_0\left[1+\alpha\left(t-t_0\right)\right]}{R_0}=\frac{R_0+\left(\dfrac{1}{2}+\dfrac{x}{L}\right)R_P}{R_0+\left(\dfrac{1}{2}-\dfrac{x}{L}\right)R_P} \tag{3-10}$$

即

$$t=t_0+\frac{4R_P}{\alpha\left[2R_0L+\left(L-2x\right)R_P\right]}x \tag{3-11}$$

假设 $R_0 \gg R_P$，即 $2R_0L \gg \left(L-2x\right)R_P$，则有

$$t=t_0+\frac{2R_P}{\alpha R_0 L}x \tag{3-12}$$

对比式（3-9）与式（3-12），采用图 3-5b 所示电路的测量灵敏度是采用图 3-5a 所示电路的测量灵敏度的 2 倍。

由式（3-11）与式（3-12）可知，式（3-12）表述的电位器电刷位移与温度之间的关系，由非线性引起的相对误差为

$$\xi_L=\frac{t_0+\dfrac{4R_P}{\alpha\left[2R_0L+\left(L-2x\right)R_P\right]}x-\left(t_0+\dfrac{2R_P}{\alpha R_0 L}x\right)}{t_0+\dfrac{2R_P}{\alpha R_0 L}x}\approx\frac{-\left(L-2x\right)R_P^2 x}{R_0 L\left(\alpha R_0 L t_0+2R_P x\right)} \tag{3-13}$$

基于图 3-5b 的电路工作方式，结合式（3-12）可知，电位器的电刷位移 $x \geqslant 0$。考虑到电刷从电位器的中心点开始工作，即电位器只利用了一半的有效工作行程，为了提高电位器的工作效能，可以考虑采取如下措施。

取 $R_1=R_0-R_P$，$R_2=R_3=R_0$；测温下限值 t_0 时，热电阻 R_t 的初始电阻值为 R_0，电桥电路处于平衡状态，这时电刷在电位器最靠近 R_3（图中的最下端）的端点处。当温度变化时，R_t 的阻值随温度变化，有

$$\frac{R_0\left[1+\alpha\left(t-t_0\right)\right]}{R_0}=\frac{R_0+\dfrac{x}{L}R_P}{R_0-R_P+\left(1-x/L\right)R_P} \tag{3-14}$$

即

$$t=t_0+\frac{2R_P x}{\alpha\left(R_0 L-R_P x\right)} \tag{3-15}$$

为了充分利用电位器的有效资源，正如测温的下限值 $t_0=t_{\min}$ 对应着电刷在电位器最靠近 R_3（图中的最下端）的端点处；则当温度为测温的上限值 $t_{\max}$ 时，应该对应着电刷在电位器最靠近 R_1（图中的最上端）的端点处，即有

$$t_{\max}=t_{\min}+\frac{2R_P}{\alpha\left(R_0-R_P\right)} \tag{3-16}$$

由式（3-16）可以解算出电位器的总电阻值

$$R_P=\frac{\alpha\left(t_{\max}-t_{\min}\right)R_0}{2+\alpha\left(t_{\max}-t_{\min}\right)}=\frac{\alpha t_{FS}R_0}{2+\alpha t_{FS}} \tag{3-17}$$

式中　t_{FS}——所测温度的量程，$t_{FS} = t_{max} - t_{min}$。

利用式（3-15）~式（3-17），取 $x = 0.5L$，即电位器的电刷处于正中间位置时，有

$$t(x = 0.5L) = t_{min} + \frac{2 \cdot \dfrac{\alpha t_{FS} R_0}{2 + \alpha t_{FS}} \cdot \dfrac{L}{2}}{\alpha \left(R_0 L - \dfrac{\alpha t_{FS} R_0}{2 + \alpha t_{FS}} \cdot \dfrac{L}{2} \right)} = t_{min} + \frac{2(t_{max} - t_{min})}{4 + \alpha(t_{max} - t_{min})} \tag{3-18}$$

考虑到 $\alpha(t_{max} - t_{min}) \geqslant 0$，则有

$$t_{min} + \frac{2(t_{max} - t_{min})}{4 + \alpha(t_{max} - t_{min})} \leqslant t_{min} + \frac{t_{max} - t_{min}}{2} = \frac{t_{max} + t_{min}}{2}$$

即

$$t(x = 0.5L) \leqslant 0.5(t_{max} + t_{min}) \tag{3-19}$$

因此，由于非线性的影响，电位器的电刷处于中间位置时，被测温度不是测量范围的正中间值，而是要稍微低一点；而当被测温度为测量范围的正中间值 $0.5(t_{max} + t_{min})$ 时，电刷已过了电位器的中心点，处于中心点偏上一点的位置。

2. 不平衡电桥电路

图 3-6 为不平衡电桥电路原理示意图，常值电阻 $R_1 = R_2 = R_3 = R_0$；初始温度 t_0 时，热电阻 R_t 的阻值为 R_0，电桥电路平衡，输出电压为零。当温度变化，热电阻 R_t 的阻值发生变化，$R_t \neq R_0$，电桥电路不平衡，输出电压为

$$U_{out} = \frac{\Delta R_t}{2(2R_0 + \Delta R_t)} U_{in} \tag{3-20}$$

式中　U_{in}，U_{out}——电桥的工作电压（V）和输出电压（V）；

　　　ΔR_t——热电阻的变化量（Ω）。

该电路的特点是：快速、小范围线性、受电桥工作电压的干扰。

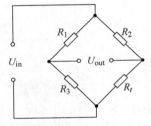

图 3-6　不平衡电桥电路原理示意图

3. 自动平衡电桥电路

图 3-7 为自动平衡电桥电路原理示意图，R_t 为热电阻，R_2、R_3、R_4 为常值电阻，R_L 为连线调整电阻，RP 为总电阻值是 R_P 的电位器；A 为差分放大器，SM 为伺服电动机。电桥电路始终处于自动平衡状态。当被测温度变化时，差分放大器 A 的输出不为零，使伺服电动机 SM 带动电位器 RP 的电刷移动，直到电桥电路重新自动处于平衡状态。

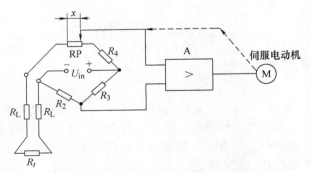

图 3-7　自动平衡电桥电路原理示意图

取 $R_2 = R_3 = R_0$，$R_4 = R_0 + R_P + 2R_L$；测温下限值 t_0 时，热电阻 R_t 的初始电阻值为 R_0，电桥电路处于平衡状态，则这时电刷应在电位器最靠近 R_3（图中的最下端）的端点处。当温

度变化，R_t 的阻值随温度变化，电桥电路自动平衡时，满足

$$R_0\left[1+\alpha(t-t_0)\right]+2R_L+\left(1-\frac{x}{L}\right)R_P=R_4+\frac{x}{L}R_P=R_0+2R_L+R_P+\frac{x}{L}R_P \quad (3\text{-}21)$$

即

$$t=t_0+\frac{2R_P x}{\alpha R_0 L} \quad (3\text{-}22)$$

该电路的特点是：引入负反馈，具有快速测量、线性范围大、抗干扰能力强等优点；但相对复杂、成本较高。

3.3 热电偶

热电偶（Thermocouple）在温度测量中应用广泛，具有结构简单、使用方便、精度较高和温度测量范围宽等优点。常用的热电偶可测温度范围为 $-50\sim1600\text{℃}$；配用特殊材料时，温度范围可扩大为 $-180\sim2800\text{℃}$。

3.3.1 热电效应

热电偶的工作基于两个热电效应：佩尔捷（Peltier）效应和汤姆孙（Thomson）效应。

1. 佩尔捷效应

当 A、B 两种导电特性不同的导体紧密连接在一起，如图 3-8 所示，若导体 A 的自由电子浓度大于导体 B 的自由电子浓度，则由导体 A 扩散到导体 B 的电子数要比由导体 B 扩散到导体 A 的电子数多，导体 A 因失去电子而带正

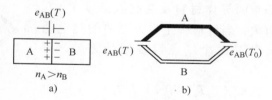

图 3-8　接触热电动势

电，导体 B 因得到电子而带负电，于是在接触处形成电位差，称为接触热电动势，即佩尔捷热电动势。该电动势阻碍电子进一步扩散；当电子扩散能力与电场阻力平衡时，接触热电动势达到一个稳态值。接触热电动势与两导体材料的性质和接触点的绝对温度 T 有关，其数量级为 $0.001\sim0.01\text{V}$，可描述为

$$e_{AB}(T)=\frac{kT}{e}\ln\frac{n_A(T)}{n_B(T)} \quad (3\text{-}23)$$

式中　　　k——玻耳兹曼常数，$k=1.381\times10^{-23}\text{J/K}$；

　　　　　e——电子电荷量，$e=1.602\times10^{-19}\text{C}$；

$n_A(T),n_B(T)$——材料 A，B 在温度 $T(\text{℃})$ 时的自由电子浓度。

2. 汤姆孙效应

对于如图 3-9 所示的单一均质导体 A，当其一端温度为 T，另一端温度为 $T_0(T>T_0)$，温度较高的一端（T 端）的电子能量高于温度较低的一端（T_0 端）的电子能量，产生电子扩散，形成温差电动势，称为单一导体的温差热

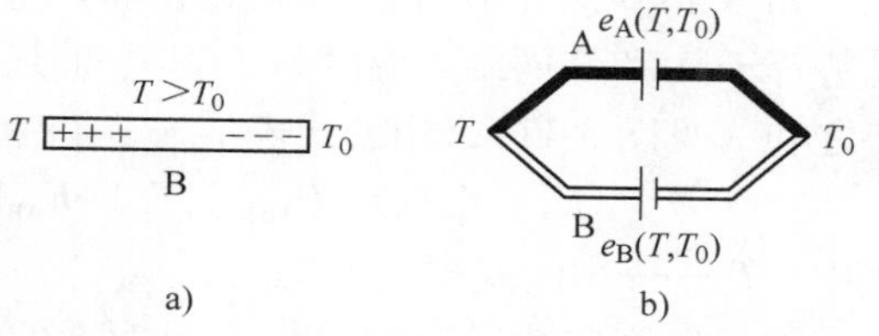

图 3-9　温差热电动势

电动势，即汤姆孙热电动势。该电动势阻碍电子进一步扩散；当电子扩散能力与电场阻力平衡时，温差热电动势达到一个稳态值。温差热电动势与导体材料的性质和导体两端的温度有关，其数量级约为$10^{-5}V$，可描述为

$$e_A(T,T_0) = \int_{T_0}^{T} \sigma_A dT \tag{3-24}$$

式中 σ_A——材料 A 的汤姆孙系数（V/K），表示单一导体 A 两端温度差为 1K 时所产生的温差热电动势（V）。

3.3.2 热电偶的工作原理

图 3-10 为热电偶的原理结构与热电动势示意图。通常 T_0 端又称为参考端或自由端或冷端；T 端又称为测量端或工作端或热端。

根据以上分析，图 3-10b 所示热电偶的总热电动势为

$$E_{AB}(T,T_0) = \frac{KT}{e}\ln\frac{n_A(T)}{n_B(T)} - \frac{KT_0}{e}\ln\frac{n_A(T_0)}{n_B(T_0)} - \int_{T_0}^{T}(\sigma_A - \sigma_B)dT \tag{3-25}$$

式中 σ_B——材料 B 的汤姆孙系数（V/K）；

$n_A(T_0)$，$n_B(T_0)$——材料 A，B 在温度 T_0（℃）时的自由电子浓度。

热电偶电路的热电动势 $E_{AB}(T,T_0)$ 只与两导体材料及两结点温度 T、T_0 有关，当材料确定后，电路的热电动势就是两个结点温度函数之差，可写为

$$E_{AB}(T,T_0) = f(T) - f(T_0) \tag{3-26}$$

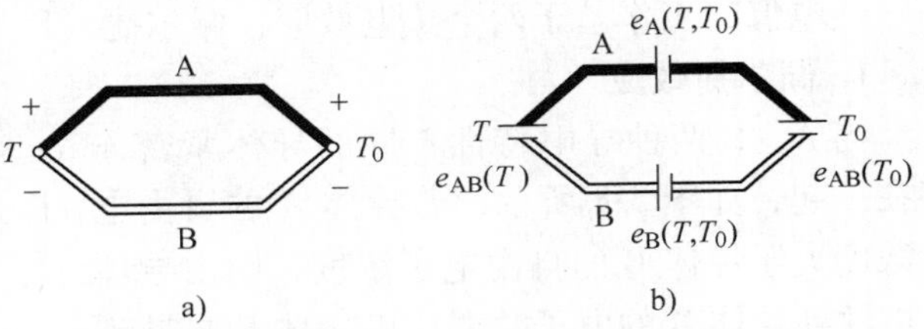

当参考端温度 T_0 固定不变时，

图 3-10 热电偶的原理结构及热电动势示意图

$f(T_0) = C$（常数），此时 $E_{AB}(T,T_0)$ 就是工作端温度 T 的单值函数，即

$$E_{AB}(T,T_0) = f(T) - C = \phi(T) \tag{3-27}$$

实用中，测出总热电动势后，根据热电偶分度表来确定被测温度。分度表是以参考端温度为0℃，通过实验建立起来的热电动势与测量端温度之间的数值对应关系。

3.3.3 热电偶的基本定律

1. 中间温度定律

热电偶的热电动势仅取决于热电偶的材料和两个结点的温度，而与温度沿热电极的分布以及热电极的参数和形状无关。

如 A 和 B 两种不同导体材料组成的热电偶，A 和 B 两结点温度分别为 T 和 T_0 时的热电动势等于 A 和 B 两结点温度为 T 和 T_C 的热电动势与 A 和 B 两结点温度为 T_C 和 T_0 的热电动势之和（见图 3-11），用公式表示为

$$E_{AB}(T,T_0) = E_{AB}(T,T_C) + E_{AB}(T_C,T_0) = E_{AB}(T,T_C) - E_{AB}(T_0,T_C) \tag{3-28}$$

式中 T_C——中间温度（℃）。

中间温度定律是制定热电偶分度表的理论基础。热电偶分度表给出参考端温度 T_0 为 0℃时，热电动势与工作端温度的关系表。当参考端温度 T_0 不是 0℃时，热电动势由式（3-28）

计算。

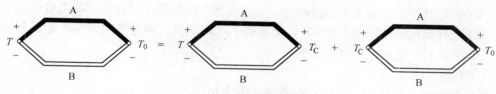

图 3-11　中间温度定律

2. 中间导体定律

图 3-12 给出了中间导体定律示意图。在热电偶电路中，当接入第三种导体的两端温度相同，则对回路的总热电动势没有影响。通常有两种接法。

1）如图 3-12a 所示，在热电偶 AB 电路中断开参考结点，接入第三种导体 C。当保持两个新结点 AC 和 BC 的温度仍为参考结点温度 T_0，则不影响电路的总热电动势，即

$$E_{ABC}(T, T_0) = E_{AB}(T, T_0) \qquad (3\text{-}29)$$

2）如图 3-12b 所示，在热电偶 AB 电路中的一个导体 A 断开，接入第三种导体 C。当在导体 C 与导体 A 的两个结点处保持相同温度 T_C，则有

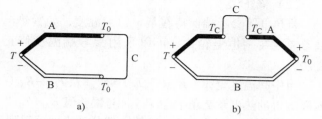

图 3-12　中间导体定律

$$E_{ABC}(T, T_0, T_C) = E_{AB}(T, T_0) \qquad (3\text{-}30)$$

若在电路中接入多种导体，只要每种导体两端温度相同，也有同样的结论。

中间导体定律为热电偶测温时在电路中引入测量导线和仪表，提供了理论依据。

3. 标准电极定律

如图 3-13 所示，当热电偶电路的两个结点温度为 T、T_0 时，导体 AB 组成热电偶的热电动势等于热电偶 AC 的热电动势和热电偶 CB 的热电动势之和，即

$$E_{AB}(T, T_0) = E_{AC}(T, T_0) + E_{CB}(T, T_0) = E_{AC}(T, T_0) - E_{BC}(T, T_0) \qquad (3\text{-}31)$$

导体 C 称为标准电极，通常由纯铂丝制成。有了多种热电极对铂电极的热电动势值，就可以得到其中任意两种电极配成热电偶后的热电动势值。这为选配热电偶提供了理论依据。

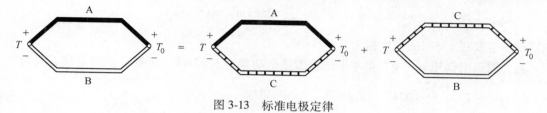

图 3-13　标准电极定律

3.3.4　热电偶的误差及补偿

1. 热电偶参考端误差及其补偿

由式（3-26）可知，热电偶 AB 闭合电路的总热电动势 $E_{AB}(T, T_0)$ 是两个结点温度的函

数。由于热电偶分度表是根据参考端温度为 0℃ 制作的，因此，当参考端温度保持 0℃，热电偶测得的热电动势值与分度表直接对比，即可得到准确的温度值；但实际测量中，参考端温度受热源或环境的影响，并不为 0℃，而且也不是恒定值，因此将引入参考端误差。通常可以采用以下几种方法对误差进行补偿。

（1）0℃ 恒温法

将热电偶的参考端保持在 0℃ 的器皿内。图 3-14 是一个简单的冰点槽。为了获得 0℃ 的温度条件，一般用纯净水和冰混合，在一个标准大气压下冰水共存时，其温度为 0℃。冰点法是一种准确度很高的参考端处理方法，适合实验室使用。

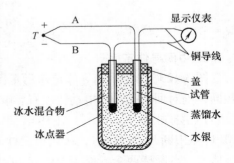

图 3-14　冰点槽示意图

（2）修正法

将热电偶参考端保持在某一恒定温度，如置热电偶参考端在一恒温箱内，可以采用参考端温度修正方法。

由中间温度定律：$E_{AB}(T, T_0) = E_{AB}(T, T_C) - E_{AB}(T_0, T_C)$，当参考端温度 $T_0 \neq 0℃$ 时，则实际测得的热电动势值 $E_{AB}(T, T_0)$ 与误差值 $E_{AB}(T_0, T_C)$ 之和，就能获得参考端为 $T_C = 0℃$ 时的热电动势值 $E_{AB}(T, T_C)$。经热电偶分度表即可得到被测热源的真实温度 T。

【简单算例讨论】　若某热电偶参考端为 0℃、20℃ 时，测量端在 100℃ 时的输出热电动势分别为 $E_{AB}(100℃, 0℃) = 12.73\text{mV}$ 和 $E_{AB}(100℃, 20℃) = 10.22\text{mV}$；则表明该热电偶参考端为 0℃，测量端为 20℃ 时的输出热电动势为

$$E_{AB}(20℃, 0℃) = E_{AB}(100℃, 0℃) - E_{AB}(100℃, 20℃) = 12.73\text{mV} - 10.22\text{mV} = 2.51\text{mV}$$

实际应用时，如果测出该热电偶的输出为 10.22mV，由于不知道参考端的温度是否为 0℃，不能直接得到被测温度值；如果通过其他方式测出来参考端温度为 20℃，则该热电偶相对参考端为 0℃ 时的输出热电动势为

$$E_{AB}(T, 0℃) = E_{AB}(T, 20℃) + E_{AB}(20℃, 0℃) = 10.22\text{mV} + 2.51\text{mV} = 12.73\text{mV}$$

由该热电动势分度表可知，12.73mV 对应的温度值为 $T = 100℃$，此即为被测真实温度。

若该热电偶在 0~20℃ 具有线性关系，当热电偶测量端的温度为 6℃ 时，相对于 0℃ 参考端的输出热电动势为

$$E_{AB}(6℃, 0℃) = \frac{6}{20} \times 2.51\text{mV} = 0.753\text{mV}$$

也即该热电偶在 6℃ 时的分度值为 0.753mV。

若实测热电偶相对于 0℃ 参考端的输出热电动势为 1.57mV，可推算出测量端温度为

$$T = \frac{1.57}{2.51} \times 20℃ \approx 12.51℃$$

（3）补偿电桥电路法

测温时若保持参考端温度为某一恒温也有困难，则可采用电桥电路补偿法，即利用不平衡电桥电路产生的电动势来补偿热电偶因参考端温度变化而引起的热电动势变化值，如图 3-15 所示。E 是电桥的

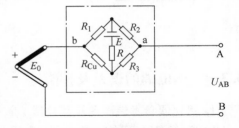

图 3-15　参考端温度补偿电桥电路

工作电源，R 为限流电阻。

补偿电桥电路与热电偶参考端处于相同的环境温度下。其中 3 个桥臂电阻用温度系数接近于零的锰铜绕制，使 $R_1 = R_2 = R_3$；另一桥臂为补偿桥臂，用铜导线绕制。使用时选取合适的 R_{Cu} 阻值，使电桥电路处于平衡状态，输出为 U_{ab}。当参考端温度升高时，补偿桥臂 R_{Cu} 阻值增大，电桥电路失去平衡，输出 U_{ab} 随之增大；同时，由于参考端温度升高，故热电偶的热电动势 E_0 减小。若电桥电路输出值的增加量 U_{ab} 等于热电偶电动势 E_0 的减少量，则总输出值 $U_{AB} = U_{ab} + E_0$ 就不随参考端温度的变化而变化。

（4）延引热电极法

当热电偶参考端离热源较近时，热源对参考端温度的影响变化较大。这时需要采用延引热电极方法，即将参考端移至温度变化比较平缓的环境中，再采用上述的补偿方法进行补偿。补偿导线可选用直径较粗、电阻率低的材料制作，其热电特性和工作热电偶的热电特性相近。补偿导线产生的热电动势应等于工作热电偶在此温度范围内产生的热电动势，E_{AB} $(T'_0, T_0) = E_{A'B'}(T'_0, T_0)$，如图 3-16 所示。

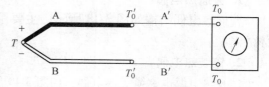

图 3-16　延引热电极补偿法

2. 热电偶的动态误差

由于质量与热惯性，热电偶测得的温度值 T 与被测介质的实际瞬时温度值 T_A 有时间滞后，它们之间的关系可描述为

$$T_A - T = \tau \frac{dT}{dt} \tag{3-32}$$

式中　τ——热电偶的时间常数（s）。

图 3-17 所示为热电偶测得的温度值随时间的变化曲线。利用该曲线可求得热电偶的时间常数。若初始条件 $t = 0$ 时，热电偶热结点的初始温度为 $T = T_0$，由式（3-32）得

$$T - T_0 = (T_A - T_0)(1 - e^{-t/\tau}) \tag{3-33}$$

当 $t = \tau$ 时，有

$$T - T_0 = 0.632(T_A - T_0) \tag{3-34}$$

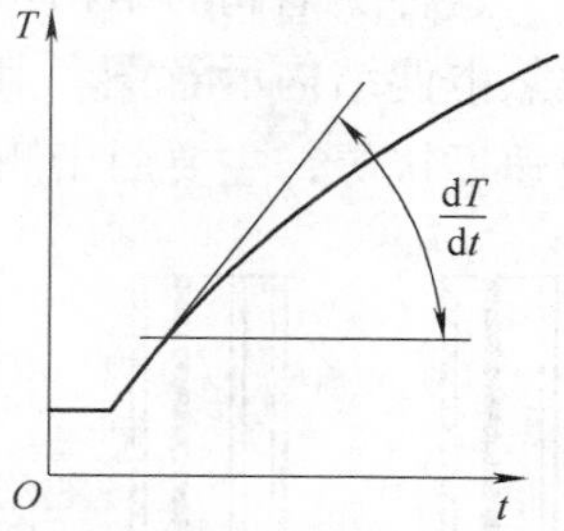

式（3-34）表明，经过 $t = \tau$，温度示值的变化量 $(T - T_0)$ 升高到实际温度阶跃 $(T_A - T_0)$ 的 63.2%。

图 3-17　热电偶测温曲线

研究表明，欲减小动态误差，即减小时间常数，可以通过减小测温点直径、减小容积、增大传热系数，或增大热结点与被测介质接触的表面积（如将球形测温点压成扁平状）。实用中，也可以在热电偶中引入补偿滤波器来修正动态测量误差。

【简单算例讨论】　若某热电偶在阶跃温度变化中，从开始变化经过 25s 后温度示值的变化量升高到实际温度阶跃的 50%，则由式（3-33）可知

$$1 - e^{-25/\tau} = 0.5$$

可以解算出 $\tau \approx 36s$。

3. 热电偶的其他误差

热电偶除了参考端误差和动态误差外，还有与热电极材料和制造工艺水平有关的分度误

差、由于周围电场和磁场带来的干扰误差，以及漏电误差和接线误差等。特别当热电偶工作在高温，尤其在1500℃以上的高温时，其绝缘性显著变坏，同时由于氧化、腐蚀而引起热特性的变化，使测量误差增大。这就需要按规范对热电偶定期进行校验。

3.3.5 热电偶的组成、分类及特点

应根据测温范围、灵敏度、精度和稳定性等来选择热电偶的组成材料。一般镍铬-金铁热电偶在低温和超低温下仍具有较高的灵敏度；铁-铜镍热电偶在氧化介质中的测温范围为-40~75℃，在还原介质中可达到1000℃；钨铼系列热电偶稳定性好，热电特性接近于直线，工作范围为0~2800℃，但只适合于在真空和惰性气体中使用。

热电偶由热电极、绝缘材料、接线盒和保护套等组成，按结构分为5种热电偶。

1. 普通热电偶

普通热电偶结构如图3-18所示，主要用于测量液体和气体的温度。

2. 铠装热电偶

铠装热电偶也称缆式热电偶，如图3-19所示。根据测量端的不同形式，有碰底型（见图3-19a）、不碰底型（见图3-19b）、露头型（见图3-19c）、帽型（见图3-19d）等，铠装热电偶的特点是测量结热容量小、热惯性小、动态响应快、挠性好、强度高、抗振性好，适于用普通热电偶不能测量的空间温度。

3. 薄膜热电偶

这种热电偶的结构可分为片状、针状。图3-20为片状薄膜热电偶结构示意图。其特点是热容量小、时间常数小、反应速度快等，主要用于测量固体表面小面积瞬时变化的温度。

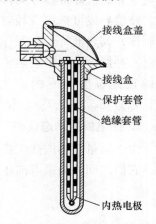

图3-18 普通热电偶结构示意图

接线盒盖
接线盒
保护套管
绝缘套管
内热电极

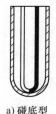 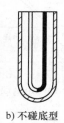 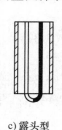 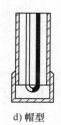

a) 碰底型　　b) 不碰底型　　c) 露头型　　d) 帽型

图3-19 铠装热电偶测量端结构

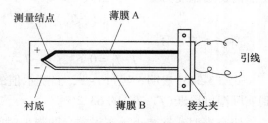

测量结点　　薄膜A
引线
衬底　　薄膜B　　接头夹

图3-20 薄膜热电偶（片状）结构

4. 并联热电偶

如图3-21所示，几个相同型号的热电偶的同性电极参考端并联在一起，而各个热电偶的测量端处于不同温度，其输出电动势为各热电偶热电动势的平均值。该方式用来测量平均温度。

5. 串联热电偶

如图3-22所示，几个相同型号的热电偶串联在一起，所有测量端处于同一温度T，所有连接点处于另一温度T_0，则输出电动势是每个热电动势之和。

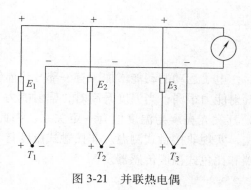

图 3-21　并联热电偶

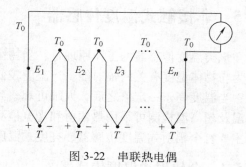

图 3-22　串联热电偶

3.4　半导体温度传感器

　　半导体温度传感器利用二极管与晶体管作为感温元件。二极管感温元件的 P-N 结在恒定电流下，其正向电压与温度之间具有近似线性关系，利用这一关系可测量温度。图 3-23 是以晶体管的 be 结电压降实现测温的原理图。忽略基极电流，认为各晶体管的温度均为 T，它们的集电极电流相等，则 U_{be4} 与 U_{be2} 的结压降差就是电阻 R 上的电压降

$$\Delta U_{be} = U_{be4} - U_{be2} = I_1 R = \frac{kT}{e}\ln\gamma \qquad (3\text{-}35)$$

式中　γ——VT_2 与 VT_4 结面积相差的倍数；

　　　k——玻耳兹曼常数，$k = 1.381 \times 10^{-23} J/K$；

　　　e——电子电荷量，$e = 1.602 \times 10^{-19} C$。

　　由式（3-35）知，电流 I_1 与温度 T 成正比，可以通过测量 I_1 实现对温度的测量。

　　半导体二极管温度敏感器具有结构简单、价廉等优点，但非线性误差较大，可制成测量范围在 $0 \sim 50℃$ 的半导体温度传感器。晶体管温度敏感器具有精度高、稳定性好等优点，可制成测量范围为 $-50 \sim 150℃$ 的半导体温度传感器。半导体温度传感器可用于工业自动化和医疗等领域。图 3-24 所示为几种不同结构的晶体管温度敏感器。

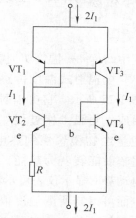

图 3-23　晶体管
感温元件

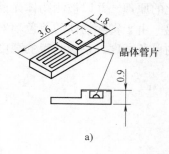

a)

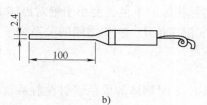

b)

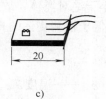

c)

图 3-24　晶体管感温元件结构示意图

3.5 非接触式温度传感器

该类温度传感器的工作原理是：当物体受热后，电子运动的动能增加，有一部分热能转变为与物体温度有关的辐射能。当温度较低时，辐射能力很弱；当温度升高时，辐射能力变强；当温度高于一定值之后，人眼可观察到发光，其发光亮度与温度值有一定关系。因此，高温及超高温检测可采用热辐射和光电检测的方法，实现非接触式测温。非接触式温度传感器主要有全辐射式温度传感器、亮度式温度传感器和比色式温度传感器。

3.5.1 全辐射式温度传感器

全辐射式温度传感器利用物体在全光谱范围内总辐射能量与温度的关系测量温度。能够全部吸收辐射到其上的能量的物体称为绝对黑体。绝对黑体的热辐射与温度之间的关系就是全辐射温度传感器的工作原理。由于实际物体的吸收能力小于绝对黑体，所以用全辐射温度传感器测得的温度总是低于物体的真实温度。通常，把测得的温度称为"辐射温度"。其定义为：非黑体的总辐射能量等于绝对黑体的总辐射能量时，黑体的温度即为非黑体的辐射温度 T_r，则物体真实温度 T 与辐射温度 T_r 的关系为

$$T = T_r \frac{1}{\sqrt[4]{\varepsilon_T}} \tag{3-36}$$

式中　ε_T——温度 T 时物体的全辐射发射系数。

全辐射式温度传感器的结构示意图如图 3-25 所示。它由辐射感温器及显示仪表组成。测温工作过程如下：被测物的辐射能量经物镜聚焦到热电堆的靶心铂片上，将辐射能转变为热能，再由热电堆变成热电动势。显示仪表可示出热电动势的大小，进而可得知所测温度值。该温度传感器适用于远距离、不能直接接触的高温物体，测温范围为 $100 \sim 2000 ℃$。

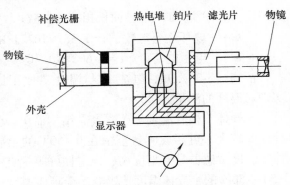

图 3-25　全辐射式温度传感器的结构示意图

3.5.2 亮度式温度传感器

亮度式温度传感器利用物体的单色辐射亮度随温度变化的原理，并以被测物体光谱的一个狭窄区域内的亮度与标准辐射体的亮度进行比较实现测温。由于实际物体的单色辐射发射系数小于绝对黑体，故实际物体的单色亮度小于绝对黑体的单色亮度，系统测得的亮度温度值 T_L 低于被测物体的真实温度值 T。它们之间的关系为

$$\frac{1}{T} - \frac{1}{T_L} = \frac{\lambda}{C_2} \ln \varepsilon_{\lambda T} \tag{3-37}$$

式中　$\varepsilon_{\lambda T}$——温度 T、波长 λ 时物体的单色辐射发射系数；

　　　C_2——第二辐射常数，$C_2 = 0.014388 \mathrm{m \cdot K}$；

　　　λ——波长（m）。

亮度式温度传感器的形式较多，常用的有灯丝隐灭式亮度温度传感器和光电亮度温度传感器。灯丝隐灭式亮度温度传感器以其内部高温灯泡灯丝的单色亮度作为标准，并与被测辐射体的单色亮度进行比较来测温。依靠人眼可比较被测物体的亮度，当灯丝亮度（温度）与被测物体亮度（温度）相同时，灯丝在被测温度背景下隐没，灯丝温度由通过它的电流大小来确定。由于人的目测会引起较大的误差，可采用光电亮度式温度传感器。即利用光电器件进行亮度比较，从而实现自动测量，如图3-26所示。被测物体与标准光源的辐射经调制后射向光电器件。当两束光的亮度不同时，光电器件产生输出信号，经放大后电极驱动与标准光源相串联的滑线电阻的活动触点向相应方向移动，以调节流过

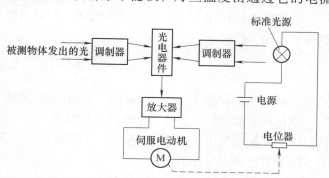

图3-26　光电亮度温度传感器原理示意图

标准光源的电流，从而改变它的亮度；当两束光的亮度相同时，光电器件信号输出为零，这时电位器触点的位置即代表被测温度值。该温度传感器的测量范围较宽，测量精度较高，可用于测量温度范围为700~3200℃的浇铸、轧钢、锻压和热处理时的温度。

3.5.3　比色式温度传感器

比色式温度传感器以测量两个波长的辐射亮度之比为基础。通常，将波长选在光谱的红色和蓝色区域内。利用此法测温时，仪表所显示的值为"比色温度"。其定义为：非黑体辐射的两个波长（λ_1和λ_2）对应的亮度$L_{\lambda 1T}$和$L_{\lambda 2T}$之比值等于绝对黑体相应的亮度$L_{\lambda 1T}^*$和$L_{\lambda 2T}^*$之比值时，绝对黑体的温度被称为该黑体的比色温度，以T_P表示。它与非黑体的真实温度T的关系为

$$\frac{1}{T}-\frac{1}{T_P}=\frac{\ln(\varepsilon_{\lambda 1}/\varepsilon_{\lambda 2})}{C_2(1/\lambda_1-1/\lambda_2)} \qquad (3-38)$$

式中　$\varepsilon_{\lambda 1}$，$\varepsilon_{\lambda 2}$——对应于波长λ_1和波长λ_2的单色辐射发射系数；

　　　　C_2——第二辐射常数，$C_2=0.014388\mathrm{m\cdot K}$。

式（3-38）表明，当两个波长的单色发射系数相等时，物体的真实温度T与比色温度T_P相同。图3-27为比色温度传感器的结构示意图，包括透镜L、分光镜G、滤光片K_1和K_2、光电器件A_1和A_2、放大器A和可逆伺服电动机M等。其工作过程是：被测物体的辐射经透镜L投射到分光镜G上，而使长波透过，经滤光片K_2把波长为λ_2的辐射光投射到光电器件A_2上。光电器件的光电流$I_{\lambda 2}$与波长为λ_2的辐射光发光强

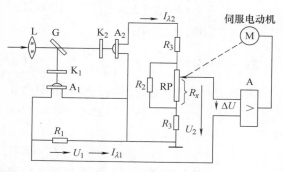

图3-27　比色温度传感器结构示意图

度成正比，则电流 $I_{\lambda 2}$ 在电阻 R_3 和 R_x 上产生的电压降 U_2 与波长为 λ_2 的辐射光发光强度也成正比；另外，分光镜 G 使短波辐射光被反射，经滤光片 K_1 把波长为 λ_1 的辐射光投射到光电器件 A_1 上。同理，光电器件的光电流 $I_{\lambda 1}$ 与波长为 λ_1 的辐射强度成正比；电流 $I_{\lambda 1}$ 在电阻 R_1 上产生的电压降 U_1 与波长 λ_1 的辐射强度也成正比。当 $\Delta U = U_2 - U_1 \neq 0$ 时，ΔU 经放大后驱动伺服电动机 M 转动，带动电位器 RP 的触点向相应方向移动，直到 $U_2 - U_1 = 0$，电动机停止转动，此时

$$R_x = \frac{R_2 + R_P}{R_2}\left(R_1 \frac{I_{\lambda 1}}{I_{\lambda 2}} - R_3\right) \tag{3-39}$$

式中 R_P——电位器 RP 的总电阻值。电阻值 R_x 反映了被测温度值。

该比色式温度传感器可用于连续自动检测钢水、铁水、炉渣和表面没有覆盖物的高温物体温度。其测量范围为 $800 \sim 2000℃$，测量精度为 0.5%。其优点是反应速度快、测量范围宽、测量温度接近实际值。

3.6　温度传感器的典型实例

3.6.1　典型的测温电桥电路

实例 1：图 3-28 为一种测温范围为 $0 \sim 100℃$ 的热电阻测温电桥电路，其中，$R_t = 200(1 + 0.01t)\text{k}\Omega$ 为感温热电阻；R_s 为常值电阻；$R_0 = 200\text{k}\Omega$；U_{in} 为工作电压；M、N 两点的电位差为输出电压。

（1）若要求 $0℃$ 时电路为零位输出，常值电阻 R_s 取多少？

（2）若要求该电路的平均灵敏度达到 $15\text{mV}/℃$，工作电压 U_{in} 取多少？

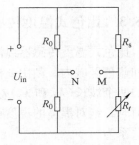

图 3-28　一种热电阻测温电桥电路

解：（1）当 $t = 0℃$ 时，$R_t(0) = 200\text{k}\Omega$；根据电路结构，可知常值电阻 $R_s = R_t(0) = 200\text{k}\Omega$。

（2）在上述条件下，电路输出为

$$U_{out} = \left(\frac{R_t}{R_t + R_S} - \frac{R_0}{R_0 + R_0}\right)U_{in} = \left[\frac{200(1 + 0.01t)}{200(1 + 0.01t) + 200} - \frac{1}{2}\right]U_{in} = \frac{0.01t}{2(2 + 0.01t)}U_{in}$$

当 $t = 0℃$ 时，$U_{out} = 0$；

当 $t = 100℃$ 时，$U_{out} = \frac{0.01 \times 100}{2} \cdot \frac{1}{(2 + 0.01 \times 100)}U_{in} = \frac{1}{6}U_{in}$。

在 $0 \sim 100℃$ 的测温范围内，输出范围为 $0 \sim U_{in}/6$，于是有

$$U_{in}/6 = 15\text{mV}/℃ \times (100 - 0)℃ = 1500\text{mV} = 1.5\text{V}$$

即

$$U_{in} = 6 \times 1.5\text{V} = 9\text{V}$$

实例 2：图 3-29 给出了一种典型的热电阻测温电桥电路，其中 $R_t = R_0(1 + 0.005t)$ 为感温热电阻；R_B 为可调电阻；U_{in} 为工作电压。

（1）简述该电路的主要特点；

（2）电路中的 G 代表什么？若要提高测温灵敏度，G 的内阻取大些好，还是小些好？

（3）基于该电路的工作原理，若测温范围为 $0 \sim 200℃$，给出调节电阻 R_B 随温度变化的关系及其范围。

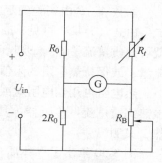

图 3-29　一种典型的热电阻测温电桥电路

解：（1）电桥电路始终处于平衡状态，通过调节电阻 R_B 的大小反映所测温度；适用于缓慢变化的温度测量；测量过程受电源波动影响小，抗干扰能力较强。

（2）电路中的 G 代表检流计，用其反映电桥电路是否处于平衡状态。若要提高测温灵敏度，G 的内阻应尽可能小。G 的内阻越小，表明其越灵敏，即反映电桥电路不平衡的能力越强。若检流计的内阻为 R_G，发生可观察偏转的最小电流为 I_{min}（这是由检流计自身的工作特性决定的，对于确定的检流计其值应为固定值），即当检流计两端电压偏差达到 $I_{min}R_G$ 时，才发生偏转。因此，G 的内阻越小，$I_{min}R_G$ 就越小，也就越灵敏。

（3）该测温电路平衡时，满足

$$\frac{R_0}{2R_0} = \frac{R_t}{R_B}$$

即

$$R_B = 2R_t = 2R_0(1+0.005t)$$

因此，在 $0 \sim 200℃$ 的测温范围，调节电阻 R_B 随温度变化的范围为 $2R_0 \sim 4R_0$。

3.6.2　基于热电阻的气体质量流量传感器

在管道中放置一热电阻，当管道中流体不流动，且热电阻的加热电流保持恒定时，则热电阻的阻值亦为一定值。当管道内的流体流动时，引起对流热交换，热电阻的温度下降，热电阻的阻值也发生变化。若忽略热电阻通过固定件的热传导损失，则热电阻的热平衡方程为

$$I^2R = \alpha K S_K(t_K - t_f) \tag{3-40}$$

式中　R，I——热电阻的阻值（Ω）和流过热电阻的加热电流（A）；

　　　　α——对流热交换系数 $[W/(m^2 \cdot K)]$；

　　　　K——热电转换系数；

　　　　S_K——热电阻换热表面积（m^2）；

　　　　t_K，t_f——热电阻感受到的温度（K）和流体温度（K）。

对于对流热交换系数，当流体流速 $v < 25m/s$ 时，有

$$\alpha = C_0 + C_1\sqrt{\rho v} \tag{3-41}$$

式中　C_0，C_1——系数；

　　　　ρ——流体的密度（kg/m^3）。

利用式（3-40）、式（3-41），可得

$$I^2R = (A+B\sqrt{\rho v})(t_K - t_f) \tag{3-42}$$

$$A = K S_K C_0$$

$$B = K S_K C_1$$

系数 A、B 由实验确定。

由式（3-42）可见，ρv 是加热电流 I 和热电阻温度的函数。当管道截面积一定时，由 ρv 就可得质量流量 Q_m。因此可以使加热电流不变，而通过测量热电阻的阻值变化来测量质量流量；或保持热电阻的阻值不变，通过测量加热电流 I 的变化来测量质量流量。

热电阻可用铂电阻丝或膜电阻制成，也可采用微机电系统（MEMS）工艺，制成硅微机械热式质量流量传感器。具体实现方案有多种，如加热电阻可以只用于加热，也可以既加热，又测温。

图 3-30 给出了气体质量流量传感器敏感部分的一种典型结构示意图，其中热电阻 R_1 和 R_2 用来测量加热电阻上游流体温度 t_{f1} 和下游流体温度 t_{f2}。

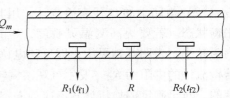

图 3-30　气体质量流量传感器敏感部分的一种结构示意图

该传感器常用来测量气体的质量流量，具有结构简单、测量范围宽、响应速度快、灵敏度高、功耗低、无活动部件、无分流管、压力损失小等优点。主要不足是：技术实现难度较大；对小流量而言，会给被测气体介质带来明显的热量；使用时容易在管壁沉积垢层而影响测量，需定期清洗；细管型传感器易堵塞。该传感器在汽车电子、半导体技术、能源与环保等领域应用广泛。

思考题与习题

3-1　简要说明温度测量的特殊性。

3-2　简述金属热电阻的工作原理，比较几种常用金属热电阻的应用特点。

3-3　简述热电阻采用双线无感绕制的原因。

3-4　简述半导体热敏电阻的工作原理，说明半导体热敏电阻的应用特点。

3-5　比较金属热电阻和半导体热敏电阻的测温特点。

3-6　半导体热敏电阻有哪几种？各有什么特点？

3-7　热电阻使用时，为什么需要考虑自热问题？哪种热电阻自热问题最严重？为什么？

3-8　热电阻温度传感器常用的电桥电路有几种？各有什么特点？

3-9　说明热电偶的工作原理。

3-10　简述热电偶的中间温度定律，并证明。

3-11　简述热电偶的中间导体定律，并证明。

3-12　简要说明热电偶的标准电极定律及应用价值。

3-13　简要说明提高热电偶测温灵敏度的方法。

3-14　使用热电偶测温时，为什么必须进行参考端补偿？参考端补偿的方法主要有哪些？

3-15　简述热电偶产生动态测量误差的主要原因。减小动态测量误差的措施有哪些？

3-16　说明薄膜热电偶的主要特点。

3-17　简要说明使用并联热电偶与串联热电偶时的应用特点。

3-18　简述半导体温度传感器的工作原理。

3-19　常用的非接触式温度传感器有几种？简要说明其工作原理。

3-20　说明热电阻式气体质量流量传感器的工作原理及应用特点。

3-21　分析图 3-30 所示的气体质量流量传感器可能的测量误差。

3-22　图 3-5b 中，若常值电阻 $R_1 = R_2 = R_3 = R_0$，热电阻 $R_t = R_0[1 + \alpha(t - t_0)]$，线性电位器 RP 的有效长度和总电阻分别为 L 和 R_P，回答以下问题：

（1）t_0 温度时，电位器 RP 电刷应设置在什么位置？

（2）以上述电刷位置为起始点，建立电刷位移 x 与温度 t 的关系。

3-23　一热敏电阻在 20℃ 和 60℃ 时，电阻值分别为 120kΩ 和 30kΩ。试确定该热敏电阻的表达式。

3-24　图 3-31 给出一种测温电路。其中 $R_t = 200(1 + 0.008t)$ kΩ 为感温热电阻、$R_0 = 200$kΩ、工作电压 $U_{in} = 15$V、M、N 两点的电位差为输出电压。

（1）写出该测温电路的输出电压。

（2）当测温范围为 0～100℃ 时，计算该测温电路的测温平均灵敏度。

3-25　某热电偶在参考温度为 0℃ 时的热电动势值见表 3-1，试计算参考温度为 5℃ 和 15℃ 时的热电动势值。

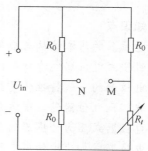

图 3-31　热电阻测温电桥电路

表 3-1　某热电偶在参考温度为 0℃ 时的热电动势值

t/℃	0	5	10	15	20	25	30	35	40
E/mV	0	1.519	3.028	4.543	6.063	7.607	9.126	10.615	12.102

3-26　题 3-25 中，若参考端温度为 10℃，当实测热电偶的输出热电动势分别为 5.352mV、6.325mV、7.793mV 和 8.637mV 时，试计算测量端的温度值。

▶ 第 4 章

电位器式传感器

主要知识点：

电位器的基本结构与应用特点

线绕式电位器的阶梯特性与阶梯误差

电位器的负载特性、负载误差及其补偿

非线性电位器的实现方式与特点

电位器式压力传感器的实现方式与输入输出特性

电位器式加速度传感器的敏感结构与基本工作原理

4.1 基本结构与功能

电位器（Potentiometer）是一种将机械位移转换为电阻阻值变化的变换元件，主要包括电阻元件和电刷（滑动触点），如图 4-1 所示。根据不同的应用场合，电位器可以用作变阻器或分压器，如图 4-2 所示。

电位器的优点主要有测量范围宽、输出信号强（一般不需要放大就可以直接作为输出）、结构简单、参数设计灵活、输出特性稳定、可以实现线性和较为复杂的特性、受环境因素影响小、成本低等；其不足主要是触点处始终存

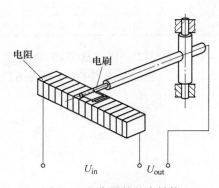

图 4-1　电位器的基本结构

在着摩擦和损耗。由于有摩擦，就要求电位器有比较大的输入功率，否则就会降低电位器的性能。由于有摩擦和损耗，就会影响电位器的可靠性和寿命，也会降低电位器的动态性能。

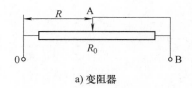

a) 变阻器

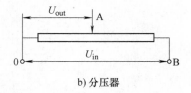

b) 分压器

图 4-2　用作变阻器或分压器的电位器

4.2 线绕式电位器的特性

4.2.1 灵敏度

图 4-3 所示为线绕式电位器（Wire-wound Potentiometer）的结构示意图，骨架为矩形截面。在电位器的 x 处，骨架宽和高分别为 $b(x)$ 和 $h(x)$，每匝长度为 $2[b(x)+h(x)]$；所绕导线的截面积为 $S(x)$，电阻率为 $\rho(x)$，匝与匝之间距离（定义为节距）为 $t(x)$；则在 Δx 微段上有 $\Delta x/t(x)$ 匝导线，长度为 $2[b(x)+h(x)]\Delta x/t(x)$，所对应的电阻为

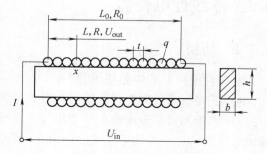

图 4-3　线绕式电位器

$$\Delta R(x)=2[b(x)+h(x)]\frac{\Delta x}{t(x)}\cdot\frac{\rho(x)}{S(x)}=2[b(x)+h(x)]\frac{\rho(x)}{S(x)t(x)}\Delta x \qquad (4\text{-}1)$$

电位器的电阻灵敏度（Ω/m）为

$$\frac{\Delta R(x)}{\Delta x}=\frac{2[b(x)+h(x)]\rho(x)}{S(x)t(x)} \qquad (4\text{-}2)$$

若 I 为通过电位器的电流（A），则电压灵敏度（V/m）为

$$\frac{\Delta U(x)}{\Delta x}=\frac{\Delta R(x)}{\Delta x}I=\frac{2[b(x)+h(x)]\rho(x)}{S(x)t(x)}I \qquad (4\text{-}3)$$

4.2.2 阶梯特性和阶梯误差

对于线绕式电位器，电刷与导线的接触以一匝一匝为单位移动，因此电位器的输出特性是一条如阶梯形状的折线。电刷每移动一个节距，输出电阻或输出电压都有一个微小的跳跃。当电位器有 W 匝时，其特性有 W 次跳跃，如图 4-4 所示。

线绕式电位器的阶梯特性带来的误差称为阶梯误差，通常可以用理想阶梯特性折线与理论参考输出特性之间的最大偏差同最大输出的比值的百分数来表示。对于线性电位器，当电位器的总匝数为 W、总电阻为 R 时，其阶梯误差为

$$\xi_S=\frac{R/(2W)}{R}\times100\%=\frac{1}{2W}\times100\% \qquad (4\text{-}4)$$

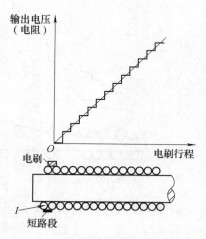

图 4-4　线绕式电位器的阶梯特性

4.2.3 分辨率

由电位器的阶梯特性带来的分辨率为

$$r_S=\frac{R/W}{R}\times100\%=\frac{1}{W}\times100\% \qquad (4\text{-}5)$$

线绕式电位器特性稳定，易于实现所要求的变换特性；但也存在着阶梯误差、分辨率低等原理误差。减少阶梯误差、提高分辨率和测量精度的主要方式就是增加总匝数 W。此外，此类电位器的耐磨性差、寿命短、功耗大。

4.3 非线性电位器

4.3.1 功用

非线性电位器的主要功用如下：

1）获得所需要的非线性输出，以满足测控系统的一些特殊要求。

2）由于测量系统中有些环节出现了非线性，为了修正、补偿非线性，需要将电位器设计成非线性特性，使测量系统的输出获得所需要的线性特性。

3）用于消除或改善负载误差。

4.3.2 实现途径

实现途径主要有两类：一类是通过改变电位器的绕制方式；另一类是通过改变电位器使用时的电路连接方式。

对于线绕式电位器，可以采用改变其不同部位的灵敏度来实现非线性。基于式（4-2），可以采用三种不同的绕线方法实现非线性功能：变骨架方式（见图4-5）、变绕线节距方式（见图4-6）和变电阻率方式。

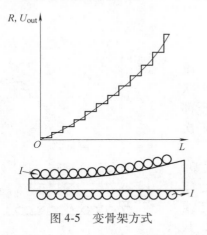

图 4-5　变骨架方式

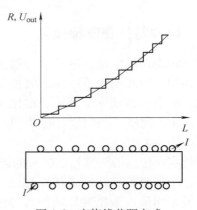

图 4-6　变绕线节距方式

应用中，可采用阶梯骨架来近似代替曲线骨架。将非线性电位器的输入-输出特性曲线分成若干段，每一段近似为一直线，段数足够多时，就可以使折线与原定曲线的误差控制在允许的范围内。当用折线代替曲线后，每一段均为直线，都可以做成一个线性电位器，只是其斜率不同。工艺上，为了便于在相邻两段过渡，骨架结构在过渡处做成斜角，伸出尖端 2~3mm，以免导线滑落，如图4-7所示。

通过改变电位器使用时的电路连接方式主要有两种：一种是如图4-8所示的分路电阻法；另一种是如图4-9所示的电位给定法。

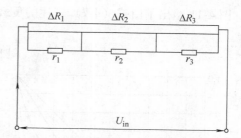

图 4-8 分路电阻法非线性电位器

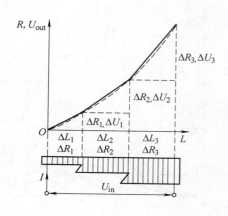

图 4-7 骨架实际结构

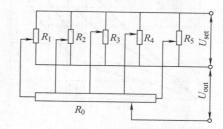

图 4-9 电位给定法非线性电位器

分路电阻非线性电位器实际上是一个带若干抽头的线性电位器，因而工艺实现的难度大大降低。同时，它不像变绕线节距或变骨架方式那样受特性曲线斜率变化范围的限制，可以实现有较大斜率变化的特性曲线。改变并联电阻的阻值和电路的连接方式，它既可以实现单调函数，也可以实现非单调函数。

电位给定非线性电位器以折线近似曲线，根据特性分段要求，同样也做成抽头线性电位器，各抽头点的电位由其他电位器来设定。图 4-9 中，线性电位器 R_0 称为抽头电位器，电阻 $R_1 \sim R_5$ 即为给定电位器，用来确定各抽头处的电位。为了便于设计与调整参数，通常选择给定电位器的电阻阻值远小于抽头电位器的电阻阻值。显然，这种方法在实现非线性电位器的特性方面比较灵活。

4.4 电位器的负载特性及负载误差

4.4.1 负载特性

由图 4-10 所示，若电位器输出端带有有限负载 R_f 时，其输出电压为

$$U_{out} = \frac{R_f R / (R_f + R)}{R_f R / (R_f + R) + (R_0 - R)} U_{in} = \frac{U_{in} R R_f}{R_f R_0 + R R_0 - R^2} \tag{4-6}$$

式中　R_0，R——电位器的总电阻（Ω）和实际工作电阻（Ω）。

式（4-6）就是电位器的负载特性。

假设电位器的总行程为 L_0；电刷实际行程为 x；引入电刷的相对行程 $X = x/L_0$；电阻的相对变化 $r = R/R_0$；电位器的负载系数 $K_f = R_f/R_0$；电压的相对输出 $Y = U_{out}/U_{in}$。由式（4-6）可得

$$Y = \frac{r}{1 + r/K_f - r^2/K_f} \tag{4-7}$$

图 4-11 给出了由式（4-7）表述的负载特性。对于线性电位器，$r=X$，有

$$Y = \frac{X}{1+X/K_{\mathrm{f}}-X^2/K_{\mathrm{f}}} \tag{4-8}$$

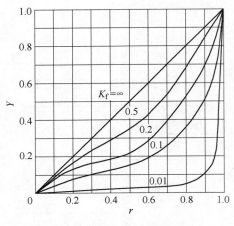

图 4-10　带负载的电位器

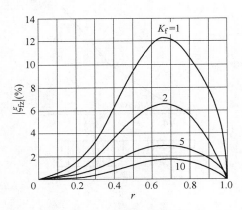

图 4-11　负载特性曲线

4.4.2　负载误差

电位器的特性随负载系数 K_{f} 的变化而变，当 $K_{\mathrm{f}} \to \infty$ 时，可得空载特性

$$Y_{\mathrm{kz}} = r \tag{4-9}$$

对于线性电位器，空载特性为

$$Y_{\mathrm{kz}} = X \tag{4-10}$$

负载特性与空载特性的偏差定义为负载误差。为便于分析，讨论负载误差与满量程输出的比值，由式（4-7）~式（4-9）可得相对负载误差

$$\xi_{\mathrm{fz}} = Y - Y_{\mathrm{kz}} = \frac{r^2(r-1)}{K_{\mathrm{f}}+r-r^2} \tag{4-11}$$

不同负载系数 K_{f} 值下，相对负载误差 ξ_{fz} 与电位器电阻的相对变化 r 的关系曲线如图 4-12 所示。显然，负载系数越大，负载误差越小。

实用时，$r \in [0,1]$，$\max(|r-r^2|) \leqslant 0.25$。所以，当 K_{f} 较大时，式（4-11）可近似写为

$$\xi_{\mathrm{fz}} \approx -r^2(1-r)/K_{\mathrm{f}} \tag{4-12}$$

由式（4-12），利用 $\mathrm{d}\xi_{\mathrm{fz}}/\mathrm{d}r=0$，在 $r \in (0,1)$ 范围内，可得

$$r_{\mathrm{m}} = 2/3 \tag{4-13}$$

将式（4-13）代入式（4-11），对应的最大相对负载误差为

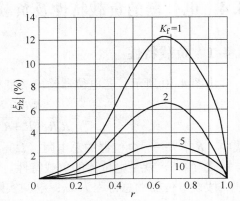

图 4-12　负载误差曲线

$$\xi_{\mathrm{fzmax}} \approx -0.1481/(K_{\mathrm{f}}+0.2222) \tag{4-14}$$

可见，最大负载误差与负载系数呈反比关系，并且大约发生在电阻相对变化的

0.667 处。

【简单算例讨论】 图 4-10 所示线性电位器的总电阻 $R_0 = 400\Omega$，负载电阻 R_f 分别为 100Ω、400Ω、1600Ω、4000Ω，即负载系数分别为 0.25、1、4、10；若电位器分成等间距的 10 段，由式（4-8）、式（4-11）可计算电位器的负载特性和相对负载误差，见表 4-1、表 4-2。从定量上进一步反映出负载系数对负载误差的影响情况。随着负载系数增加，负载误差减小；最大相对负载误差发生在电刷相对行程的 0.6~0.8 之间，负载系数越大，最大误差处越靠近于电刷相对行程的 2/3。

表 4-1　电位器的负载特性

K_f	X										
	0	0.1	0.2	0.3	0.4	0.5	0.6	0.7	0.8	0.9	1.0
0.25	0	0.07353	0.1220	0.1630	0.2041	0.2500	0.3061	0.3804	0.4878	0.6618	1.0000
1	0	0.09174	0.1724	0.2479	0.3226	0.4000	0.4839	0.5785	0.6897	0.8257	1.0000
4	0	0.09780	0.1923	0.2850	0.3774	0.4706	0.5660	0.6651	0.7692	0.8802	1.0000
10	0	0.09911	0.1969	0.2938	0.3906	0.4878	0.5859	0.6856	0.7874	0.8920	1.0000

表 4-2　电位器的相对负载误差

K_f	X										
	0	0.1	0.2	0.3	0.4	0.5	0.6	0.7	0.8	0.9	1.0
0.25	0	−0.02647	−0.0780	−0.1370	−0.1959	−0.2500	−0.2939	−0.3196	−0.3122	−0.2382	0
1	0	−0.00826	−0.0276	−0.0521	−0.0774	−0.1000	−0.1161	−0.1215	−0.1103	−0.0743	0
4	0	−0.00220	−0.0077	−0.0150	−0.0226	−0.0294	−0.0340	−0.0349	−0.0308	−0.0198	0
10	0	−0.00089	−0.0031	−0.0062	−0.0094	−0.0122	−0.0141	−0.0144	−0.0126	−0.0080	0

4.4.3　减小负载误差的措施

1. 提高负载系数 K_f

增大负载电阻 R_f 或减小电位器总电阻 R_0。

2. 限制电位器的工作范围

如图 4-13 所示，如果通过 $r = 2/3$ 的最大负载误差发生处的 M 点作 OM 连线，则负载特性曲线与 OM 线之间的偏差大幅度减小。当然，这样做会导致电位器的灵敏度下降、分辨率降低、浪费电位器 1/3 的资源，如图 4-13b 所示。为此，可以用一个固定补偿电阻 $R_c = 0.5R_0$ 来代替原来电位器电阻元件不工作的部分，如图 4-13c 所示。同时，为了保持原来的灵敏度，可以增大原来电位器两端的工作电压。这种方法的特点是简单、实用，以牺牲灵敏度和增加功耗来减小负载误差。

3. 重新设计电位器的空载特性

基于电位器的负载特性，如果将电位器的空载特性设计成某种上凸的非线性曲线，如图 4-14 所示。这样加上负载后就可使其负载特性正好落在所要求的直线特性上。由式（4-7）可得电位器负载情况下的特性为

$$r = \frac{(1 - K_f/Y) + \sqrt{(1 - K_f/Y)^2 + 4K_f}}{2} \tag{4-15}$$

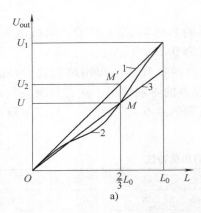

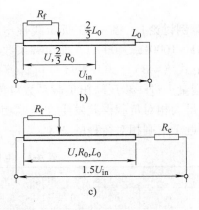

图 4-13 限制电位器的工作范围以减少负载误差

1—电位器的空载特性直线 2—电位器的负载特性曲线 3—OM 参考直线

可以证明，若要求电位器带有负载后的特性为 $Y=f(X)$，则电位器的空载特性应为

$$r = \frac{\left[1-K_{\mathrm{f}}/f(X)\right]+\sqrt{\left[1-K_{\mathrm{f}}/f(X)\right]^2+4K_{\mathrm{f}}}}{2} \quad (4\text{-}16)$$

也即若要求电位器带有负载后的特性为线性的，即 $Y=X$，则空载特性应为

$$r = \frac{(1-K_{\mathrm{f}}/X)+\sqrt{(1-K_{\mathrm{f}}/X)^2+4K_{\mathrm{f}}}}{2} \quad (4\text{-}17)$$

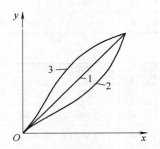

图 4-14 负载误差的完全补偿方式

注：非线性特性 2、3 关于线性特性 1 镜像对称。

对比式（4-15）、式（4-17）可知：式（4-15）的镜像特性为式（4-17）。

【简单算例讨论】 如图 4-15 所示，电位器总电阻 $R_0=1000\Omega$，考虑带负载电阻 R_{f} 分别为 500Ω、2000Ω 和 10000Ω，即负载系数分别为 0.5、2、10，电位器给出 $Y=X$ 的线性特性。利用式（4-17），取 X 的间距为 0.1，可计算出电位器相对电阻变化 r 随电刷相对位移 X 的变化情况，见表 4-3。不难看出，负载系数越大，r/X 的值越接近于 1。

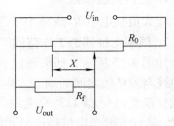

图 4-15 带负载的电位器

表 4-3 电位器相对电阻变化 r 随电刷相对位移 X 的变化情况

K_{f}	X										
	0	0.1	0.2	0.3	0.4	0.5	0.6	0.7	0.8	0.9	1.0
0.5	0	0.1213	0.2808	0.4484	0.5931	0.7071	0.7953	0.8643	0.9190	0.9634	1.0000
2	0	0.1047	0.2170	0.3333	0.4495	0.5616	0.6667	0.7632	0.8508	0.9295	1.0000
10	0	0.1009	0.2032	0.3064	0.4097	0.5125	0.6142	0.7143	0.8122	0.9076	1.0000

4.5 电位器的结构与材料

4.5.1 电阻丝

在线绕式电位器中，对电阻丝的主要要求是电阻率高、电阻温度系数小、耐磨损、耐腐蚀、延展性好和便于焊接等。电阻丝直径一般在 0.02~0.1mm 之间。

精密电位器使用贵金属合金电阻丝，能满足上述要求，也能在高温、高湿等恶劣环境下正常工作。这样就有效保证了其在较小接触压力下，实现电刷与电阻体的良好接触，降低电位器的噪声，提高可靠性与寿命。贵金属合金电阻率较低，但延展性好，可加工成直径达 0.01mm 的丝材，绕制于 0.3~0.4mm 厚的骨架上而不折断；因此，电位器总匝数多，既提高了分辨率，又保证了阻值。

4.5.2 电刷

电刷是电位器式传感器中既非常简单又非常重要的零件，直径为 0.1~0.2mm。

电刷可用一根金属丝弯成适当的形状，常见结构如图 4-16 所示。为了保证可靠接触，可由多根电刷丝构成"多指电刷"。多指电刷中各电刷丝的长度不同，它们的固有频率各不相同，故不会同时谐振起来，有效保证了电刷与电阻体的接触。同时，由于形成多条接触道，有利于降低每一电刷丝的接触压力和磨损程度，提高电位器的使用寿命。

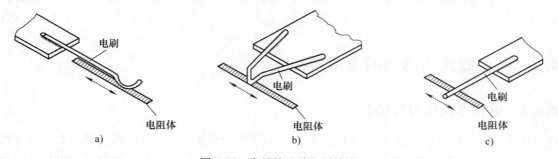

图 4-16 常见的几种电刷结构

电刷头部应弯成一定的圆角半径，经验表明：对于用细丝绕成的精密电位器，电刷圆角半径最好选为导线半径的 10 倍左右。圆角半径过小，易使电刷与电阻体过早磨损，甚至损坏接触道；圆角半径过大，易使电刷接触面过早磨平，并造成电位器绕组短路，从而导致电位器精度下降，增加电刷运动时的不平稳性。

为了保证电刷与电阻体之间的可靠接触，电刷应有一定的接触压力，通常可由电刷本身的弹性变形来产生。接触压力值的大小对于电位器的工作可靠性和寿命都有很大影响。接触压力大，接触可靠稳定，遇到振动过载时不易跳开；但同时也使摩擦力增大，磨损程度增加，寿命降低。因此，必须根据具体情况正确选择接触压力。

电刷材料与电阻体材料的匹配是关系到电位器可靠性和寿命的重要因素，相互间材料选配得好，接触电阻小而稳定，电位器噪声小，能经受数百万次以上的工作，而保持性能基本不变。电刷一般采用贵金属材料，对其材料的要求不低于对电阻体材料的要求，其硬度略高于电阻体材料的硬度。

4.5.3 骨架

在线绕式电位器中，对骨架的主要要求是：绝缘性能好、具有足够的强度和刚度、耐热、抗湿、加工性好、便于制成所需形状及结构参数的骨架，并使之在空气温度和湿度变化时不致变形。

对于一般精度的电位器，骨架材料多采用塑料和夹布胶木等。这些材料易于加工，但耐热性和抗湿性不够好、易变形；塑料骨架还会分解出有机气体，污染电刷与绕组。

高精度电位器广泛采用金属骨架。为使金属骨架表面有良好的绝缘性能，通常在铝合金或铝镁合金外表，通过阳极化处理生成一层绝缘薄膜。金属骨架强度大、结构参数制造精度高、遇潮不易变形、导热性好、易于散发电位器绕组中的热量，从而可提高流过绕线的电流。有些小型电位器骨架可用高强度漆包圆铜线或玻璃棒制成。

骨架的结构形式主要有环形骨架、弧形骨架、条形骨架、柱形骨架、棒形骨架和特型骨架。特型骨架多用于非线性电位器，图 4-17 所示为阶梯形骨架和曲线形骨架。

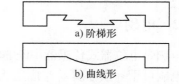

图 4-17　线绕式电位器中的特型骨架

一般骨架厚度 b、圆角半径 r 与电阻丝直径 d 的关系应满足

$$b \geqslant 4d \tag{4-18}$$

$$r \geqslant 2d \tag{4-19}$$

4.6　电位器式传感器的典型实例

4.6.1　电位器式压力传感器

图 1-1 是一种电位器式压力传感器的原理结构图。被测压力作用在真空膜盒上，膜盒产生位移，经放大传动机构带动电刷在电位器上滑动。电位器两端加有工作电压，电位器电刷与电源地端间得到输出电压。该输出电压的大小即反映了被测压力的大小。

作用于波纹膜片上的均布压力 p，相当于在膜盒中心作用有等效集中力 F_{eq}，单个周边固支波纹膜片的中心位移 $W_{s,c}(m)$ 与压力 $p(Pa)$ 的关系可以描述为

$$W_C = \frac{1}{A_F} \cdot \frac{F_{eq}R^2}{\pi Eh^3} = \frac{A_{eq}pR^2}{\pi A_F Eh^3} \tag{4-20}$$

$$F_{eq} = A_{eq}p$$

式中　A_F——波纹膜片无量纲弯曲力系数，$A_F = \dfrac{(1+q)^2}{3(1-\mu^2/q^2)}$；

　　　　q——波纹膜片的型面因子，$q = \sqrt{1+1.5H^2/h^2}$；

　R，h，H——波纹膜片的半径(m)、膜厚(m)和波深(m)；

　　E，μ——波纹膜片材料的弹性模量(Pa)、泊松比；

A_{eq}——波纹膜片的等效面积（m^2），$A_{eq}=\dfrac{1+q}{2(3+q)}\pi R^2$。

一个膜盒相当于两个周边固支的波纹膜片，如图 1-1 所示的传感器敏感元件由 4 个相同的波纹膜片串联组成。膜盒系统中心位移 $W_{S,C,1}$（m）与均布压力 p（Pa）的关系为

$$W_{S,C,1}=4W_C=\frac{4A_{eq}pR^2}{\pi A_F Eh^3} \tag{4-21}$$

当忽略弹簧刚度时，电位器电刷位移 $W_{P,1}$ 为

$$W_{P,1}=W_{S,C,1}\frac{l_P}{l_C}=\frac{4A_{eq}l_P pR^2}{\pi A_F l_C Eh^3} \tag{4-22}$$

式中 l_C，l_P——连接膜盒的力臂（m）和连接电位器的力臂（m）。

由式（4-20）可知单个波纹膜片的等效刚度为

$$K_{eq}=\frac{dF_{eq}}{dW_C}=\frac{\pi A_F Eh^3}{R^2} \tag{4-23}$$

膜盒系统的总等效刚度为

$$K_{CT}=\frac{1}{4}K_{eq}=\frac{\pi A_F Eh^3}{4R^2} \tag{4-24}$$

图 1-1 中的弹簧可调节传感器的灵敏度，弹簧与波纹膜盒系统为并联工作方式，考虑弹簧刚度 K_E 后，敏感结构的总刚度为

$$K_T=K_{CT}+K_E=\frac{\pi A_F Eh^3}{4R^2}+K_E \tag{4-25}$$

于是，被测压力 p 引起的整个受力结构的位移为

$$W_{S,C,2}=\frac{F_{eq}}{K_T}=\frac{A_{eq}p}{\dfrac{\pi A_F Eh^3}{4R^2}+K_E}=\frac{4A_{eq}R^2p}{\pi A_F Eh^3+4R^2K_E} \tag{4-26}$$

电位器电刷位移与被测均布压力 p 的关系为

$$W_{P,2}=W_{S,C,2}\frac{l_P}{l_C}=\frac{l_P}{l_C}\cdot\frac{4A_{eq}R^2p}{\pi EA_F h^3+4R^2K_E} \tag{4-27}$$

由式（4-22）与式（4-27）可知：不考虑弹簧刚度与考虑弹簧刚度影响相比，所得结果的相对偏差为

$$\xi=\frac{W_{P,1}-W_{P,2}}{W_{P,2}}=\frac{\dfrac{4A_{eq}l_P pR^2}{\pi A_F l_C Eh^3}-\dfrac{l_P}{l_C}\cdot\dfrac{4A_{eq}R^2p}{\pi EA_F h^3+4R^2K_E}}{\dfrac{l_P}{l_C}\cdot\dfrac{4A_{eq}R^2p}{\pi EA_F h^3+4R^2K_E}}=\frac{4R^2K_E}{\pi A_F Eh^3} \tag{4-28}$$

由式（4-28）可知：弹簧刚度越大，波纹膜片的半径越大，式（4-22）给出的近似分析结果的相对偏差越大；而当增大波纹膜片的膜厚 h 时，相对偏差减小。

4.6.2　电位器式加速度传感器

图 4-18 所示为一种电位器式加速度传感器的原理结构。质量块 m 感受加速度 a 形成惯

性力$-ma$ 使敏感结构产生位移 x；若弹簧片体系的总刚度 k，弹簧片将产生弹性恢复力 kx，以平衡惯性力。因此达到稳态时，满足

$$x = -ma/k \qquad (4\text{-}29)$$

电位器的电刷与质量块刚性连接，电阻元件固定安装在传感器壳体上。杯形空心质量块 m 由弹簧片支承，内部装有与壳体相连接的活塞。当质量块感受加速度相对于活塞运动时，产生气体阻尼效应；同时可通过一个螺钉改变排气孔的大小来调节阻尼系数。质量块带动电刷在电阻元件上滑动，输出与位移成比例的电压，实现对加速度的测量。

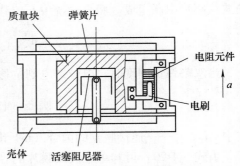

图 4-18　电位器式加速度传感器原理结构

该电位器式加速度传感器主要用于测量变化较慢的线加速度和低频振动加速度。其优点是输出信号较大，使用时不需专门的信号放大电路；缺点是误差稍大、灵敏度较低、工作频带窄、功耗高、寿命短。

思考题与习题

4-1　简要说明电位器的基本组成结构。

4-2　举例说明电位器的主要功能。

4-3　电位器的应用特点是什么？

4-4　什么是线绕式电位器的阶梯特性？在实际使用时，它会给电位器带来什么问题？

4-5　简要说明非线性电位器的主要功能。

4-6　简述非线性电位器的实现途径及其应用特点。

4-7　什么是电位器的负载特性和负载误差？如何减小电位器的负载误差？

4-8　采用限制电位器使用范围来减小负载误差方式的主要应用特点有哪些？

4-9　简述电位器中采用"多指电刷"的主要原理。

4-10　设计一个角位移传感器的基本原理结构，说明其工作原理。

4-11　给出一种电位器式压力传感器的结构原理图，并说明其工作过程与特点。

4-12　试设计如图 4-15 所示的电位器的电阻特性。它能在带负载情况下给出 $Y=X$ 的线性特性，电位器总电阻 $R_0 = 200\Omega$，负载电阻 R_f 分别为 50Ω、500Ω 和 2500Ω。计算时取 X 的间距为 0.1。X 和 Y 分别为相对输入和相对输出。

4-13　图 4-19 为带负载的线性电位器。试用解析和数值方法（可把整个行程分成等间距的 10 段），求图中两种电路情况下的端基线性度。

4-14　图 4-20 给出了某位移传感器的检测电路。$U_{in} = 5V$，$R_0 = 20k\Omega$，AB 为线性电位器，总长度为 120mm，总电阻为 50$k\Omega$，C 点为电刷位置。问：

（1）当输出电压 $U_{out} = 0V$ 时，位移 $x = ?$

（2）当位移 x 的变化范围为 5～115mm 时，输出电压 U_{out} 的范围为多少？

4-15　某位移测量装置采用了两个相同的线性电位器。电位器的总电阻为 R_0，总工作行

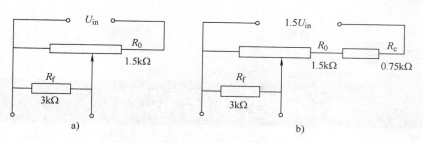

图 4-19　带负载的电位器

程为 L_0。当被测位移变化时，带动这两个电位器一起滑动（如图 4-21 所示，虚线表示电刷的机械臂）。如果采用电桥电路检测方式，电桥的工作电压为 U_{in}。试回答：

（1）设计电桥电路的连接方式。

（2）被测位移的测量范围为 $0 \sim L_0$ 时，电桥电路的输出电压范围是多少？

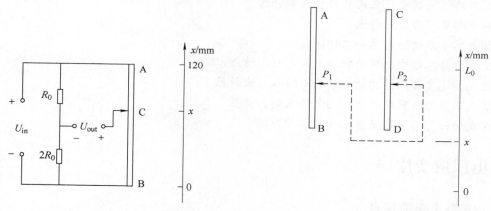

图 4-20　电位器式位移传感器检测电路　　　　图 4-21　电位器式位移传感器结构图

4-16　某线绕式电位器的骨架直径 $D_0 = 8\text{mm}$，总长 $L_0 = 120\text{mm}$，导线直径 $d = 0.1\text{mm}$，电阻率 $\rho = 0.8 \times 10^{-6}\ \Omega \cdot \text{m}$，总匝数 $W = 1200$。试计算该电位器均匀绕制时的空载电阻灵敏度。

第 5 章

应变式传感器

主要知识点：

金属丝的应变效应与特点

电阻应变片的实现方式与应用特点

应变片横向效应的产生与影响

应变片的温度误差产生的主要原因与补偿

电桥电路原理与应用特点

四臂受感差动电桥电路的工作优点

应变式力传感器中常用的敏感元件与应用特点

应变式加速度传感器的敏感结构与输入输出特性

应变式压力传感器的敏感结构与输入输出特性

应变式转矩传感器的敏感结构与工作原理

5.1 电阻应变片

5.1.1 应变式变换原理

长 L、横截面半径 r、电阻率 ρ 的圆形金属电阻丝的电阻值为

$$R = \frac{L\rho}{\pi r^2} \tag{5-1}$$

如图 5-1 所示的金属电阻丝，当其受拉力伸长 $\mathrm{d}L$ 时，其半径减少 $\mathrm{d}r$，同时电阻率因金属晶格畸变影响改变 $\mathrm{d}\rho$，则电阻变化量及相对变化量分别为

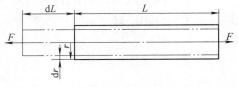

图 5-1 金属电阻丝的应变效应示意图

$$\mathrm{d}R = \frac{L}{\pi r^2}\mathrm{d}\rho + \frac{\rho}{\pi r^2}\mathrm{d}L - 2\frac{\rho L}{\pi r^3}\mathrm{d}r \tag{5-2}$$

$$\frac{\mathrm{d}R}{R} = \frac{\mathrm{d}\rho}{\rho} + \frac{\mathrm{d}L}{L} - 2\frac{\mathrm{d}r}{r} \tag{5-3}$$

作为一维受力的电阻丝，其轴向应变 $\varepsilon_L = \mathrm{d}L/L$ 与径向应变 $\varepsilon_r = \mathrm{d}r/r$ 满足

$$\varepsilon_r = -\mu\varepsilon_L \tag{5-4}$$

式中 μ——金属电阻丝材料的泊松比。

利用式 (5-3)、式 (5-4) 可得

$$\frac{\mathrm{d}R}{R} = \frac{\mathrm{d}\rho}{\rho} + (1 + 2\mu)\varepsilon_L = \left[\frac{\mathrm{d}\rho}{\varepsilon_L\rho} + (1 + 2\mu)\right]\varepsilon_L = K_0\varepsilon_L \tag{5-5}$$

$$K_0 \stackrel{\mathrm{def}}{=} \frac{\mathrm{d}R/R}{\varepsilon_L} = \frac{\mathrm{d}\rho}{\varepsilon_L\rho} + (1 + 2\mu)$$

式中　K_0——金属材料的应变灵敏系数，表示单位应变引起的相对电阻变化。

K_0 通常由实验来确定。结果表明，在电阻丝拉伸的比例极限内，K_0 为一常数，即电阻相对变化与其轴向应变成正比。例如对康铜材料，K_0 为 1.9~2.1；对镍铬合金材料，K_0 为 2.1~2.3；对铂材料，K_0 为 3~5。

5.1.2　应变片结构及应变效应

图 5-2 为利用应变效应制成的金属应变片（Strain Gage）的基本结构示意图，由敏感栅、基底、黏合层、引出线和覆盖层等组成。敏感栅由金属细丝制成，直径为 0.01 ~ 0.05mm，用黏合剂将其固定在基底上。为了保证应变不失真传递到敏感栅，基底应尽可能薄，一般为 0.03 ~ 0.06mm；基底应有良好的绝缘、耐热和抗潮性能，且随外界条件变化的变形小；基底材料有纸、胶膜和玻璃纤维布等。敏感栅上面粘贴有覆盖层，用于保护敏感栅；敏感栅电阻丝两端焊接引出线，用以连接外接电路。

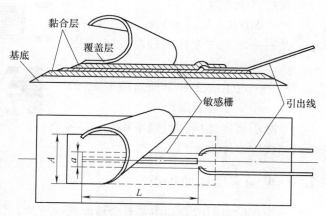

图 5-2　金属应变片的基本结构示意图

用于金属应变片的电阻丝通常要满足以下条件：

1）应变灵敏系数 K_0 要大，且在较大范围内保持为常数。

2）电阻率要大，这样在电阻值一定的情况下，电阻丝长度可短一些。

3）电阻温度系数要小。

4）具有优良的加工焊接性能。

由金属丝制成敏感栅构成应变片后，应变片的电阻应变效应不仅与金属电阻丝应变效应有关，也取决于应变片结构、制作工艺和工作状态。实验表明：应变片的电阻相对变化 $\Delta R/R$ 与应变片受到的轴向应变 ε_x，在很大范围内具有线性特性，即

$$\Delta R/R = K\varepsilon_x \tag{5-6}$$

式中　K——电阻应变片的灵敏系数，又称标称灵敏系数。

式（5-6）中的应变片灵敏系数 K 小于同种材料金属丝的灵敏系数 K_0，原因是应变片的横向效应和粘贴带来的应变传递失真。因此，应变片出厂时，需要按照一定标准进行测试，给出标称值；实际应用时也需要重新测试。

直的金属丝受单向拉伸时，其任一微段均处于相同拉伸状态，感受相同应变，线材总的电阻增加量为各微段电阻增加量之和。当同样长度的线材制成金属应变片时（见图 5-3），在电阻丝的弯段，电阻的变化情况与直段不同。例如对于单向拉伸，当 x 方向应变 ε_x 为正

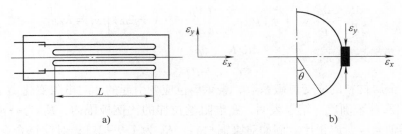

图 5-3　应变片的横向效应

时，y 方向应变 ε_y 为负（见图 5-3b），即产生了所谓的"横向效应"。因此，实际应变片的应变效应可以描述为

$$\Delta R/R = K_x \varepsilon_x + K_y \varepsilon_y \qquad (5\text{-}7)$$

式中　K_x——电阻应变片对轴向应变 ε_x 的
　　　　　应变灵敏系数；
　　　　K_y——电阻应变片对横向应变 ε_y 的
　　　　　应变灵敏系数。

为了减小横向效应，可以采用如图 5-4 所示的箔式应变片。

图 5-4　箔式应变片

5.1.3　电阻应变片的种类

目前应用的电阻应变片主要有金属丝式应变片、金属箔式应变片、薄膜式应变片以及半导体应变片。

1. 金属丝式应变片

这是一种普通的金属应变片，制作简单，性能稳定，价格低，易于粘贴。敏感栅材料的直径范围为 0.01~0.05mm；其基底很薄，一般为 0.03mm 左右，能保证有效传递变形；引线多用直径为 0.15~0.3mm 的镀锡铜线与敏感栅相连。

2. 金属箔式应变片

箔式应变片是利用照相制版或光刻腐蚀法，将电阻箔材在绝缘基底上制成多种图案形成应变片（见图 5-4）。作为敏感栅的箔片很薄，厚度为 1~10μm。

3. 薄膜式应变片

这种应变片极薄，厚度不大于 0.1μm。它采用真空蒸发或真空沉积等镀膜技术将电阻材料镀在基底上，制成多种敏感栅而形成应变片。它灵敏度高、便于批量生产。也可将应变电阻直接制作在弹性敏感元件上，免去了粘贴工艺，具有优势。

4. 半导体应变片

这种应变片基于半导体材料的"压阻效应"，即电阻率随作用应力变化的效应（详见 6.1.1节）制成。常见的半导体应变片采用锗和硅等半导体材料制成，一般为单根状，如图 5-5 所示。半导体应变片的优点是体积小，灵敏度高，机械滞后小，动态特性好等；缺点是灵敏系数的温度稳定性差。

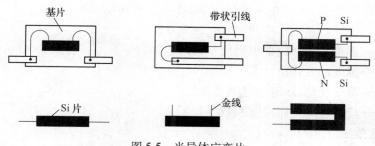

图 5-5　半导体应变片

5.1.4　应变片的主要参数

1. 应变片电阻值

应变片电阻值指应变片不受力时，在室温条件下测定的电阻值，也称原始阻值 R_0，有 60Ω、120Ω、350Ω、600Ω 和 1000Ω 等多种阻值，其中 120Ω 最常用。

2. 绝缘电阻

绝缘电阻即敏感栅与基底之间的电阻值，一般应大于 $10^{10}\Omega$。

3. 灵敏系数

灵敏系数 K 尽量大且稳定。对于金属丝式应变片，应根据实用情况进行测试。

4. 机械滞后

机械滞后指应变片受到增（加载）、减（卸载）循环应变时，同一应变量下应变示值的偏差。通常应变片使用前，应加、卸载多次，以减少机械滞后及对测量结果的影响。

5. 允许电流

允许电流指应变片不因电流产生的热量而影响测量精度所允许通过的最大电流。静态测量时，允许电流一般为 25mA；动态测量时，可达 75~100mA。

6. 应变极限

应变极限指在一定温度下，指示应变值与真实应变值的相对差值不超过规定值（一般为 10%）时的最大真实应变值。

7. 零漂和蠕变

应变片在一定温度下不承受应变时，其指示应变值随时间变化的特性称为零漂。而当一定温度下使应变片承受一恒定应变时，指示应变值随时间长期变化的特性称为蠕变。这两项指标用来衡量应变片特性的稳定性。

5.2　应变片的温度误差及其补偿

5.2.1　温度误差产生的原因

电阻应变片工作时，受环境温度影响，引起温度误差。下面以金属应变片为例讨论造成电阻应变片温度误差的主要原因。

1. 电阻热效应

电阻热效应即敏感栅金属电阻丝自身随温度产生的变化，可以写为

$$R_t = R_0(1 + \alpha \Delta t) = R_0 + \Delta R_{t\alpha} \tag{5-8}$$

$$\Delta R_{t\alpha} = R_0 \alpha \Delta t \tag{5-9}$$

式中 R_0，R_t——温度 t_0 和 t 时的电阻值（Ω）；

　　　　Δt——温度的变化值（℃）；

　　　　$\Delta R_{t\alpha}$——温度变化 Δt 时的电阻变化量；

　　　　α——应变丝的电阻温度系数（1/℃）。

2. 热胀冷缩效应

热胀冷缩效应即试件与应变丝的材料线膨胀系数不一致，使应变丝产生附加变形，从而引起电阻变化，如图 5-6 所示。

若电阻应变片电阻丝的初始长度为 L_0，当温度改变 Δt 时，应变丝受热自由变化到 L_{st}，而应变丝下的试件相应地由 L_0 自由变化到 L_{gt}，即有

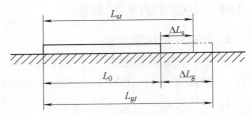

$$L_{st} = L_0(1 + \beta_s \Delta t) \tag{5-10}$$

$$\Delta L_s = L_{st} - L_0 = L_0 \beta_s \Delta t \tag{5-11}$$

$$L_{gt} = L_0(1 + \beta_g \Delta t) \tag{5-12}$$

$$\Delta L_g = L_{gt} - L_0 = L_0 \beta_g \Delta t \tag{5-13}$$

图 5-6　线膨胀系数不一致
引起的温度误差

式中 β_s，β_g——应变丝的线膨胀系数（1/℃）
　　　　　　　和试件的线膨胀系数（1/℃）；

　　　　ΔL_s，ΔL_g——应变丝的自由膨胀量(m)和试件的自由膨胀量(m)。

当 $\Delta L_s = \Delta L_g$ 时，应变丝与试件的相对长度变化一致；而当 $\Delta L_s \neq \Delta L_g$ 时，试件将应变丝从 "L_{st}" 拉伸至 "L_{gt}"，使应变丝产生附加变形，即

$$\Delta L_\beta = \Delta L_g - \Delta L_s = (\beta_g - \beta_s)\Delta t L_0 \tag{5-14}$$

于是，引起的附加应变和相应的电阻变化量分别为

$$\varepsilon_\beta = \frac{\Delta L_\beta}{L_{st}} = \frac{(\beta_g - \beta_s)\Delta t L_0}{L_0(1 + \beta_s \Delta t)} \approx (\beta_g - \beta_s)\Delta t \tag{5-15}$$

$$\Delta R_{t\beta} = R_0 K \varepsilon_\beta = R_0 K(\beta_g - \beta_s)\Delta t \tag{5-16}$$

综上所述，总的电阻变化量、相对变化量以及折合为相应的应变量分别为

$$\Delta R_t = \Delta R_{t\alpha} + \Delta R_{t\beta} = R_0 \alpha \Delta t + R_0 K(\beta_g - \beta_s)\Delta t \tag{5-17}$$

$$\Delta R_t / R_0 = \alpha \Delta t + K(\beta_g - \beta_s)\Delta t \tag{5-18}$$

$$\varepsilon_t = \frac{(\Delta R_t / R_0)}{K} = \left[\frac{\alpha}{K} + (\beta_g - \beta_s)\right]\Delta t \tag{5-19}$$

5.2.2　温度误差的补偿方法

1. 自补偿法

利用式（5-19）可知，若满足式（5-20），温度引起的附加应变为零，即合理选择应变片和测试件可使温度误差为零，但该方法的局限性很大。

$$\alpha + K(\beta_g - \beta_s) = 0 \tag{5-20}$$

图 5-7 给出了一种采用双金属敏感栅自补偿片的改进方案。两段敏感栅的电阻为 R_1 和 R_2，由温度变化引起的电阻变化量分别为 ΔR_{1t} 和 ΔR_{2t}，当满足 $\Delta R_{1t} + \Delta R_{2t} = 0$ 时，就实现了

温度补偿。这种方案补偿效果较好，使用灵活。

图 5-8 所示为另一种自补偿方案。两段敏感栅的电阻为 R_1 和 R_2，R_1 是工作臂，R_2 与外接串联电阻 R_B 组成补偿臂，另两臂接入平衡电阻 R_3 和 R_4。调节 R_1、R_2、R_B 的阻值，满足式（5-21），就可以达到热补偿的目的。

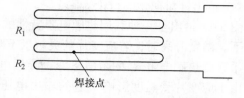

图 5-7　双金属敏感栅自补偿应变片

$$\frac{\Delta R_{1t}}{R_1} = \frac{\Delta R_{2t}}{R_2 + R_B} \qquad (5-21)$$

该方法的优点是：通过调整 R_B 的阻值，可用于不同的线膨胀系数的测试件；缺点是对 R_B 的精度要求高；而且由于 R_1、R_2 接在相邻两臂，补偿臂会抵消工作臂的有效应变，降低测量灵敏度。因此，R_2 应选用电阻率低、温度系数 α 大的铂或铂合金，即使用尽量小的电阻值就能达到温度补偿，以减小测量灵敏度的损失。

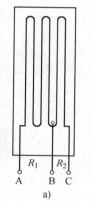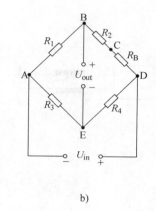

图 5-8　温度自补偿应变片

2. 电路补偿法

选用两个相同的应变片，处于相同温度场，不同受力状态，如图 5-9 所示。R_1 处于受力状态，称为工作应变片；R_B 不受力，称为补偿应变片。R_1 和 R_B 分别为电桥的相邻两臂。温度变化时，工作应变片 R_1 与补偿应变片 R_B 的电阻发生相同变化。因此电桥电路输出只对应变敏感，不对温度敏感，从而起到温度补偿的作用。这种方法简单，温度变化缓慢时补偿效果较好；但当温度变化较快时，工作应变片与补偿应变片很难处于完全一致的状态，会影响补偿效果。

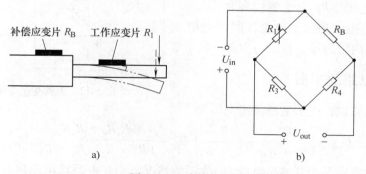

图 5-9　电路补偿法

该方法进一步改进就形成一种理想的差动方式，如图 5-10 所示。$R_1 \sim R_4$ 是四个完全相同的应变片，R_1、R_4 与 R_2、R_3 处于互为相反的受力状态。当 R_1、R_4 受拉伸时，R_2、R_3 受压缩，即应变片 R_1、R_4 电阻增加，R_2、R_3 电阻减小。同时 $R_1 \sim R_4$ 处于相同温度场，温度变化带来的电阻变化相同。因此，较好地实现了补偿温度误差，同时还提高了测量灵敏度。

5.3.4 节给出针对模型的讨论。

图 5-11 给出了一种利用热敏电阻特性的补偿法。热敏电阻 R_t 处于与应变片相同的温度条件下。温度升高时，若应变片的灵敏度下降，电桥电路输出电压减小，与此同时，具有负温度系数的热敏电阻 R_t 的阻值下降，导致电桥工作电压增加，电桥电路输出增大，于是补偿了由于应变片受温度影响引起的输出电压的下降。此外，恰当选择分流电阻 R_5 的阻值，可以获得良好的补偿效果。

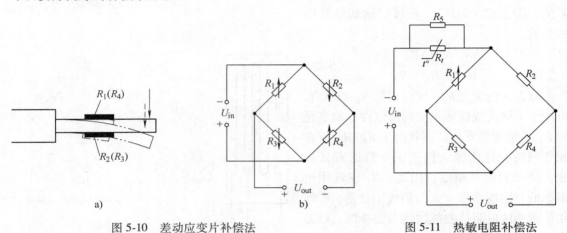

图 5-10　差动应变片补偿法
图 5-11　热敏电阻补偿法

5.3　电桥电路原理

利用应变片可以感受由被测量产生的应变，并得到电阻的相对变化。通常可以通过电桥电路（Bridge Circuit）将电阻变化转变成电压变化。图 5-12 给出了常用的全桥电路，U_{in} 为工作电压，R_1 为受感应变片，R_2、R_3、R_4 为常值电阻。为便于讨论，假设电桥电路的输入电源内阻为零，输出为空载。

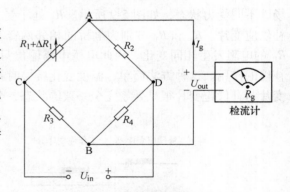

5.3.1　电桥电路的平衡

图 5-12　单臂受感全桥电路

基于上面的假设，电桥电路输出电压为

$$U_{out} = \left(\frac{R_1}{R_1 + R_2} - \frac{R_3}{R_3 + R_4} \right) U_{in} = \frac{R_1 R_4 - R_2 R_3}{(R_1 + R_2)(R_3 + R_4)} U_{in} \qquad (5\text{-}22)$$

电桥电路的平衡是指其输出电压 U_{out} 为零的情况。当在电路输出端接有检流计时，流过检流计的电流为零，即电桥电路平衡时满足

$$\frac{R_1}{R_2} = \frac{R_3}{R_4} \qquad (5\text{-}23)$$

上述电桥电路中只有 R_1 为受感应变片，即单臂受感。当被测量变化引起应变片电阻产生 ΔR_1 变化时，上述平衡状态被破坏，检流计有电流通过。为建立新的平衡状态，调节 R_2

使之成为 $R_2 + \Delta R_2$，满足

$$\frac{R_1 + \Delta R_1}{R_2 + \Delta R_2} = \frac{R_3}{R_4} \tag{5-24}$$

则电桥电路达到新的平衡。结合式（5-23）和式（5-24），有

$$\Delta R_1 = \frac{R_3}{R_4} \Delta R_2 \tag{5-25}$$

可见，当 R_3 和 R_4 恒定时，ΔR_2 即可表示 ΔR_1 的大小；若改变 R_3 和 R_4 的比值，可以改变 ΔR_1 的测量范围。电阻 R_2 称为调节臂，可以通过调节它得到被测应变量的数值。

平衡电桥电路在测量静态或准静态应变时比较理想，由于检流计对通过它的电流非常灵敏，所以测量的分辨率和精度较高。此外，测量过程中它不直接受电桥工作电压波动的影响，故有较强的抗干扰能力。但当被测量变化较快时，R_2 的调节过程跟不上电阻 R_1 的变化过程，就会引起较大的动态测量误差。

5.3.2　电桥电路的不平衡输出

电桥电路中只有 R_1 为应变片，其余为常值电阻。假设被测量为零时，应变片的电阻值为 R_1，电桥电路应处于平衡状态，即满足式（5-23）。当被测量变化引起应变片的电阻 R_1 产生 ΔR_1 的变化时，电桥电路产生不平衡输出

$$U_{\text{out}} = \left(\frac{R_1 + \Delta R_1}{R_1 + R_2 + \Delta R_1} - \frac{R_3}{R_3 + R_4} \right) U_{\text{in}} = \frac{\dfrac{R_4}{R_3} \cdot \dfrac{\Delta R_1}{R_1} U_{\text{in}}}{\left(1 + \dfrac{R_2}{R_1} + \dfrac{\Delta R_1}{R_1} \right) \left(1 + \dfrac{R_4}{R_3} \right)} \tag{5-26}$$

引入电桥的桥臂比 $n = R_2/R_1 = R_4/R_3$，忽略式（5-26）分母中的小量 $\Delta R_1/R_1$ 项，输出电压 U_{out} 与 $\Delta R_1/R_1$ 成正比，即

$$U_{\text{out}} \approx \frac{n}{(1+n)^2} \cdot \frac{\Delta R_1}{R_1} U_{\text{in}} \overset{\text{def}}{=\!=} U_{\text{out0}} \tag{5-27}$$

式中　U_{out0}——U_{out} 的线性描述（V）。

定义应变片单位电阻变化量引起的输出电压变化量为电桥电路的电压灵敏度，即

$$K_U = U_{\text{out0}} / (\Delta R_1 / R_1) = \frac{n}{(1+n)^2} U_{\text{in}} \tag{5-28}$$

显然，提高工作电压 U_{in} 以及选择 $n=1$（即 $R_1 = R_2$、$R_3 = R_4$ 的对称条件或 $R_1 = R_2 = R_3 = R_4$ 的完全对称条件），电桥电路的电压灵敏度 K_U 达到最大，为

$$(K_U)_{\max} = 0.25 U_{\text{in}} \tag{5-29}$$

5.3.3　电桥电路的非线性误差

对于单臂受感电桥电路，输出电压 U_{out} 相对于其线性描述 U_{out0} 的非线性误差为

$$\xi_L = \frac{U_{\text{out}} - U_{\text{out0}}}{U_{\text{out0}}} = \frac{1/(R_1 + R_2 + \Delta R_1) - 1/(R_1 + R_2)}{1/(R_1 + R_2)} = \frac{-\Delta R_1}{R_1 + R_2 + \Delta R_1} \tag{5-30}$$

对于对称电桥电路，$R_1 = R_2$，$R_3 = R_4$，忽略式（5-30）分母中的小量 ΔR_1，有

$$\xi_L \approx -0.5\Delta R_1/R_1 \tag{5-31}$$

【简单算例讨论】 通常使用的应变片，所受应变低于10^{-3}，当应变片的应变灵敏系数 $K=2$ 时，$\Delta R_1/R_1 = K\varepsilon = 0.002$（取 $\varepsilon = 10^{-3}$）；由式（5-30）、式（5-31）计算非线性误差分别约为-0.0999%、-0.1%，较小，可忽略。若使用半导体应变片，$K=125$，$\Delta R_1/R_1 = K\varepsilon = 0.025$（取 $\varepsilon = 0.2 \times 10^{-3}$），由式（5-30）、式（5-31）计算非线性误差分别约为-1.23%、-1.25%，较大，不可忽略，应采取措施来减少非线性误差。

通常采用以下两种方法来减少非线性误差。

1. 差动电桥电路

基于被测试件的应用情况，在电桥相邻的两臂接入相同电阻应变片，一片受拉伸，一片受压缩，如图5-13a所示。则电桥电路输出电压为

$$U_{out} = \left(\frac{R_1 + \Delta R_1}{R_1 + \Delta R_1 + R_2 - \Delta R_2} - \frac{R_3}{R_3 + R_4} \right) U_{in} \tag{5-32}$$

考虑 $n=1$，$\Delta R_1 = \Delta R_2$，则

$$U_{out} = \frac{U_{in}}{2} \cdot \frac{\Delta R_1}{R_1} \tag{5-33}$$

$$K_U = 0.5U_{in} \tag{5-34}$$

不仅消除了非线性误差，还提高了电桥电路的电压灵敏度。进一步，采用四臂受感差动电桥电路，如图5-13b所示，则有

$$U_{out} = U_{in} \frac{\Delta R_1}{R_1} \tag{5-35}$$

$$K_U = U_{in} \tag{5-36}$$

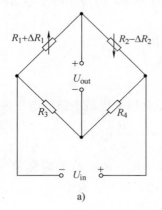 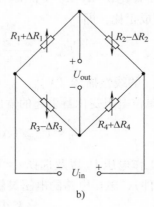

图5-13 差动电桥电路输出电压

2. 恒流源供电电桥电路

图5-14为恒流源供电电桥电路，供电电流为I_0，通过两桥臂的电流分别为

$$I_1 = \frac{R_3 + R_4}{R_1 + \Delta R_1 + R_2 + R_3 + R_4} I_0 \tag{5-37}$$

$$I_2 = \frac{R_1 + \Delta R_1 + R_2}{R_1 + \Delta R_1 + R_2 + R_3 + R_4} I_0 \qquad (5-38)$$

则电桥电路输出电压为

$$U_{out} = (R_1 + \Delta R_1) I_1 - I_2 R_3 = \frac{R_4 \Delta R_1 I_0}{R_1 + R_2 + R_3 + R_4 + \Delta R_1}$$

$$(5-39)$$

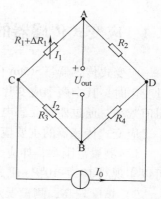

图 5-14 恒流源供电电桥电路

也有非线性问题，忽略分母中的小量 ΔR_1，得

$$U_{out0} = \frac{R_4 \Delta R_1 I_0}{R_1 + R_2 + R_3 + R_4} \qquad (5-40)$$

则非线性误差为

$$\xi_L = \frac{U_{out} - U_{out0}}{U_{out0}} = \frac{\Delta R_1}{R_1 + R_2 + R_3 + R_4 + \Delta R_1} \qquad (5-41)$$

与式（5-30）描述的恒压源供电方式相比，分母中多了 $R_3 + R_4$，因此恒流源供电方式有效减少了非线性误差。

5.3.4 四臂受感差动电桥电路的温度补偿

如图 5-15 所示。每一臂的电阻初始值均为 R，被测量引起的电阻变化值为 ΔR，其中两个臂的电阻值增加 ΔR，另两个臂的电阻值减小 ΔR。同时四个臂的电阻由于温度变化引起电阻值的增加量均为 ΔR_t，则电桥电路输出电压为

$$U_{out} = \left(\frac{R + \Delta R + \Delta R_t}{2R + 2\Delta R_t} - \frac{R - \Delta R + \Delta R_t}{2R + 2\Delta R_t} \right) U_{in} = \frac{\Delta R U_{in}}{R + \Delta R_t} \qquad (5-42)$$

不采用差动时，若考虑单臂受感情况（参见图 5-12），电桥电路输出电压为

$$U_{out} = \left(\frac{R + \Delta R + \Delta R_t}{2R + \Delta R + \Delta R_t} - \frac{1}{2} \right) U_{in} = \frac{(\Delta R + \Delta R_t) U_{in}}{2(2R + \Delta R + \Delta R_t)} \qquad (5-43)$$

比较式（5-42）与式（5-43）可知：差动电桥电路检测具有非常好的温度误差补偿效果。

若采用图 5-16 所示的恒流源供电方式，输出电压为

$$U_{out} = U_{AB} = 0.5 I_0 (R + \Delta R + \Delta R_t) - 0.5 I_0 (R - \Delta R + \Delta R_t) = \Delta R I_0 \qquad (5-44)$$

则从原理上完全消除了温度引起的误差。

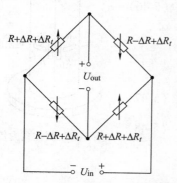

图 5-15 差动检测方式时的温度误差补偿

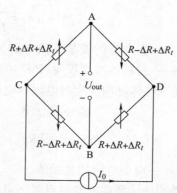

图 5-16 恒流源供电四臂受感差动电桥电路

5.4 应变式传感器的典型实例

应变式传感器（Strain Gage Transducer/Sensor）中最好使用四个相同的应变片。当被测量变化时，其中两个应变片感受拉伸应变，电阻值增大；另外两个应变片感受压缩应变，电阻值减小。通过四臂受感电桥电路将电阻变化转换为电压变化。

应变式传感器的主要应用特点如下：

1）测量范围宽，如应变式力传感器可以实现对 $10^{-2} \sim 10^7$N 的测量，应变式压力传感器可以实现对 $10^{-1} \sim 10^6$Pa 压力的测量。

2）精度较高，测量误差可小于 0.1% 或更小。

3）输出特性的线性度好。

4）性能稳定，工作可靠，能在恶劣环境、大加速度和振动、高温或低温、强腐蚀条件下工作。

5）应考虑横向效应引起的干扰问题和环境温度变化引起的误差问题。

6）性能价格比高。

总之，应变式传感器应用广泛。按照不同的应变丝固定方式，应变式传感器分为粘贴式和非粘贴式两类。下面介绍几种典型的应变式传感器。

5.4.1 应变式力传感器

这是一种量程宽（$10^{-1} \sim 10^7$N），用途广的力传感器。在电子秤、材料试验机、飞机和航空发动机地面测试、桥梁大坝健康诊断等应用中发挥着重要作用。应变式力传感器常用的弹性敏感元件有柱式、环式和悬臂梁式等。

1. 圆柱式力传感器

该力传感器的弹性敏感元件为可承受较大载荷的圆柱体，如图 5-17 所示。

当圆柱体的轴向受压缩力 F 作用时，沿圆柱体轴向和环向的应变分别为

$$\varepsilon_x = -\frac{F}{EA} \tag{5-45}$$

$$\varepsilon_\theta = -\mu\varepsilon_x = \frac{\mu F}{EA} \tag{5-46}$$

式中 A——圆柱体的横截面积（m^2）；

E，μ——材料的弹性模量（Pa）和泊松比。

感受圆柱体轴向应变的电阻和电阻的减小量分别为

$$R_2 = R_3 = R - \Delta R_2 \tag{5-47}$$

$$\Delta R_2 = -KR\varepsilon_x = \frac{KRF}{EA} \tag{5-48}$$

式中 R——应变电阻的初始值。

感受圆柱体环向应变的电阻和电阻的增加量分别为

$$R_1 = R_4 = R + \Delta R_1 \tag{5-49}$$

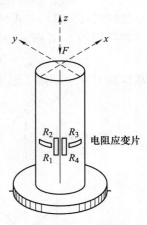

图 5-17   圆柱式力传感器

$$\Delta R_1 = KR\varepsilon_\theta = -KR\mu\varepsilon_x = \frac{K\mu RF}{EA} \tag{5-50}$$

采用如图 5-13b 所示的差动电桥电路时，输出电压为

$$U_{\text{out}} = = \left(\frac{R + \Delta R_1}{2R + \Delta R_1 - \Delta R_2} - \frac{R - \Delta R_2}{2R + \Delta R_1 - \Delta R_2}\right) U_{\text{in}} = \frac{K(1 + \mu) U_{\text{in}} F}{2EA - K(1 - \mu) F} \tag{5-51}$$

式中 U_{in}，U_{out}——电桥工作电压和输出电压。

可见，只有当 $2EA \gg KF(1-\mu)$ 时，输出电压才近似与被测力成正比。由非线性引起的相对误差为

$$\xi_{\text{L}} = \frac{U_{\text{out}} - U_{\text{out0}}}{U_{\text{out0}}} = \frac{\dfrac{K(1 + \mu) U_{\text{in}} F}{2EA - K(1 - \mu) F}}{\dfrac{K(1 + \mu) U_{\text{in}} F}{2EA}} - 1 = \frac{K(1 - \mu) F}{2EA - K(1 - \mu) F} \approx \frac{K(1 - \mu) F}{2EA} \tag{5-52}$$

式中 U_{out0}——输出电压的线性描述，即式（5-51）中分母忽略 $KF(1-\mu)$ 的情况。

关于非线性误差，图 5-18、图 5-19 分别给出了从敏感结构和电桥电路上采取措施，实现补偿的原理方案。

图 5-18 中，圆柱体敏感结构设计成变横截面积的，A 区域横截面积是 B 区域横截面积的 μ 倍；力 F 作用下，B 区域的应变是 A 区域的应变的 μ 倍。

在 B 区域设置感受圆柱体轴向应变的电阻和电阻的减小量分别为

$$R_2 = R_3 = R - \Delta R_2 \tag{5-53}$$

$$\Delta R_2 = -KR\varepsilon_{\text{B},x} = \frac{KRF}{EA} \tag{5-54}$$

式中 $\varepsilon_{\text{B},x}$——力 F 作用下圆柱体 B 区域的轴向应变。

在 A 区域设置感受圆柱体环向应变的电阻和电阻的增加量分别为

$$R_1 = R_4 = R + \Delta R_1 \tag{5-55}$$

$$\Delta R_1 = KR\varepsilon_{\text{A},\theta} = -KR\mu\varepsilon_{\text{A},x} = -KR\mu\varepsilon_{\text{B},x}\frac{1}{\mu} = -KR\varepsilon_{\text{B},x} = \frac{KRF}{EA} \tag{5-56}$$

式中 $\varepsilon_{\text{A},\theta}$、$\varepsilon_{\text{A},x}$——力 F 作用下圆柱体 A 区域的环向应变和轴向应变。

对比式（5-54）、式（5-56）可知：电阻 R_1、R_4 的增加量与电阻的 R_2、R_3 的减小量完全相同。采用如图 5-13b 所示的差动电桥电路时，输出电压为

$$U_{\text{out}} = \frac{\Delta R_1}{R} U_{\text{in}} = \frac{KU_{\text{in}} F}{EA} \tag{5-57}$$

图 5-19 中，四个应变片的材质完全相同，应变电阻 R_1、R_4 与图 5-17 中的相同，其电阻和电阻增加量分别与式（5-49）和式（5-50）相同；而感受圆柱体

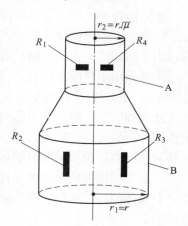

图 5-18 改进敏感结构实现补偿的原理

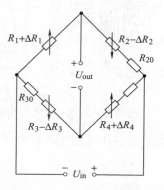

图 5-19 改进电桥电路实现补偿的原理

轴向应变的 R_2、R_3 的初始电阻值设计为感受圆柱体环向应变的 R_1、R_4 的初始电阻值 R 的 μ 倍。与应变电阻 R_2、R_3 串联的常值电阻的 R_{20}、R_{30} 均选择为 $(1-\mu)R$，即

$$R_2 = R_3 = \alpha R - \Delta R_2 \tag{5-58}$$

$$\Delta R_2 = -K\alpha R\varepsilon_x = \frac{K\alpha RF}{EA} \tag{5-59}$$

采用如图 5-13b 所示的差动电桥电路时，输出电压为

$$
\begin{aligned}
U_{\text{out}} &= \left(\frac{R_1}{R_1 + R_2 + R_{20}} - \frac{R_3 + R_{30}}{R_3 + R_{30} + R_4} \right) U_{\text{in}} \\
&= \left(\frac{R + \Delta R_1}{R + \Delta R_1 + \alpha R - \Delta R_2 + (1-\alpha)R} - \frac{\alpha R - \Delta R_2 + (1-\alpha)R}{\alpha R - \Delta R_2 + (1-\alpha)R + R + \Delta R_1} \right) U_{\text{in}} \\
&= \left(\frac{R + \Delta R_1}{2R + \Delta R_1 - \Delta R_2} - \frac{R - \Delta R_2}{2R + \Delta R_1 - \Delta R_2} \right) U_{\text{in}} = \frac{\Delta R_1}{R} U_{\text{in}} = \frac{K\alpha U_{\text{in}} F}{EA} \tag{5-60}
\end{aligned}
$$

由式（5-57）、式（5-60）可知，上述两种方案从原理上消除了非线性误差。

实际测量中，被测力不可能正好沿着柱体的轴线方向，而与轴线之间成一微小的角度或微小的偏心，即弹性柱体会受到横向力和弯矩的干扰作用，从而产生测量误差、影响测量性能。为了消除横向力的影响，可以采用以下措施。

一是采用承弯膜片结构，它是在传感器刚性外壳上端加一片或两片极薄的膜片，如图 5-20 所示。由于膜片在其平面方向刚度很大，可承受绝大部分横向力和弯矩作用，并将它们传至外壳和底座，而几乎不影响柱体敏感结构沿轴线方向的受力情况，有效减少横向力和弯矩作用对测量过程的影响。同时，膜片厚度方向的刚度相对于柱体轴向刚度很小，所以膜片对轴向被测力作用效果的影响很小，只是测量灵敏度稍有下降，通常不超过 5%。

二是采用增加应变敏感元件的方式，如图 5-21 所示。共采用八个相同应变片，其中四个沿着柱体的环向粘贴，四个沿着轴向粘贴。图 5-21a 为圆柱面的展开图，图 5-21b 为电路连接图。

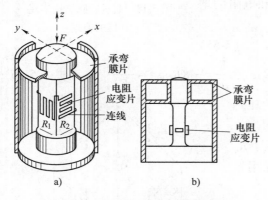

图 5-20 承弯柱式测力传感器

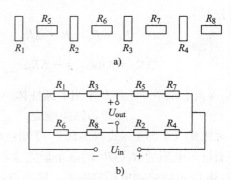

图 5-21 圆柱式力传感器应变片的粘贴方式

为了保证传感器工作稳定可靠，圆柱体材料的比例极限 $\sigma_P(\text{Pa})$ 应满足

$$\sigma_P \geq K_s \frac{F}{A} \tag{5-61}$$

式中　K_s——安全系数。

对于直径为 D 的实心圆柱体，由式（5-61）可得实心圆柱体的直径应满足

$$D \geqslant \sqrt{\frac{4K_s F}{\pi \sigma_P}} \tag{5-62}$$

由式（5-52）可知，欲提高该测力传感器的灵敏度，应当减小柱体的横截面面积 A；但 A 减小（即直径 D 减小），其抗弯能力减弱，对横向干扰力和弯矩的敏感程度增加。为了解决这个矛盾，在测量小力值时，可以采用空心圆柱筒。相对于实心圆柱体，空心圆柱筒在同样横截面情况下，横向刚度大，稳定性好。

对于内径和外径分别为 d 和 D 的空心圆柱筒，其外径应满足

$$D \geqslant \sqrt{\frac{4K_s F}{\pi \sigma_P} + d^2} \tag{5-63}$$

圆柱体（筒）的高度对传感器的精度和动态特性都有影响。根据试验研究结果，实心圆柱体和空心圆柱筒的高度可以分别选为

$$H = 2D + l_0 \tag{5-64}$$
$$H = D - d + l_0 \tag{5-65}$$

式中　l_0——应变片的基长（m）。

2. 环式测力传感器

该测力传感器一般用于测量 500N 以上的载荷。常见的环式弹性敏感元件结构形式有等截面环和变截面环两种，如图 5-22 所示。等截面环用于测量较小的力，变截面环用于测量较大的力。

测力环的特点是其上各点应变分布不均匀，有正应变区和负应变区，还有应变为零的点。对于等截面环，应变片尽可能贴在环内侧正、负应变最大的区域，但要避开刚性支点，如图 5-22a 所示。对于变截面环，应变片粘贴在环水平轴的内外两侧，如图 5-22b 所示。该力传感器结构简单，测力范围较大，固有频率较高。

还有一些特殊结构的测力环，如图 5-23 所示。其特点是除箭头所指方向外，其他方向的刚度非常大，抗横向干扰能力强。

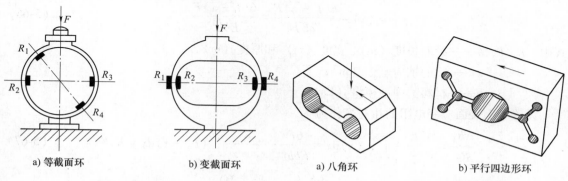

a) 等截面环　　　　b) 变截面环　　　　a) 八角环　　　　b) 平行四边形环

图 5-22　测力环　　　　　　　　图 5-23　特殊结构的测力环

此外，图 5-24 给出了一种同时测量两个方向力的形环敏感结构，由 $R_1 \sim R_4$ 组成测量 F_y 的电桥电路，由 $R_5 \sim R_8$ 组成测量 F_x 的电桥电路。

随着力 F_y 的增加，R_1、R_3 感受的应变增大，R_2、R_4 感受的应变减小，因此利用 $R_1 \sim R_4$

构成差动电桥电路实现对力 F_y 的测量，如图 5-25a 所示。

随着力 F_x 的增加，R_5、R_7 感受的应变减小，R_6、R_8 感受的应变增大，因此利用 $R_5 \sim R_8$ 构成差动电桥电路实现对力 F_x 的测量，如图 5-25b 所示。

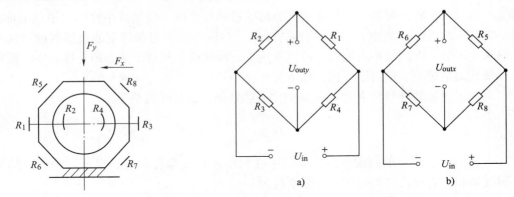

图 5-24　一种测量两个方向力的形环敏感结构　　　　图 5-25　检测电路

需要说明：测量 F_y 与测量 F_x 能够实现互不干扰。由于应变片 $R_1 \sim R_4$ 贴在了 F_x 引起应变的节点上，即 $R_1 \sim R_4$ 不会感受力 F_x 引起的应变，因此在测量 F_y 时，输出 U_{outy} 不会受到力 F_x 的影响。类似地，由于应变片 $R_5 \sim R_8$ 贴在了 F_y 引起应变的节点上，输出 U_{outx} 不会受到力 F_y 的影响。

3. 梁式测力传感器

梁式传感器一般用于测量较小的力，常见的结构形式有一端固定的悬臂梁、两端固定梁、剪切梁和 S 形弹性元件等。

（1）悬臂梁

悬臂梁的特点是：结构简单，应变片易于粘贴，灵敏度高。其结构主要有等截面式和等强度楔式两种。

对于如图 5-26a 所示的等截面梁，梁上表面沿 x 方向的正应变为

$$\varepsilon_x(x) = \frac{h(L-x)F}{2EJ} = \frac{6(L-x)F}{Ebh^2} \tag{5-66}$$

式中　L, b, h——梁的长度（m）、宽度（m）和厚度（m）。

　　　　x——梁的轴向坐标（m）；

　　　　E——材料的弹性模量（Pa）。

设置于上表面应变电阻的相对变化为

$$\frac{\Delta R_1}{R_1} = \frac{K}{x_2 - x_1} \int_{x_1}^{x_2} \varepsilon_x(x)\,\mathrm{d}x = \frac{6F}{Ebh^2} \cdot \frac{K}{x_2 - x_1} \int_{x_1}^{x_2} (L_0 - x)\,\mathrm{d}x = K_F F \tag{5-67}$$

$$K_F = \frac{6K}{Ebh^2}\left(L_0 - \frac{x_2 + x_1}{2}\right)$$

式中　x_2, x_1——应变片在梁上的位置（m）；

　　　　K_F——单位作用力引起的应变电阻 R_1 的相对变化（N^{-1}）。

设置于下表面应变电阻的相对变化为

$$\Delta R_2 / R_2 = - K_{\mathrm{F}} F \tag{5-68}$$

因此，该力传感器可以采用如图 5-13b 所示的差动电桥，输出电压为

$$U_{\mathrm{out}} = \frac{\Delta R_1}{R_1} U_{\mathrm{in}} = K_{\mathrm{F}} F U_{\mathrm{in}} = \frac{6KU_{\mathrm{in}}}{Ebh^2} \left(L_0 - \frac{x_2 + x_1}{2} \right) F \tag{5-69}$$

对于如图 5-26b 所示的等强度梁，梁上表面沿 x 方向的正应变相同，即

$$\varepsilon_x(x) = \frac{6LF}{Eb_0 h^2} \tag{5-70}$$

因此，这种结构便于设置应变片。采用与等截面梁相同的方案，输出电压为

$$U_{\mathrm{out}} = \frac{6KLU_{\mathrm{in}}}{Eb_0 h^2} F \tag{5-71}$$

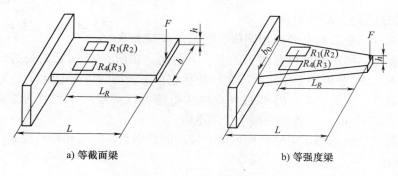

a) 等截面梁　　　　　　　b) 等强度梁

图 5-26　悬臂梁式力传感器

（2）两端固定梁

图 5-27a 给出了以两端固定梁为敏感结构的应变式力传感器示意图。被测力 F 作用在梁中心处的圆柱上，梁呈对称受力状态。在梁的中心处建立直角坐标系，如图 5-27b 所示，梁

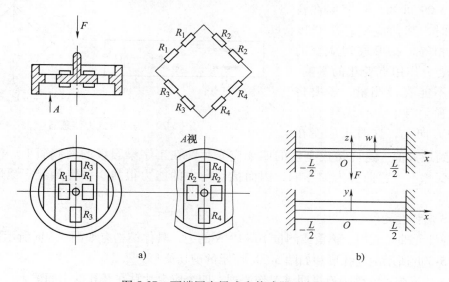

a)　　　　　　　　　　b)

图 5-27　两端固定梁式力传感器示意图

上表面的轴向应变近似为

$$\varepsilon_x = \frac{-5F}{61Ebh^2L^3}(240x^4 - 144x^2L^2 + 7L^4) \tag{5-72}$$

式中　　L，b，h——梁的长度（m）、宽度（m）和厚度（m）。

ε_x 的分布规律如图 5-28 所示。在梁的中心（$x=0$）和边缘处（$x=\pm L/2$）的应变分别为

$$\varepsilon_x(0) = \frac{-35FL}{61Ebh^2} \tag{5-73}$$

$$\varepsilon_x(\pm 0.5L) = \frac{70FL}{61Ebh^2} \tag{5-74}$$

而且在 $x \approx \pm 0.231L$ 处，应变为零。

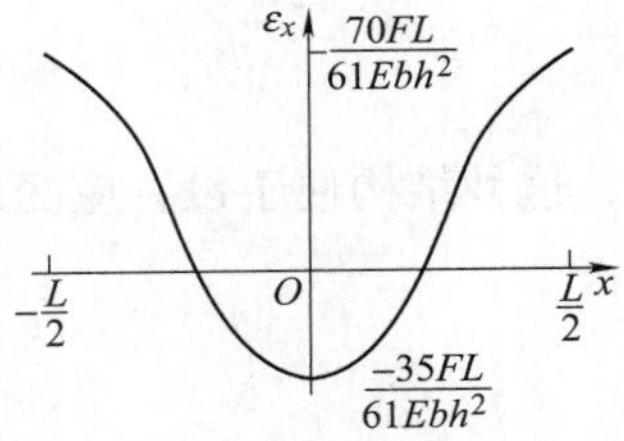

图 5-28　轴向应变 ε_x 的分布规律

梁下表面的轴向应变与上表面相同位置的轴向应变大小相等、方向相反，即应变片可贴在梁的上、下两面。在图 5-27 所示的受力状态下，上表面的应变电阻 R_1、R_3 分别处于压缩状态和拉伸状态；下表面的应变电阻 R_2、R_4 分别处于拉伸状态和压缩状态。因此，$R_1 \sim R_4$ 构成差动电桥电路可以实现对作用力的测量。为了提高测量性能，图 5-27 中 $R_1 \sim R_4$ 各采用两个受感电阻。

相对于悬臂梁，两端固定梁的结构可承受较大的作用力，固有频率也较高。

（3）剪切梁

为了克服力作用点变化对梁式测力传感器输出的影响，可采用剪切梁。为了提高抗侧向力的能力，梁的截面通常采用工字形，如图 5-29 所示。

由图 5-29 可知：悬臂梁在自由端受力时，其切应变在梁长度方向处处相等，在形成切应变的区域，不受力作用点变化的影响。但切应变不能直接测量，需要将应变片设置于与梁中心线（z 轴）成 $\pm 45°$ 的方向上，这时正应变在

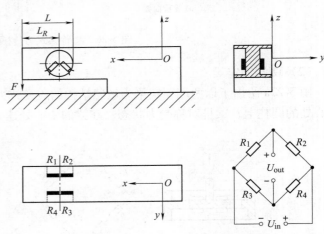

图 5-29　剪切梁式力传感器

数值上达到最大值。这样接成全桥的四个应变片贴在工字梁腹板的两侧面上。由于这样设置的应变片不受弯曲应力的影响，因而抗侧向力的能力很强。该传感器广泛用于电子衡器中。

（4）S 形弹性元件

S 形弹性元件一般用于称重或测量 $10 \sim 10^3 N$ 的力，具体结构有如图 5-30a 所示的双连孔形、如图 5-30b 所示的圆孔形和如图 5-30c 所示的剪切梁形。

以双连孔形弹性元件为例说明其工作原理。四个应变片贴在开孔的中间梁上、下两侧最薄的地方，并接成全桥电路。当力 F 作用在上、下端时，其弯矩 M 和剪切力 Q 的分布如

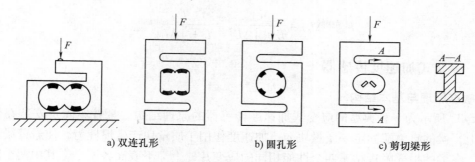

a) 双连孔形　　　　　　　b) 圆孔形　　　　　　　c) 剪切梁形

图 5-30　S 形弹性元件测力传感器

图 5-31 所示。应变片 R_1、R_4 因受拉伸而电阻值增大，R_2、R_3 因受压缩而电阻值减小，电桥电路输出与作用力成比例的电压 U_{out}。

如果力的作用点向左偏移 ΔL，则偏心引起的附加弯矩为 $\Delta M = F\Delta L$，此时弯矩分布如图 5-32 所示。应变片 R_1、R_3 感受的弯矩增加了 ΔM，应变片 R_2、R_4 感受的弯矩减小了 ΔM。所以 R_1、R_3 的电阻值因为 ΔM 增加了 $\Delta R(\Delta M)$；R_2、R_4 的电阻值因为 $-\Delta M$ 而减少了 $\Delta R(\Delta M)$，可以描述为

$$R_1 = R + \Delta R(F) + \Delta R(\Delta M)$$
$$R_2 = R - \Delta R(F) - \Delta R(\Delta M)$$
$$R_3 = R - \Delta R(F) + \Delta R(\Delta M)$$
$$R_4 = R + \Delta R(F) - \Delta R(\Delta M)$$

当采用图 5-13b 所示差动电桥电路进行检测时，输出电压为

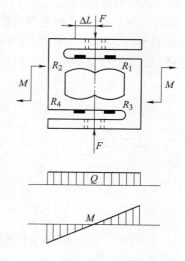

图 5-31　弯矩和剪切力分布示意图

$$U_{out} = \left(\frac{R_1}{R_1 + R_2} - \frac{R_3}{R_3 + R_4} \right) U_{in}$$
$$= \left(\frac{R + \Delta R(F) + \Delta R(\Delta M)}{2R} - \frac{R - \Delta R(F) + \Delta R(\Delta M)}{2R} \right) U_{in} = \frac{\Delta R(F)}{R} U_{in} \qquad (5\text{-}75)$$

可见，由于偏心带来的变化量对电桥电路输出电压的影响相互抵消，原理上补偿了力偏心对测量结果的影响。同时，侧向力使四个应变片发生方向相同的电阻变化，因而对电桥电路输出影响很小。

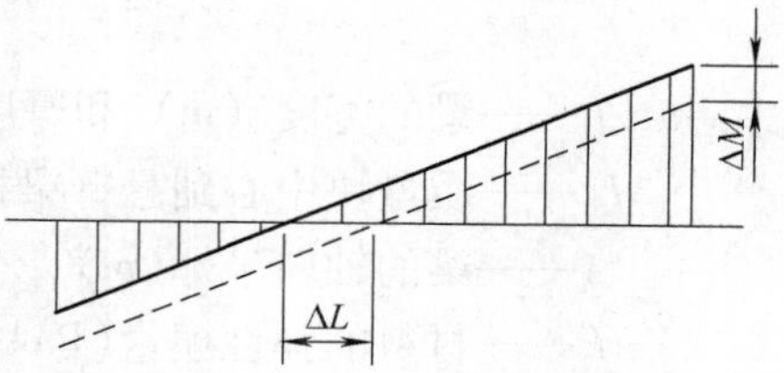

但这种方案会影响传感器的测量范围。如果力作用于 S 形弹性元件的正中心时，可以测量最大力值为 F_{max}，对应的力矩为 M_{max}，则有

图 5-32　偏心力补偿原理

$$M_{max} = F_{max}L \qquad (5\text{-}76)$$

式中　L——S 形弹性元件的正中心点到固支端点的距离。

则当有偏心 ΔL 时，可以测量的最大力值为

$$F_{\max}(\Delta L) = \frac{M_{\max}}{L + |\Delta L|} = \frac{L}{L + |\Delta L|}F_{\max} \tag{5-77}$$

5.4.2 应变式加速度传感器

1. 敏感原理与基本结构

图 5-33 所示为一种典型的应变式加速度传感器的原理结构。悬臂梁固定安装在传感器的基座上，梁的自由端固定一质量块 m；加速度作用于质量块产生惯性力，使悬臂梁形成弯曲变形。在梁的根部附近粘贴四个性能相同的应变片，上、下表面各两个，其中两个随着加速度的增加而增大，另外两个随着加速度的增加而减小。通过四臂受感差动电桥电路输出电压 U_{out} 就可以得到被测加速度。

实际应用时，应变式加速度传感器还可以采用非粘贴方式，直接由应变电阻丝作为敏感电阻，如图 5-34 所示。质量块用弹簧片和上、下两组应变电阻丝支承。应变电阻丝加有一定的预紧力，并作为差动对称电桥的两桥臂。

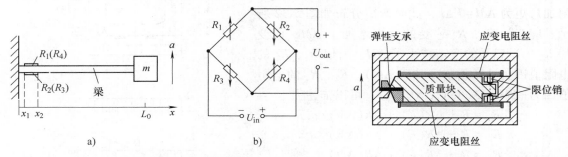

图 5-33　应变式加速度传感器原理　　　　图 5-34　应变式加速度传感器的结构

应变式加速度传感器的结构简单，设计灵活，具有良好的低频响应，可测量常值加速度。对于非粘贴式加速度传感器，其工作频率相对较高。

2. 电桥电路输出电压

考虑被测加速度的频率远低于悬臂梁固有频率的情况，质量块 m 感受加速度 a 产生的惯性力 F_a，引起悬臂梁发生弯曲变形，其上表面轴向正应变为

$$\varepsilon_x(x) = \frac{-6(L_0 - x)}{Ebh^2}F_a = \frac{6(L_0 - x)}{Ebh^2}ma \tag{5-78}$$

式中　b，h——梁的宽度（m）和厚度（m）；

　　　L_0——质量块中心到悬臂梁根部的距离（m）；

　　　x——梁的轴向坐标（m）；

　　　E——材料的弹性模量（Pa）。

电桥电路输出电压为

$$U_{\text{out}} = \frac{\Delta R}{R}U_{\text{in}} = K_a a \tag{5-79}$$

$$K_a = \frac{6Km}{Ebh^2}\left(L_0 - \frac{x_2 + x_1}{2}\right)U_{\text{in}} \tag{5-80}$$

式中　R，ΔR——应变片的初始电阻（Ω）和由加速度 a 引起的附加电阻（Ω）；

　　　　K_a——传感器的灵敏度（$V \cdot s^2/m$）；

　　　　x_2，x_1——应变片在梁上的位置（m）；

　　　　K——应变片的灵敏系数。

3. 动态特性分析

梁在悬臂端作用有集中力 F 时，沿 x 轴（长度方向）的法线方向位移为

$$w(x) = \frac{x^2}{6EJ}(Fx - 3FL) \tag{5-81}$$

式中　J——梁的截面惯性矩（m^4），$J = bh^3/12$；

　　　EJ——梁的抗弯刚度（$N \cdot m^2$）。

悬臂梁自由端处的位移最大，为

$$W_{max} = w(L) = \frac{-4L^3F}{Ebh^3} \tag{5-82}$$

当把悬臂梁看成一个感受弯曲变形的弹性元件时，以其自由端的位移 W_{max} 作为参考点，其等效刚度为

$$k_{eq} = \left| \frac{F}{W_{max}} \right| = \frac{Ebh^3}{4L^3} \tag{5-83}$$

图 5-33 所示加速度传感器整体敏感结构的最低阶弯曲振动的固有频率为

$$f_{B,m} = \frac{1}{2\pi}\sqrt{\frac{k_{eq}}{m_{eq} + m}} \approx \frac{1}{2\pi}\sqrt{\frac{k_{eq}}{m}} = \frac{1}{4\pi}\sqrt{\frac{Ebh^3}{L^3 m}} \tag{5-84}$$

式中　m_{eq}——加速度敏感结构最低阶弯曲振动时，悬臂梁自身的等效质量（kg），它远小于敏感质量 m。

当传感器工作于动态测量时，应限定被测加速度的最高工作频率。若传感器的最高工作频率为 f_{max}，则由式（5-84）确定的固有频率最低应为 Nf_{max}（如 N 取 3~5）。同时，为提高传感器动态品质，可以选择一个恰当的阻尼比，如 0.5~0.7。

本书涉及的传感器动态测量情况，均可利用上述基本原则进行参数选择。

5.4.3　应变式压力传感器

1. 圆平膜片式压力传感器

图 5-35 为圆平膜片的结构示意图。膜片将两种压力不等的流体隔开，压力差使其产生一定的变形。在膜片最大应变处设置应变片可以实现对压力的测量。

（1）圆平膜片几何结构参数的设计

对于该应变式压力传感器敏感结构的参数设

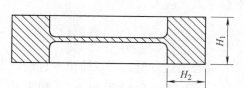

图 5-35　圆平膜片结构示意图

计，需要考虑圆平膜片的半径 R 与厚度 H，以及圆平膜片的边界隔离部分，即参数 H_1 和 H_2。

考虑传感器感受最大被测压力差 p_{max} 时的情况，在圆平膜片中心处的法向位移最大，该最大法向位移与膜片厚度的比值为

$$\overline{W}_{R,max} = \frac{3p_{max}(1 - \mu^2)}{16E}\left(\frac{R}{H}\right)^4 \tag{5-85}$$

式中 E, μ——圆平膜片材料的弹性模量（Pa）和泊松比。

圆平膜片上表面的应变最大绝对值和应力最大绝对值分别为

$$\varepsilon_{r,max} = \varepsilon_r(R) = \frac{3p_{max}(1 - \mu^2)R^2}{4EH^2} \tag{5-86}$$

$$\sigma_{r,max} = \sigma_r(R) = \frac{3p_{max}R^2}{4H^2} \tag{5-87}$$

基于应变式压力传感器的工作机理，为提高传感器的灵敏度，应适当增大 $\varepsilon_{r,max}$；但 $\varepsilon_{r,max}$ 偏大时会使其位移、应变或应力与被测压力之间呈非线性关系。因此，应当限制 $\varepsilon_{r,max}$。从力学角度出发，为保证传感器实际工作特性的稳定性、重复性、可靠性，也应当限制 $\varepsilon_{r,max}$ 或 $\sigma_{r,max}$ 的取值。例如可取

$$\varepsilon_{r,max} \leqslant 5 \times 10^{-4} \tag{5-88}$$

$$K_s \sigma_{r,max} \leqslant \sigma_P \tag{5-89}$$

式中 σ_P——比例极限（Pa）；

K_s——安全系数。

式（5-88）与式（5-89）既是选择、设计圆平膜片几何参数的准则，又可以作为其他弹性敏感元件几何参数设计的准则。

当被测压力的范围确定后，最大被测压力差 p_{max} 是确定的，于是基于式（5-86）可知对应于 $\varepsilon_{r,max}$ 的圆平膜片半径、膜厚之比的最大值 $(R/H)_{max}$。

$$\left(\frac{R}{H}\right)_{max} = \sqrt{\frac{4E\varepsilon_{r,max}}{3p_{max}(1 - \mu^2)}} \tag{5-90}$$

基于式（5-85）和式（5-90）可得：对应于圆平膜片上表面应变最大绝对值 $\varepsilon_{r,max}$ 的圆平膜片法向最大位移与膜片厚度的比值 $\overline{W}_{R,max}$ 为

$$\overline{W}_{R,max} = \frac{3p_{max}(1 - \mu^2)}{16E}\left[\frac{4E\varepsilon_{r,max}}{3p_{max}(1 - \mu^2)}\right]^2 = \frac{E\varepsilon_{r,max}^2}{3p_{max}(1 - \mu^2)} \tag{5-91}$$

基于式（5-87）和式（5-90）可得：对应于圆平膜片上表面应变最大绝对值 $\varepsilon_{r,max}$ 的圆平膜片最大应力为

$$\sigma_{r,max} = \frac{3p_{max}R^2}{4H^2} = \frac{E\varepsilon_{r,max}}{1 - \mu^2} \tag{5-92}$$

综合上述分析，可以给出一种设计方案，分为以下三步。

1）选择一个恰当的 $\varepsilon_{r,max}$ 和由式（5-90）确定的圆平膜片半径、膜厚之比的最大值 $(R/H)_{max}$。

2）由式（5-91）计算圆平膜片法向最大位移与膜片厚度的比值 $\overline{W}_{R,max}$，并借助于考虑圆平膜片非线性挠度特性的近似解析方程

$$p = \frac{16E}{3(1 - \mu^2)}\left(\frac{H}{R}\right)^4\left[\overline{W}_{R,max} + \frac{(1 + \mu)(173 - 73\mu)}{360}\overline{W}_{R,max}^3\right] \tag{5-93}$$

评估位移特性的非线性程度。如果非线性程度可接受，则执行下一步；否则调整（即减小）$\varepsilon_{\mathrm{r,max}}$，重新执行 1)）。

3) 由式（5-92）计算圆平膜片最大应力 $\sigma_{\mathrm{r,max}}$，若满足式（5-89），则上述设计合理，满足要求；否则调整（即减小）$\varepsilon_{\mathrm{r,max}}$，重新执行 1)）。

选定 R、H 值后，可以根据一定的抗干扰准则来设计圆平膜片边界隔离部分的参数 H_1 和 H_2。本书不做深入讨论，给出如下经验值：

$$H_1/H \geqslant 15 \tag{5-94}$$
$$H_2/H \geqslant 15 \tag{5-95}$$

【简单算例讨论】 若被测压力范围为 $p \in (0, 2\times10^5)\mathrm{Pa}$，即 $p_{\max} = 2\times10^5\mathrm{Pa}$；取 $\varepsilon_{\mathrm{r,max}} = 5\times10^{-4}$；材料的弹性模量 $E = 1.96\times10^{11}\mathrm{Pa}$，泊松比 $\mu = 0.3$。

由式（5-90）可得圆平膜片最大的半径、膜厚之比为

$$\left(\frac{R}{H}\right)_{\max} = \sqrt{\frac{4E\varepsilon_{\mathrm{r,max}}}{3p_{\max}(1-\mu^2)}} = \sqrt{\frac{4\times1.96\times10^{11}\times5\times10^{-4}}{3\times2\times10^5\times(1-0.3^2)}} \approx 26.8$$

由式（5-91）可得

$$\overline{W}_{\mathrm{R,max}} = \frac{E\varepsilon_{\mathrm{r,max}}^2}{3p_{\max}(1-\mu^2)} = \frac{1.96\times10^{11}\times(5\times10^{-4})^2}{3\times2\times10^5\times(1-0.3^2)} \approx 0.0897$$

由式（5-93）计算出 $p \in (0, 2\times10^5)\mathrm{Pa}$ 范围内考虑非线性情况的压力-位移特性。与线性情况相比，其最大相对偏差为 -0.43%。

利用式（5-92）可得

$$\sigma_{\mathrm{r,max}} = \frac{E\varepsilon_{\mathrm{r,max}}}{1-\mu^2} = \frac{1.96\times10^{11}\times5\times10^{-4}}{1-0.3^2}\mathrm{Pa} \approx 1.077\times10^8\mathrm{Pa}$$

远小于材料的比例极限。

基于上述计算结果，所选择的敏感结构几何参数较为合理。当被测压力的最大值为 $p_{\max} = 2\times10^5\mathrm{Pa}$ 时，取圆平膜片的最大应变 $\varepsilon_{\mathrm{r,max}} = 5\times10^{-4}$。圆平膜片的半径、膜厚之比的最大值可以设计为 $(R/H)_{\max} = 26.8$。若圆平膜片的半径设计为 $R = 10\mathrm{mm}$ 时，则其膜厚为 $H = 0.373\mathrm{mm}$；同时圆平膜片法向最大位移与膜片厚度的比值 $\overline{W}_{\mathrm{R,max}} = 0.0897$。由式（5-94）和式（5-95）可以设计出 $H_1 \geqslant 5.6\mathrm{mm}$，$H_2 \geqslant 5.6\mathrm{mm}$。

（2）圆平膜片上应变电阻位置设计

周边固支的圆平膜片上表面沿半径 r 的径向应变 ε_r、切向应变 ε_θ 与所承受的压力 p 之间的关系为

$$\begin{cases} \varepsilon_r = \dfrac{3p(1-\mu^2)(R^2-3r^2)}{8EH^2} \\ \varepsilon_\theta = \dfrac{3p(1-\mu^2)(R^2-r^2)}{8EH^2} \end{cases} \tag{5-96}$$

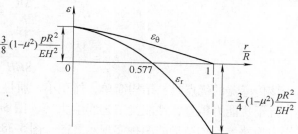

图 5-36 给出了周边固支平膜片的应变随半径 r 改变的曲线关系。

应变电阻可以采用粘贴应变片方

图 5-36 平膜片上表面的应变曲线

式；也可以采用溅射方法，将具有应变效应的材料溅射到平膜片上，形成所期望的应变电阻。通常，应变电阻的敏感方向都应沿膜片半径方向设置，尽可能将应变电阻位于正、负应变较大的区域，且感受到的正应变产生的综合效果与负应变产生的综合效果，在数值上大小相等。

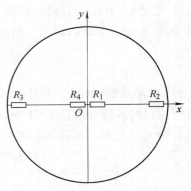

尽管圆平膜片相同位置，上下表面的应变具有绝对值相等、一正一负的特性，但由于引线困难，四个应变片均设置于膜片的同一面。图 5-37 是一种可能的理论设计方案。假设应变电阻 R_1、R_2 设置于径向的位置分别为 (r_1, r_1+l) $(0<r_1<0.577R-l)$、(r_2, r_2+l) $(0.577R<r_2<R-l)$，l 为电阻长度；只要满足

$$\int_{r_1}^{r_1+l}(R^2 - 3r^2)\mathrm{d}r + \int_{r_2}^{r_2+l}(R^2 - 3r^2)\mathrm{d}r = 0 \quad (5-97)$$

即

$$3r_1^2 + 3r_1l + 3r_2^2 + 3r_2l + 2l^2 - 2R^2 = 0 \quad (5-98)$$

图 5-37　一种平膜片应变式压力
传感器应变片的设置方案

就可以保证四个应变电阻：R_1、R_4 的增加量与 R_2、R_3 的减少量相等，从而实现较为理想的四臂受感电桥电路检测模式。

为了提高测量灵敏度，积分值 $\left|\int_{r_1}^{r_1+l}(R^2 - 3r^2)\mathrm{d}r\right|$ 应尽可能大。为此，$r_1 \to 0$。

考虑到应变片长度相对于圆平膜片半径是小量，则有

$$r_2 = \frac{1}{6}(\sqrt{24R^2 - 15l^2} - 3l) \approx \frac{\sqrt{6}}{3}R - \frac{l}{2} \approx \frac{\sqrt{6}}{3}R \quad (5-99)$$

这时，电阻的相对变化为

$$\frac{\Delta R_1}{R_1} = \frac{\Delta R_4}{R_4} = \frac{K}{l}\int_0^l \varepsilon_r(r)\mathrm{d}r = \frac{3Kp(1-\mu^2)}{8EH^2l}\int_0^l(R^2 - 3r^2)\mathrm{d}r = \frac{3K(1-\mu^2)(R^2-l^2)p}{8EH^2}$$

$$(5-100)$$

$$\frac{\Delta R_2}{R_2} = \frac{\Delta R_3}{R_3} = \frac{K}{l}\int_{r_2}^{r_2+l} \varepsilon_r(r)\mathrm{d}r = \frac{-3K(1-\mu^2)(R^2-l^2)p}{8EH^2} \quad (5-101)$$

式中　K——电阻应变片的灵敏系数。

因此，按图 5-13b 接成电桥电路时，输出电压为

$$U_{\text{out}} = U_{\text{in}}\frac{\Delta R_1}{R_1} = K_p p \quad (5-102)$$

$$K_p = \frac{3K(1-\mu^2)(R^2-l^2)U_{\text{in}}}{8EH^2} \quad (5-103)$$

该传感器的优点是：结构简单，体积小，质量小，性能价格比高等；缺点是：输出信号小，抗干扰能力稍差，性能受工艺影响大等。图 5-38 给出了以圆平膜片为敏感元件的应变式压力传感器整体结构的两种实现示意图。图 5-38a 为组装式结构，图 5-38b 为焊接式结构。

2. 圆柱形应变筒式压力传感器

图 5-39 所示为一种圆柱形应变筒式压力传感器，图 5-39a 为结构示意图及电路图，

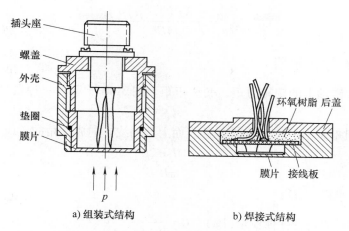

a) 组装式结构 b) 焊接式结构

图 5-38 应变式压力传感器整体结构示意图

图 5-39b 为原理框图。它一端密封有实心端头，另一端开口有法兰，以便固定薄壁圆筒。u_{out} 为电桥电路输出电压，而 u_o 为经过放大器放大后的输出电压信号。通常要求放大器的输入阻抗尽可能高，输出阻抗尽可能低，输出电压范围为 $1 \sim 5V$。这种圆柱形应变筒式压力传感器常用于较高压力的测量。

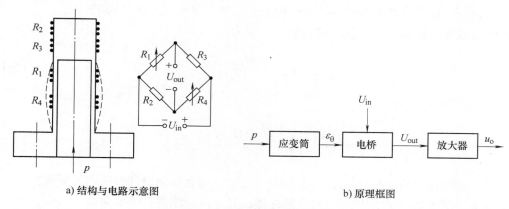

a) 结构与电路示意图 b) 原理框图

图 5-39 圆柱形应变筒式压力传感器

当压力从开口端接入圆柱筒时，筒外壁的切向应变为

$$\varepsilon_\theta = \frac{pR(2 - \mu)}{2Eh} \tag{5-104}$$

式中 R，h——圆柱形应变圆筒的内半径（m）和壁厚（m）。

圆筒外表面粘贴四个相同的应变片 $R_1 \sim R_4$，组成如图 5-39a 所示的四臂电桥，其中 R_1、R_4 随被测压力变化，R_2、R_3 不随被测压力变化。电桥电路输出为

$$U_{out} = \frac{KR(2 - \mu)U_{in}p}{4Eh + KR(2 - \mu)p} \tag{5-105}$$

式中 K——电阻应变片的灵敏系数。

由非线性引起的相对误差近似表述为

$$\xi_L \approx \frac{-KR(2-\mu)p}{4Eh} \tag{5-106}$$

5.4.4 应变式转矩传感器

转矩是作用在转轴上的旋转力矩，又称扭矩。图 5-40 所示为一种典型的应变式转矩传感器。

轴在受到纯扭矩 M 作用后，在轴的外表面上与轴线方向成 β 角的正应变为

$$\varepsilon_\beta = \frac{M\sin 2\beta}{\pi R^3 G} \tag{5-107}$$

式中　R——轴的半径（m）；

　　　G——轴材料的切变弹性模量（Pa），$G = \dfrac{E}{2(1+\mu)}$。

最大正应变为 $M/(\pi R^3 G)$，发生在 $\beta = \pi/4$ 处；最小正应变为 $-M/(\pi R^3 G)$，发生在 $\beta = 3\pi/4$（即 $-\pi/4$）处。因此，沿轴向 $\pm\pi/4$（即 $\pm 45°$）方向粘贴四个应变片感受轴的最大正、负应变，并组成如图 5-13b 所示的全桥电路，输出电压为

$$U_{out} = \frac{KM}{\pi R^3 G} U_{in} \tag{5-108}$$

下面讨论扭矩传感器中圆柱体敏感结构的半径和有效长度的选择问题。

若所测最大扭矩为 M_{max}，则对应的最大应变为

$$\varepsilon_{max} = \frac{M_{max}}{\pi R^3 G} \tag{5-109}$$

也即

$$R = \left(\frac{M_{max}}{\pi \varepsilon_{max} G}\right)^{\frac{1}{3}} = \left[\frac{2M_{max}(1+\mu)}{\pi \varepsilon_{max} E}\right]^{\frac{1}{3}} \tag{5-110}$$

于是，根据式（5-110）可设计出合适的半径 R，那么如何设计合适的长度呢？

事实上，图 5-40 所示的轴，可看成圆柱体，其一阶弯曲固有频率为

$$f_{B1} = \frac{1.875^2 R}{4\pi L^2} \sqrt{\frac{E}{\rho}} \tag{5-111}$$

式中　L——轴的长度（m）；

　　　E——轴材料的弹性模量（Pa）；

　　　ρ——轴材料的质量密度（kg/m³）。

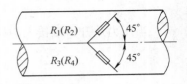

图 5-40　应变式转矩传感器

基于前面对应变式加速度传感器动态特性的讨论，若传感器的最高工作频率为 f_{max}，则由式（5-111）确定的固有频率最低应为 Nf_{max}（如 N 取 3~5），即

$$L \leqslant \frac{1.875}{2} \sqrt{\frac{R}{\pi Nf_{max}}} \left(\frac{E}{\rho}\right)^{\frac{1}{4}} \tag{5-112}$$

电阻应变式转矩传感器结构简单，精度较高。

思考题与习题

5-1　讨论金属电阻丝的应变效应。

5-2　简述金属电阻丝的应变灵敏系数与由其构成的金属应变片应变灵敏系数的关系。

5-3　简要说明金属应变片中对电阻丝的基本要求。

5-4　电阻应变片的常用种类有哪些？简要说明各自的应用特点。

5-5　简要说明半导体应变片和金属应变片的差异。

5-6　简要说明应变片的主要技术参数。

5-7　应变片在使用时，为什么会出现温度误差？

5-8　简要说明应变片温度误差的自补偿法的应用特点。

5-9　简述图 5-10 所示的温度误差补偿的工作原理及应用特点。

5-10　简述图 5-11 所示的温度误差补偿的工作原理及应用特点。

5-11　说明电桥电路的基本工作原理。

5-12　如何提高应变片电桥电路输出电压灵敏度及线性度？

5-13　什么是等强度梁？说明它在测力传感器中使用的特点。

5-14　简要说明图 5-24 所示的形环测力传感器的应用特点。

5-15　某等强度悬臂梁应变式测力传感器采用四个相同的应变片。试给出一种设置应变片的实现方式和相应的电桥电路连接方式原理图。

5-16　给出一种应变式加速度传感器的原理结构图，并说明其工作过程与特点。

5-17　给出一种应变式压力传感器的结构原理图，并说明其工作过程与特点。

5-18　借助公式推导，说明四臂受感电桥电路对温度误差补偿的工作原理，分恒压源和恒流源两种不同的供电方式进行讨论。

5-19　有一悬臂梁，在其中部上、下两面各粘贴两个应变片组成全桥，如图 5-41 所示。

（1）给出由这四个应变电阻构成四臂受感电桥电路的示意图。

（2）若该梁悬臂端受一向下力 $F = 1.5\mathrm{N}$，长 $L = 0.2\mathrm{m}$，宽 $W = 0.03\mathrm{m}$（图中未给出），厚 $h = 0.003\mathrm{m}$，$E = 76 \times 10^9 \mathrm{Pa}$，$x = 0.4L$，应变片灵敏系数 $K = 2.1$，应变片初始电阻 $R_0 = 120\Omega$，试求此时这四个应变片的电阻值。

（3）若该电桥的工作电压 $U_{\mathrm{in}} = 5\mathrm{V}$，试计算输出电压 U_{out}。

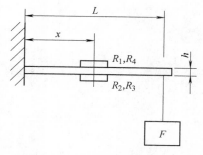

图 5-41　悬臂梁测力示意图

5-20　题 5-15 中，测力传感器应用的应变片的应变灵敏系数 $K = 2.1$，电桥工作电压 $U_{\mathrm{in}} = 10\mathrm{V}$，输出电压 $U_{\mathrm{out}} = 5.25\mathrm{mV}$，试计算电阻的相对变化和悬臂梁受到的应变。

5-21　以图 5-35 所示的圆平膜片为敏感元件的应变式压力传感器，在其上表面粘贴四个有效工作长度为 l_0、初始电阻值为 R_0、应变灵敏系数为 K 的相同应变片 $R_1 \sim R_4$，如图 5-42 所示。半径为 $r_1(0 < r_1 < 0.577R)$ 的 R_1、R_4 沿切向粘贴于靠近圆平膜片的中心区域；R_2、R_3 沿径向粘贴于圆平膜片的边缘区域，R_2 设置于径向的位置为 $(r_2, r_2 + l_0)(0.577R < r_2 <$

$R-l_0$）。试导出采用四臂受感差动电桥电路的输出电压，并讨论提高传感器灵敏度的可能措施。

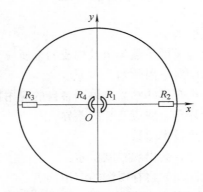

图 5-42　一种平膜片应变式压力传感器的应变片设置方案

5-22　利用图 5-39，导出圆柱形应变圆筒式压力传感器的输出电压的表达式（5-105）以及由非线性引起的相对误差近似表达式（5-106）。

5-23　分析如图 5-40 所示的转矩传感器的设计特点，简述根据轴的直径确定被测转矩范围的基本原则。

第6章

硅压阻式传感器

主要知识点：

半导体的压阻效应与应用特点

单晶硅晶向与晶面的表述

单晶硅的压阻系数矩阵及其特点

任意方向压阻系数的计算

硅压阻式压力传感器的敏感结构与输出电桥电路

硅压阻式加速度传感器的敏感结构与工作原理

硅压阻式传感器的温度漂移与补偿措施

6.1 硅压阻式变换原理

6.1.1 半导体材料的压阻效应

半导体材料的压阻效应（Piezoresistive Effect）通常有两种应用方式：一种是利用半导体材料的体电阻制成粘贴式应变片，已在 5.1.3 节中介绍过；另一种是在半导体材料的基片上，用集成电路工艺制成扩散型压敏电阻（Piezoresistor）或离子注入型压敏电阻。

对于电阻率为 ρ、长度为 L、横截面半径为 r 的电阻，其变化率可以写成

$$\frac{\mathrm{d}R}{R} = \frac{\mathrm{d}\rho}{\rho} + \frac{\mathrm{d}L}{L} - 2\frac{\mathrm{d}r}{r}$$

对于金属电阻，电阻的相对变化与其所受的轴向应变 $\mathrm{d}L/L$ 成正比，即形成如式（5-5）表述的应变效应。

对于半导体材料，其电阻主要取决于有限数目的载流子、空穴和电子的迁移。其电阻率可表示为

$$\rho \propto \frac{1}{eN_{\mathrm{i}}\mu_{\mathrm{av}}} \tag{6-1}$$

式中 N_{i}，μ_{av}——载流子的浓度和平均迁移率；

e——电子电荷量，$e = 1.602 \times 10^{-19}\mathrm{C}$。

当半导体材料受到外力作用产生应力时，应力将引起载流子浓度 N_{i}、平均迁移率 μ_{av} 发生变化，从而使电阻率 ρ 发生变化，这就是半导体压阻效应的本质。研究表明，半导体材料电阻率的相对变化可写为

$$\mathrm{d}\rho/\rho = \pi_{\mathrm{L}}\sigma_{\mathrm{L}} \tag{6-2}$$

式中　π_{L}——压阻系数（Pa^{-1}），表示单位应力引起的电阻率的相对变化量；

　　　σ_{L}——应力（Pa）。

对于单向受力的半导体晶体，$\sigma_{\mathrm{L}} = E\varepsilon_{\mathrm{L}}$；式（6-2）可以写为

$$\mathrm{d}\rho/\rho = \pi_{\mathrm{L}}E\varepsilon_{\mathrm{L}} \tag{6-3}$$

电阻变化率可写为

$$\frac{\mathrm{d}R}{R} = \frac{\mathrm{d}\rho}{\rho} + \frac{\mathrm{d}L}{L} + 2\mu\frac{\mathrm{d}L}{L} = (\pi_{\mathrm{L}}E + 2\mu + 1)\varepsilon_{\mathrm{L}} = K\varepsilon_{\mathrm{L}} \tag{6-4}$$

常用半导体材料的弹性模量 E 的量值范围为 $1.3\times10^{11} \sim 1.9\times10^{11}\mathrm{Pa}$，压阻系数 π_{L} 的量值范围为 $5\times10^{-10} \sim 1.38\times10^{-9}\mathrm{Pa}^{-1}$，故 $\pi_{\mathrm{L}}E$ 的范围为 $65\sim262$。因此，半导体材料压阻效应的等效应变灵敏系数远大于金属的应变灵敏系数。基于上述分析，有

$$K = \pi_{\mathrm{L}}E + 2\mu + 1 \approx \pi_{\mathrm{L}}E \tag{6-5}$$

$$\mathrm{d}R/R \approx \pi_{\mathrm{L}}\sigma_{\mathrm{L}} \tag{6-6}$$

利用半导体材料的压阻效应可以制成硅压阻式传感器。主要优点是：压阻系数高，灵敏度高，分辨率高，动态响应好，易于集成化，智能化，批量生产；但主要缺点是压阻效应的温度应用范围相对较窄，温度系数大，存在较大的温度误差。

温度变化时，压阻系数的变化比较明显。例如，温度升高时，一方面载流子浓度 N_{i} 增加，电阻率 ρ 降低；另一方面杂散运动增大，使单向迁移率 μ_{av} 减小，电阻率 ρ 升高。与此同时，半导体受到应力作用后，电阻率的变化量（$\Delta\rho$）更小。综合考虑这些因素，电阻率的变化率（$\mathrm{d}\rho/\rho$）减小，即压阻系数随着温度的升高而减小。因此，采取可能的措施，减小半导体压阻效应的温度系数，是硅压阻式传感器需要解决的关键问题。

6.1.2　单晶硅的晶向、晶面的表示

1. 基本表述

在硅压阻式传感器中，主要采用单晶硅基片。由于单晶硅材料是各向异性的，晶体不同取向决定了该方向压阻效应的大小。因此需要研究单晶硅的晶向、晶面。

晶面的法线方向就是晶向。如图 6-1 所示，ABC 平面的法线方向为 N，与 x、y、z 轴的方向余弦分别为 $\cos\alpha$、$\cos\beta$、$\cos\gamma$，在 x、y、z 轴的截距分别为 r、s、t，它们之间满足

$$\cos\alpha : \cos\beta : \cos\gamma = \frac{1}{r} : \frac{1}{s} : \frac{1}{t} = h : k : l \tag{6-7}$$

式中　h，k，l——密勒指数，它们为无公约数的最大整数。

这样，ABC 晶面表示为（hkl），相应的方向表示为<hkl>。

2. 计算实例

单晶硅具有立方晶格，下面讨论如图 6-2 所示的正立方体。

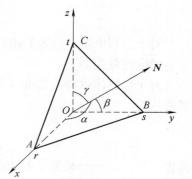

图 6-1　平面的截距表示法

（1）$ABCD$ 面

该面在 x、y、z 轴的截距分别为 1、∞、∞，故有 $h : k : l = 1 : 0 : 0$，于是该晶面表述为（100），相应的晶向为<100>。

（2）*BCGF* 面

该面在 x、y、z 轴的截距分别为 ∞、1、∞，故有 $h:k:l=0:1:0$，于是该晶面表述为（010），相应的晶向为<010>。

（3）*ADGF* 面

该面在 x、y、z 轴的截距分别为 1、1、∞，故有 $h:k:l=1:1:0$，于是该晶面表述为（110），相应的晶向为<110>。

（4）*BCHE* 面

由于该面通过 z 轴，为了便于说明问题，将该面向 y 轴的负方向平移一个单元后，在 x、y、z 轴的截距分别为

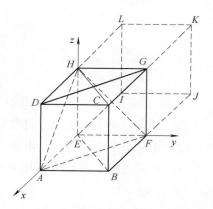

图 6-2　正立方体示意图

1、-1、∞，故有 $h:k:l=1:-1:0$，于是该晶面表述为（$1\bar{1}0$）=（$1\bar{1}0$），相应的晶向为<$1\bar{1}0$>。

（5）*AFH* 面

该面在 x、y、z 轴的截距分别为 1、1、1，故有 $h:k:l=1:1:1$，于是该晶面表述为（111），相应的晶向为<111>。

（6）*ABKL* 面

假设正立方体向 x 轴的负方向平移一个单元，*EFGH* 移到 *IJKL*，相应的 *ABCD* 移到 *EFGH*。考虑 *ABKL* 面，它在 x、y、z 轴的截距分别为 1、∞、0.5，故有 $h:k:l=1:0:2$，于是该晶面表述为（102），相应的晶向为<102>。

（7）*CDIJ* 面

该面在 x、y、z 轴的截距分别为 -1、∞、0.5，故有 $h:k:l=1:0:-2$，于是该晶面表述为（$10\bar{2}$）；相应的晶向为<$10\bar{2}$>。

6.1.3　压阻系数

通常，半导体电阻的压阻效应可以描述为

$$\Delta R/R = \pi_a \sigma_a + \pi_n \sigma_n \tag{6-8}$$

式中　π_a，π_n——纵向压阻系数和横向压阻系数（Pa^{-1}）；

　　　σ_a，σ_n——纵向（主方向）应力和横向（副方向）应力（Pa）。

1. 压阻系数矩阵

讨论一个标准的单元微立方体，如图 6-3 所示，它沿着单晶硅晶粒的三个标准晶轴 1、2、3（即 x、y、z 轴）。该微立方体上有三个正应力：σ_{11}、σ_{22}、σ_{33}，记为 σ_1、σ_2、σ_3；另外有三个独立的切应力：σ_{23}、σ_{31}、σ_{12}，记为 σ_4、σ_5、σ_6。

六个独立的应力 $\sigma_1 \sim \sigma_6$ 将引起六个独立的电阻率的相对变化量 $\delta_1 \sim \delta_6$，有如下关系：

$$\boldsymbol{\delta} = \boldsymbol{\pi}\boldsymbol{\sigma} \tag{6-9}$$

$$\boldsymbol{\sigma} = (\sigma_1 \quad \sigma_2 \quad \sigma_3 \quad \sigma_4 \quad \sigma_5 \quad \sigma_6)^T$$

$$\boldsymbol{\delta} = (\delta_1 \quad \delta_2 \quad \delta_3 \quad \delta_4 \quad \delta_5 \quad \delta_6)^T$$

$$\boldsymbol{\pi} = \begin{pmatrix} \pi_{11} & \pi_{12} & \cdots & \pi_{16} \\ \pi_{21} & \pi_{22} & \cdots & \pi_{26} \\ \vdots & \vdots & & \vdots \\ \pi_{61} & \pi_{62} & \cdots & \pi_{66} \end{pmatrix}$$

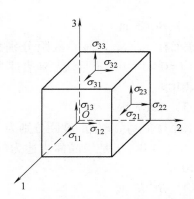

图 6-3 单晶硅微立方体上的应力分布

$\boldsymbol{\pi}$ 称为压阻系数矩阵，特点如下：

1）切应力不引起正向压阻效应。

2）正应力不引起剪切压阻效应。

3）切应力只在自己的剪切平面内产生压阻效应，无交叉影响。

4）具有一定对称性，即

$\pi_{11} = \pi_{22} = \pi_{33}$，表示三个主轴方向上的轴向压阻效应相同；

$\pi_{12} = \pi_{21} = \pi_{13} = \pi_{31} = \pi_{23} = \pi_{32}$，表示横向压阻效应相同；

$\pi_{44} = \pi_{55} = \pi_{66}$，表示剪切压阻效应相同。

故压阻系数矩阵为

$$\boldsymbol{\pi} = \begin{pmatrix} \pi_{11} & \pi_{12} & \pi_{12} & & & \\ \pi_{12} & \pi_{11} & \pi_{12} & & \mathbf{0} & \\ \pi_{12} & \pi_{12} & \pi_{11} & & & \\ & & & \pi_{44} & & \\ & \mathbf{0} & & & \pi_{44} & \\ & & & & & \pi_{44} \end{pmatrix}_{6\times6} \tag{6-10}$$

只有三个独立的压阻系数，且定义：

π_{11}——单晶硅的纵向压阻系数（Pa^{-1}）；

π_{12}——单晶硅的横向压阻系数（Pa^{-1}）；

π_{44}——单晶硅的剪切压阻系数（Pa^{-1}）。

常温下，P 型硅（空穴导电）的 π_{11}、π_{12} 可以忽略，$\pi_{44} = 1.381 \times 10^{-9} Pa^{-1}$；N 型硅（电子导电）的 π_{44} 可以忽略，π_{11}、π_{12} 较大，且有 $\pi_{12} \approx -0.5\pi_{11}$，$\pi_{11} = -1.022 \times 10^{-9} Pa^{-1}$。

2. 任意晶向的压阻系数

如图 6-4 所示，1、2、3 为单晶硅立方晶格的主轴方向；在任意方向形成压敏电阻条 R，P 为压敏电阻条的主方向，又称纵向，即其长度方向，也是工作时电流的方向；Q 为压敏电阻条的副方向，又称横向。P 方向与 Q 方向均在晶向为 $3'$ 方向的晶面内。P 方向记为 $1'$ 方向，Q 方向记为 $2'$ 方向。

定义 π_a、π_n 分别为纵向压阻系数（P 方向）和横向压阻系数（Q 方向），有

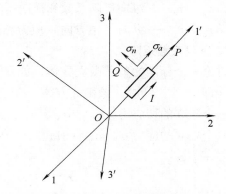

图 6-4 单晶硅任意方向的压阻系数计算图

$$\pi_a = \pi_{11} - 2(\pi_{11} - \pi_{12} - \pi_{44})(l_1^2 m_1^2 + m_1^2 n_1^2 + n_1^2 l_1^2) \tag{6-11}$$

$$\pi_n = \pi_{12} + (\pi_{11} - \pi_{12} - \pi_{44})(l_1^2 l_2^2 + m_1^2 m_2^2 + n_1^2 n_2^2) \tag{6-12}$$

式中　l_1，m_1，n_1——P 方向在标准立方晶格坐标系中的方向余弦；

　　　l_2，m_2，n_2——Q 方向在标准立方晶格坐标系中的方向余弦。

3. 计算实例

（1）计算（100）面上<010>晶向的纵向、横向压阻系数

如图 6-5 所示，$ABCDEFGH$ 为一单位立方体。$ABCD$ 为（100）面，其上<010>晶向为 CD，相应的横向为 AD，即<001>。

<010>的方向余弦为 $l_1 = 0$，$m_1 = 1$，$n_1 = 0$；<001>的方向余弦为 $l_2 = 0$，$m_2 = 0$，$n_2 = 1$，则

$$\pi_a = \pi_{11} - 2(\pi_{11} - \pi_{12} - \pi_{44})0 = \pi_{11} \tag{6-13}$$

$$\pi_n = \pi_{12} + (\pi_{11} - \pi_{12} - \pi_{44})0 = \pi_{12} \tag{6-14}$$

这表明，对于 P 型硅，本算例的压阻效应为零，应采用 N 型硅。

（2）计算（100）面上<01$\bar{1}$>晶向的纵向、横向压阻系数

如图 6-6 所示，$ABCDEFGH$ 为一单位立方体。$ABCD$ 为（100）面，其上<01$\bar{1}$>晶向为 BD；相应的横向为 AC。

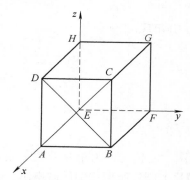

图 6-5　（001）面上<010>晶向的
纵向、横向示意图

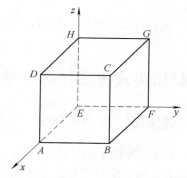

图 6-6　（100）面上<01$\bar{1}$>晶向的
纵向、横向示意图

面（100）方向的矢量描述为 i，方向<01$\bar{1}$>的矢量描述为 $j-k$，由于

$$i \times (j-k) = i \times j - i \times k = k + j \tag{6-15}$$

故（100）面内，<01$\bar{1}$>方向的横向为<011>。

<01$\bar{1}$>的方向余弦为 $l_1 = 0$、$m_1 = 1/\sqrt{2}$、$n_1 = -1/\sqrt{2}$，<011>的方向余弦为 $l_2 = 0$、$m_2 = 1/\sqrt{2}$、$n_2 = 1/\sqrt{2}$，则

$$\pi_a = \pi_{11} - 2(\pi_{11} - \pi_{12} - \pi_{44})\frac{1}{2} \times \frac{1}{2} = \frac{1}{2}(\pi_{11} + \pi_{12} + \pi_{44}) \tag{6-16}$$

$$\pi_n = \pi_{12} + (\pi_{11} - \pi_{12} - \pi_{44})\left(\frac{1}{2} \times \frac{1}{2} + \frac{1}{2} \times \frac{1}{2}\right) = \frac{1}{2}(\pi_{11} + \pi_{12} + \pi_{44}) \tag{6-17}$$

对于 P 型硅，$\pi_a = 0.5\pi_{44}$，$\pi_n = -0.5\pi_{44}$；对于 N 型硅，$\pi_a = 0.25\pi_{11}$，$\pi_n = 0.25\pi_{11}$。

（3）绘出 P 型硅（001）面内的纵向和横向压阻系数的分布图

如图 6-7a 所示，（001）面内，假设所考虑的纵向 P 与 1 轴的夹角为 α，与 P 方向垂直的 Q 方向为所考虑的横向。

在（001）面，方向 P 与方向 Q 的方向余弦分别为 l_1、m_1、n_1 和 l_2、m_2、n_2，有 $l_1 = \cos\alpha$、$m_1 = \sin\alpha$、$n_1 = 0$，$l_2 = \sin\alpha$、$m_2 = -\cos\alpha$、$n_2 = 0$，则

$$\pi_a = \pi_{11} - 2(\pi_{11} - \pi_{12} - \pi_{44})\sin^2\alpha\cos^2\alpha \approx 0.5\pi_{44}\sin^2 2\alpha \tag{6-18}$$

$$\pi_n = \pi_{12} + 2(\pi_{11} - \pi_{12} - \pi_{44})\sin^2\alpha\cos^2\alpha \approx -0.5\pi_{44}\sin^2 2\alpha \tag{6-19}$$

因此，本算例，$\pi_n = -\pi_a$。图 6-7b 为纵向压阻系数 π_a 的分布图。图形关于 1 轴（<100>）和 2 轴（<010>）对称，同时关于 45°直线（<110>）和 135°直线（<1$\bar{1}$0>）对称。

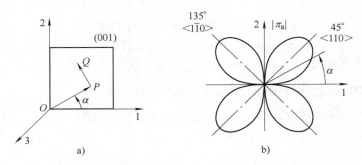

图 6-7　P 型硅（001）面内的纵向和横向压阻系数分布图

6.2　硅压阻式传感器的典型实例

6.2.1　硅压阻式压力传感器

图 6-8 为一种典型的硅压阻式压力传感器结构示意图。敏感元件为单晶硅圆平膜片。基于单晶硅的压阻效应，利用扩散或离子注入工艺在硅膜片上制作所期望的压敏电阻。

1. 圆平膜片几何结构参数的设计

对于该硅压阻式压力传感器敏感结构的参数设计，可以参照 5.4.3 节中"圆平膜片几何结构参数的设计"部分内容，详见式（5-85）～式（5-95）。

下面讨论一设计计算实例。

假设被测压力范围为 $p \in (0, 3.5\times10^5)\,\mathrm{Pa}$，即 $p_{\max} = 3.5\times10^5\,\mathrm{Pa}$；取 $\varepsilon_{\mathrm{r,max}} = 5\times10^{-4}$；硅材料的弹性模量 $E = 1.3\times10^{11}\,\mathrm{Pa}$，泊松比 $\mu = 0.278$。

依式（5-90）～式（5-92）可得有关计算值。

$$\left(\frac{R}{H}\right)_{\max} = \sqrt{\frac{4E\varepsilon_{\mathrm{r,max}}}{3p_{\max}(1-\mu^2)}} = \sqrt{\frac{4\times1.3\times10^{11}\times5\times10^{-4}}{3\times3.5\times10^5\times(1-0.278^2)}} \approx 16.38$$

$$\overline{W}_{\mathrm{R,max}} = \frac{E\varepsilon_{\mathrm{r,max}}^2}{3p_{\max}(1-\mu^2)} = \frac{1.3\times10^{11}\times(5\times10^{-4})^2}{3\times3.5\times10^5\times(1-0.278^2)} \approx 0.0335$$

由式（5-93）计算 $p \in (0, 3.5\times10^5)\,\mathrm{Pa}$ 范围内考虑非线性情况的压力-位移特性，与线性情况相比，其最大相对偏差为 -0.062%。

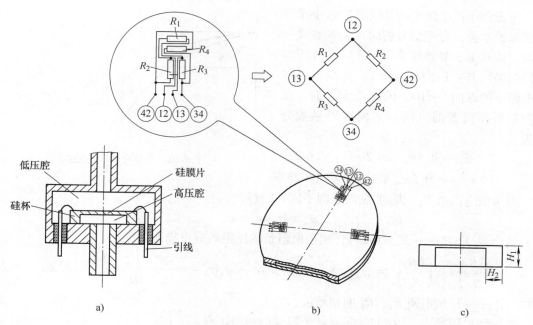

图 6-8 硅压阻式压力传感器结构示意图

$$\sigma_{r,max} = \frac{E\varepsilon_{r,max}}{1-\mu^2} = \frac{1.3\times10^{11}\times5\times10^{-4}}{1-0.278^2}Pa \approx 7.044\times10^7Pa$$

远小于材料的比例极限值。

基于上述分析结果，当圆平膜片的半径设计为 $R=1mm$ 时，则其膜厚应为 $H=0.061mm=61\mu m$；于是可以设计出 $H_1 \geqslant 0.916mm$，$H_2 \geqslant 0.916mm$。

2. 圆平膜片上压敏电阻位置设计

假设单晶硅圆平膜片的晶面方向为<001>，如图 6-9 所示。

对于周边固支的圆平膜片，在其上表面的半径 r 处，径向应力 σ_r、切向应力 σ_θ 与所承受的压力 p 之间的关系为

$$\sigma_r = \frac{3p}{8H^2}[(1+\mu)R^2 - (3+\mu)r^2] \quad (6\text{-}20)$$

$$\sigma_\theta = \frac{3p}{8H^2}[(1+\mu)R^2 - (1+3\mu)r^2] \quad (6\text{-}21)$$

式中 R，H——平膜片的工作半径（m）和厚度（m）；

  μ——平膜片材料的泊松比，可取 $\mu=0.278$。

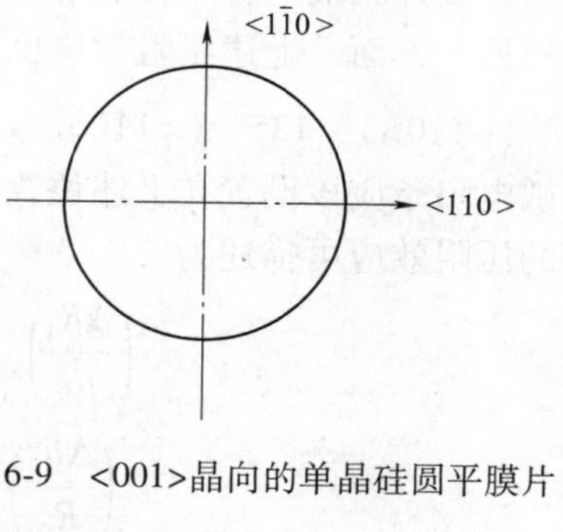

图 6-9 <001>晶向的单晶硅圆平膜片

图 6-10 为周边固支圆平膜片的上表面应力随半径 r 变化的曲线关系。

由式（6-20）可知：当 $r<\sqrt{(1+\mu)/(3+\mu)}R \approx 0.624R$ 时，$\sigma_r>0$，圆平膜片上表面的径向正应力为拉伸应力；当 $r>0.624R$ 时，$\sigma_r<0$，圆平膜片上表面的径向正应力为压缩应力。

由式（6-21）可知：当 $r<\sqrt{(1+\mu)/(1+3\mu)}R \approx 0.835R$ 时，$\sigma_\theta>0$，圆平膜片上表面的环向正应力为拉伸应力；当 $r>0.835R$ 时，$\sigma_\theta<0$，圆平膜片上表面的环向正应力为压缩应力。

考虑到压敏电阻条的几何参数远小于圆平膜片的半径，在近似分析时可将其看成一个点。依 6.1.3 节计算实例（3）的分析与所得结果可知：P 型硅（001）面内，当压敏电阻条的纵向与<100>的夹角为 α 时，该电阻条所在位置的纵向和横向压阻系数分别为

$$\pi_a \approx 0.5\pi_{44}\sin^2 2\alpha \qquad (6\text{-}22)$$

$$\pi_n \approx -0.5\pi_{44}\sin^2 2\alpha \qquad (6\text{-}23)$$

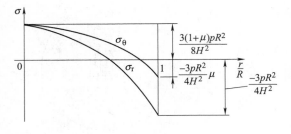

图 6-10　平膜片的应力曲线

当压敏电阻条 R_1、R_4 的纵向取圆平膜片的径向，有

$$\sigma_a = \sigma_r ; \sigma_n = \sigma_\theta$$

结合式（6-20）～式（6-23），则该电阻条的压阻效应可描述为

$$\left(\frac{\Delta R_1}{R_1}\right)_r = \left(\frac{\Delta R_1}{R_0}\right)_r = \pi_a\sigma_a + \pi_n\sigma_n = \pi_a\sigma_r + \pi_n\sigma_\theta = \frac{-3pr^2(1-\mu)\pi_{44}}{8H^2}\sin^2 2\alpha \qquad (6\text{-}24)$$

式中　R_0——压敏电阻 R_1、R_4 的初始值。

当压敏电阻条 R_2、R_3 的纵向取圆平膜片的切向，有

$$\sigma_a = \sigma_\theta ; \sigma_n = \sigma_r$$

结合式（6-18）～式（6-21），则该电阻条的压阻效应可描述为

$$\left(\frac{\Delta R_2}{R_2}\right)_\theta = \left(\frac{\Delta R_2}{R_0}\right)_\theta = \pi_a\sigma_a + \pi_n\sigma_n = \pi_a\sigma_\theta + \pi_n\sigma_r = \frac{3pr^2(1-\mu)\pi_{44}}{8H^2}\sin^2 2\alpha \qquad (6\text{-}25)$$

式中　R_0——压敏电阻 R_2、R_3 的初始值。

对比式（6-24）和式（6-25）可知：在单晶硅的（001）面内，如果将 P 型压敏电阻条分别设置在圆平膜片的径向和切向时，它们的变化是互为反向的，即径向电阻条的电阻值随压力单调减小，切向电阻条的电阻值随压力单调增加，而且减小量与增加量是相等的。这一规律为设计压敏电阻条提供了条件。

另一方面，上述压阻效应也是电阻条的纵向与<100>方向夹角 α 的函数，显然，当 α 取 45°（<110>）、135°（<1̄10>）、225°（<110>）、315°（<11̄0>）时，压阻效应最显著，即压敏电阻条应该设置在上述位置的径向与切向。这时，在圆平膜片的径向和切向，P 型电阻条的压阻效应可描述为

$$\left(\frac{\Delta R_1}{R_0}\right)_r = \left(\frac{\Delta R_1}{R_0}\right)_{<110>} = \frac{-3pr^2(1-\mu)\pi_{44}}{8H^2} \qquad (6\text{-}26)$$

$$\left(\frac{\Delta R_2}{R_0}\right)_\theta = \left(\frac{\Delta R_2}{R_0}\right)_{<1̄10>} = \frac{3pr^2(1-\mu)\pi_{44}}{8H^2} \qquad (6\text{-}27)$$

图 6-11 为电阻相对变化的规律。按此规律应将电阻条设置于圆形膜片的边缘处（$r=R$）。这样，沿径向和切向各设置两个 P 型压敏电阻条。

应当指出，上述讨论的是关于压敏电阻的初步设计，没有考虑电阻条长度对其压阻效应的影响。事实上，压敏电阻条的压阻效应应当是整个压敏电阻条的综合效应。当考虑压敏电阻条长度，不考虑宽度时，讨论如图 6-12 所示的情况。

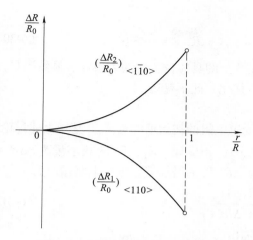

图 6-11　压敏电阻相对变化的规律

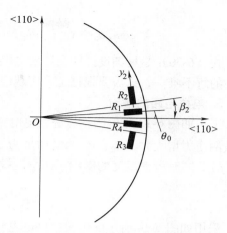

图 6-12　考虑压敏电阻长度时压阻效应的计算

沿着半径方向设置的压敏电阻 R_1、R_4 的相对变化为

$$
\begin{aligned}
\left(\frac{\Delta R_1}{R_0}\right)_r &= \frac{-3p(1-\mu)\pi_{44}\sin^2\left(\dfrac{\pi}{2}-2\theta_0\right)}{8H^2l}\int_{R_{10}-l}^{R_{10}}r^2\mathrm{d}r \\
&= \frac{-p(1-\mu)\pi_{44}\cos^2 2\theta_0}{8H^2l}\left[R_{10}^3-(R_{10}-l)^3\right] \\
&= \frac{-p(1-\mu)\pi_{44}\cos^2 2\theta_0}{8H^2}(3R_{10}^2-3R_{10}l+l^2)
\end{aligned}
\tag{6-28}
$$

式中　　　l——压敏电阻的长度；

　　　　θ_0——径向压敏电阻 R_1 长度方向与 x 轴（即<100>方向）的夹角；

$R_{10}-l$，R_{10}——压敏电阻在圆平膜片半径方向上的位置。

沿着环线方向设置的压敏电阻 R_2、R_3 的相对变化为

$$
\left(\frac{\Delta R_2}{R_0}\right)_\theta = \frac{3p(1-\mu)\pi_{44}}{8H^2l}\int_0^l r_2^2\sin^2\left(\frac{\pi}{2}-2\beta\right)\mathrm{d}y_2 = \frac{3p(1-\mu)\pi_{44}}{8H^2l}\int_0^l (y_2^2+R_{20}^2)\cos^2 2\beta\,\mathrm{d}y_2
\tag{6-29}
$$

$$
\beta=\beta_2+\arctan(y_2/R_{20})
$$

式中　r_2——所考虑的压敏电阻 R_2 上的微元点在圆平膜片上的半径，$r_2^2=y_2^2+R_{20}^2$；R_{20} 为压敏
　　　　电阻起点处在圆平膜片上的半径；y_2 为在压敏电阻条长度方向建立局部坐标系
　　　　的坐标，其中坐标轴的原点为压敏电阻的起点（参见图 6-12）；

　　　β_2——压敏电阻 R_2 起点处与 x 轴（<100>）的夹角；

　　　β——压敏电阻 R_2 任意一点处与 x 轴的夹角。

为了实现较为理想的四臂受感差动检测方案，应保证沿着径向设置的压敏电阻 R_1、R_4
的相对变化，与沿着环线方向设置的压敏电阻 R_2、R_3 相对变化满足

$$
\left(\frac{\Delta R_1}{R_0}\right)_r = -\left(\frac{\Delta R_2}{R_0}\right)_\theta
$$

即

$$\cos^2 2\theta_0(3R_{10}^2 - 3R_{10}l + l^2)l = 3\int_0^l (y_2^2 + R_{20}^2)\cos^2 2\beta \mathrm{d}y_2 \tag{6-30}$$

式（6-30）是精细设计四个压敏电阻在圆平膜片上的具体位置的约束条件。显然满足该条件的解不唯一，这需要根据工艺实现性约束进行优化，此不赘述。

3. 电桥电路的输出

采用如图 6-13 所示的恒压源供电电路，四个受感电阻的初始值均为 R_0。基于上述讨论，当被测压力增大时，R_2、R_3 的增加量为 $\Delta R_2 = \Delta R(p)$；相应地，R_1、R_4 的减小量为 $-\Delta R_1 = \Delta R(p)$。同时考虑温度的影响，四个压敏电阻都有 $\Delta R(T)$ 的增加量。电桥电路输出为

$$U_{\mathrm{out}} = U_{\mathrm{BD}} = \frac{\Delta R(p)U_{\mathrm{in}}}{R_0 + \Delta R(T)} \tag{6-31}$$

采用如图 6-14 所示的恒流源供电电桥电路，输出为

$$U_{\mathrm{out}} = U_{\mathrm{BD}} = I_0\Delta R(p) \tag{6-32}$$

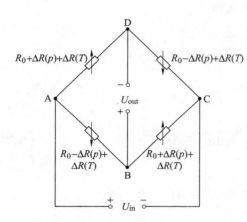

图 6-13　恒压源供电电桥电路

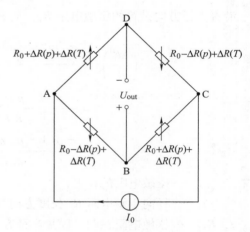

图 6-14　恒流源供电电桥电路

电桥电路输出与压敏电阻的变化量 $\Delta R(p)$ 成正比，即与被测量成正比。电桥电路输出也与恒流源供电电流 I_0 成正比，但与温度无关，这是恒流源供电的最大优点。通常恒流源供电要比恒压源供电的稳定性高，故在硅压阻式传感器中多采用恒流源供电工作方式。

事实上，恒流源两端的电压为

$$U_{\mathrm{AC}} = I_0 R_{\mathrm{ABC}}R_{\mathrm{ADC}}/(R_{\mathrm{ABC}} + R_{\mathrm{ADC}}) = I_0[R_0 + \Delta R(T)] \tag{6-33}$$

这提供了一种温度测量的方法。

【简单算例讨论】　一硅压阻式压力传感器，在硅圆平膜片的边缘处设置初始电阻为 500Ω 的四个相同的 P 型压敏电阻，两个在径向，两个在切向；若圆平膜片半径 $R = 1\mathrm{mm}$，厚度 $H = 50\mu\mathrm{m}$，材料泊松比 $\mu = 0.278$；当被测压力 $p = 10^5\mathrm{Pa}$ 时，利用式（6-26）、式（6-27）对电阻的相对变化进行分析评估，则有

$$\left(\frac{\Delta R_1}{R_0}\right)_{\mathrm{r}} = \frac{-3\times 10^5\times(10^{-3})^2\times(1 - 0.278)\times 1.381\times 10^{-9}}{8\times(5\times 10^{-5})^2} \approx -1.496\times 10^{-2}$$

$$\left(\frac{\Delta R_2}{R_0}\right)_\theta = 1.496 \times 10^{-2}$$

若采用图 6-13 所示的恒压源供电，工作电压为 5V，不考虑温度影响，输出为

$$U_{out} = \frac{\Delta R(p)}{R_0} U_{in} = 1.496 \times 10^{-2} \times 5V = 74.8mV$$

若采用图 6-14 所示的恒流源供电，工作电流为 20mA，输出为

$$U_{out} = \Delta R I_0 = \frac{\Delta R}{R} R I_0 = 1.496 \times 10^{-2} \times 500\Omega \times 20mA = 149.6mV$$

需要指出，利用式（6-26）、式（6-27）对电阻的相对变化进行分析，要比考虑压敏电阻条长度，利用式（6-28）、式（6-29）对电阻的相对变化进行分析评估，大一些。也即实际制作的如图 6-8 所示的硅压阻式压力传感器的输出要比上述计算得到的结果小一些。

4. 动态特性

对于图 6-8 所示的硅压阻式压力传感器，其圆形平膜片敏感元件的最低阶固有频率为

$$f_{R,B1} \approx \frac{0.469H}{R^2} \sqrt{\frac{E}{\rho(1-\mu^2)}} \tag{6-34}$$

若要提高该压力传感器的动态特性，应提高其最低阶固有频率。可以通过增加其厚度 H、减小半径 R 来实现，也可以选择较大的弹性模量的方向（即<111>晶向）来实现。事实上，圆平膜片的半径受工艺条件影响较大，因此，通常以调整膜片厚度 H 为主来改变固有频率。

结合式（6-20）、式（6-21）可知，增加厚度 H，势必降低传感器的灵敏度。因此应综合考虑传感器的静态特性与动态特性，优化设计选择合适的结构参数。

6.2.2　硅压阻式加速度传感器

1. 敏感结构与压敏电阻设计

硅压阻式加速度传感器利用单晶硅材料制作悬臂梁，如图 6-15 所示，在其根部制作四个相同的压敏电阻，沿着梁长度方向设置的 R_2、R_3 的端点紧贴着梁的根部，沿着梁宽度方向设置的 R_1、R_4 处于 R_2、R_3 的中间位置。当悬臂梁自由端的质量块受加速度作用时，悬臂梁受到弯矩作用产生应力，使压敏电阻发生变化。

选择<001>晶向为悬臂梁的单晶硅衬底，梁长度方向为<110>晶向，宽度方向为<1$\bar{1}$0>晶向。即两个 P 型电阻 R_1、R_4 沿<1$\bar{1}$0>晶向设置，两个 P 型电阻 R_2、R_3 沿<110>晶向设置。

悬臂梁上表面设置的压敏电阻 R_1、R_4 处，沿 x 方向的正应力为

$$\sigma_x = \frac{6m(L_0 - 0.5l)}{bh^2} a \tag{6-35}$$

式中　a——被测加速度（m/s^2）；

　　m——敏感质量块的质量（kg）；

　b, h——梁的宽度（m）和厚度（m）；

　　L_0——质量块中心至悬臂梁根部的距离（m）；

l——压敏电阻的长度（m）。

事实上，若敏感质量块的长度为 l_m，则悬臂梁的有效长度为

$$L = L_0 - 0.5l_m \tag{6-36}$$

于是，沿着悬臂梁长度，即<110>晶向设置的 P 型硅压敏电阻的压阻效应为

$$\left(\frac{\Delta R_2}{R_0}\right)_{<110>} = \pi_a\sigma_a + \pi_n\sigma_n = \pi_a\sigma_x \tag{6-37}$$

式中　R_0——压敏电阻 R_2、R_3 的初始值。

借助于式（6-18），式（6-37）中的纵向压阻系数为

$$\pi_a = 0.5\pi_{44} \tag{6-38}$$

而沿着悬臂梁宽度，即<1$\bar{1}$0>晶向设置的 P 型硅压敏电阻的压阻效应为

$$\left(\frac{\Delta R_1}{R_0}\right)_{<1\bar{1}0>} = \pi_a\sigma_a + \pi_n\sigma_n = \pi_n\sigma_x \tag{6-39}$$

式中　R_0——压敏电阻 R_1、R_4 的初始值。

借助于式（6-19），式（6-39）中的横向压阻系数为

$$\pi_n = -0.5\pi_{44} \tag{6-40}$$

借助于式（6-35），将式（6-38）、式（6-40）分别代入到式（6-37）和式（6-39）中，可得

$$\left(\frac{\Delta R_2}{R_0}\right)_{<110>} = \frac{3m(L_0 - 0.5l)}{bh^2}\pi_{44}a \tag{6-41}$$

$$\left(\frac{\Delta R_1}{R_0}\right)_{<1\bar{1}0>} = \frac{-3m(L_0 - 0.5l)}{bh^2}\pi_{44}a = -\left(\frac{\Delta R_2}{R_0}\right)_{<110>} \tag{6-42}$$

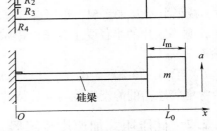

图 6-15　硅压阻式加速度传感器
结构示意图

可见，按上述原则在悬臂梁根部设置的压敏电阻符合构成四臂受感差动电桥电路的原则，因此输出电路与 6.2.1 节讨论的硅压阻式压力传感器完全相同。

2. 敏感结构参数设计准则

由式（5-66）可知，当被测加速度绝对值的最大值为 a_{max} 时，悬臂梁上表面根部处的应变、应力达到最大，分别为

$$\varepsilon_{x,max} = \frac{6mL_0}{Ebh^2}a_{max} \tag{6-43}$$

$$\sigma_{x,max} = \frac{6mL_0}{bh^2}a_{max} \tag{6-44}$$

式中　E——材料的弹性模量（Pa）。

为了保证加速度传感器输出特性具有良好的线性度，悬臂梁根部的应变、应力应小于一定的量级，有如下约束条件：

$$\frac{6mL_0}{Ebh^2}a_{max} \leqslant \varepsilon_{max} \tag{6-45}$$

$$\frac{6mL_0}{bh^2}a_{\max}K_s \leq \sigma_P \tag{6-46}$$

式中　$\varepsilon_{\max}$——悬臂梁所允许的最大应变值，如 5×10^{-4}；

　　　σ_P——比例极限（Pa）；

　　　K_s——安全系数。

3. 设计计算实例

假设被测加速度范围为 $a \in (0,1000)\,\mathrm{m/s^2}$，即 $a_{\max} = 1000\,\mathrm{m/s}$；取 $\varepsilon_{\max} = 5\times10^{-4}$；硅材料的弹性模量 $E = 1.3\times10^{11}\,\mathrm{Pa}$，$\rho = 2.33\times10^3\,\mathrm{kg/m^3}$。于是由式（6-43）可得

$$\frac{mL_0}{bh^2} = \frac{\varepsilon_{x,\max}E}{6a_{\max}}$$

即

$$\frac{mL_0}{bh^2} = \frac{5\times10^{-4}\times1.3\times10^{11}\mathrm{Pa}}{6\times1000\mathrm{m\cdot s^{-2}}} \approx 1.0833\times10^4\mathrm{kg\cdot m^{-2}} \tag{6-47}$$

考虑到硅微加速度传感器的应用特点，初选敏感结构的几何参数为

$$h = 10\mu\mathrm{m}; \quad b = 100\mu\mathrm{m}; \quad L_0 = 1000\mu\mathrm{m}$$

利用式（6-47）可得

$$m = \frac{bh^2}{L_0}\times1.0833\times10^4\mathrm{kg\cdot m^{-2}} = \frac{10^{-4}\times(10^{-5})^2}{10^{-3}}\times1.0833\times10^4\mathrm{kg}$$

$$= 1.0833\times10^{-7}\mathrm{kg}$$

假设敏感质量块是一个正方体，则其边长为

$$l_m = (m/\rho)^{\frac{1}{3}} = \left(\frac{1.0833\times10^{-7}\mathrm{kg}}{2.33\times10^3\mathrm{kg\cdot m^{-3}}}\right)^{\frac{1}{3}} = 0.3596\times10^{-3}\mathrm{m} = 359.6\mu\mathrm{m}$$

与质量块中心到悬臂梁根部的长度 L_0 相比，$l_m/L_0 = 0.3596$。

$$L = L_0 - 0.5l_m = 820.2\mu\mathrm{m}$$

与悬臂梁的长度 L 相比，$l_m/L = 0.438$。

基于上述所设计的参数，并结合 P 型硅压阻系数 $\pi_{44} = 138.1\times10^{-11}\mathrm{Pa^{-1}}$，由式（6-37）可得

$$\left(\frac{\Delta R_2}{R_0}\right)_{<110>,\max} = \frac{3mL_0}{bh^2}\pi_{44}a_{\max} =$$

$$\frac{3\times1.0833\times10^{-7}\times1\times10^{-3}}{1\times10^{-4}\times1^2\times10^{-10}}\times138.1\times10^{-11}\times1000 \approx 0.0449$$

当采用恒压源供电的四臂受感电桥电路，工作电压为 5V 时，借助于式（6-31），不考虑温度影响时，满量程输出电压为

$$U_{\mathrm{out}} = 5\times0.0449\mathrm{V} = 224.5\mathrm{mV}$$

利用式（5-84）可得

$$f_{B,m} = \frac{1}{4\pi}\sqrt{\frac{Ebh^3}{L^3m}} = \frac{1}{4\pi}\sqrt{\frac{1.3\times10^{11}\times10\times10^{-5}\times10^3\times10^{-18}}{0.8202^3\times10^{-9}\times1.0833\times10^{-7}}}\mathrm{Hz} \approx 1173.6\mathrm{Hz}$$

6.3　硅压阻式传感器温度漂移的补偿

环境温度变化时，硅压阻式传感器会产生零位温度漂移和灵敏度温度漂移。

零位温度漂移是因扩散电阻的阻值随温度变化引起的。扩散电阻值及温度系数随薄层电阻值而变化。图 6-16 给出了硼扩散电阻不同方块电阻值及温度系数的情况。随着表面杂质浓度的升高，薄层电阻减小，温度系数减小。温度变化时，扩散电阻变化。如果电桥的四个桥臂扩散电阻值尽可能做得一致，温度系数也一样，则电桥电路的零位温漂就可以很小，但由于工艺难度较大，必然会引起传感器的零位漂移。

传感器的零位温漂一般可以采用串、并联电阻的方法进行补偿，图 6-17 给出了一种补偿方案。R_S 是串联电阻，R_P 是并联电阻，串联电阻主要用于调零，并联电阻主要用于补偿，其补偿作用的原理分析如下。

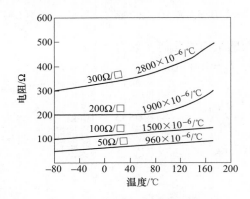

图 6-16　硼扩散电阻的温度系数

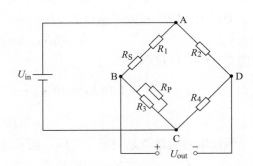

图 6-17　零位温度漂移的补偿

假设温度升高时，R_3 的增加比较大，则 D 点电位低于 B 点电位，于是输出产生零位温漂。要消除由于温度引起的 B、D 两点的电位差，一个简单办法是在 R_3 上并联一阻值较大、具有负温度系数的电阻 R_P，用它约束 R_3 的变化，从而达到补偿目的。当然，如果在 R_4 上并联一阻值较大、具有正温度系数的电阻，也能达到补偿目的。

设 $R_1' \sim R_4'$ 与 $R_1'' \sim R_4''$ 为四个桥臂电阻在低温与高温下的实际值；R_S'、R_P' 与 R_S''、R_P'' 为 R_S、R_P 在低温与高温下的期望数值。根据低温与高温下 B、D 两点的电位相等的条件，可得

$$\frac{R_1' + R_S'}{R_3' R_P' / (R_3' + R_P')} = \frac{R_2'}{R_4'} \tag{6-48}$$

$$\frac{R_1'' + R_S''}{R_3'' R_P'' / (R_3'' + R_P'')} = \frac{R_2''}{R_4''} \tag{6-49}$$

根据 R_S、R_P 自身的温度特性，低温到高温有 Δt 的温度变化值时，有

$$R_S'' = R_S'(1 + \alpha \Delta t) \tag{6-50}$$

$$R_P'' = R_P'(1 + \beta \Delta t) \tag{6-51}$$

式中　α，β——R_S、R_P 的电阻温度系数（1/℃）；

根据式（6-48）~式（6-51）可以计算出 R_S'、R_P' 与 R_S''、R_P'' 四个未知数，进一步可计

算出常温下 R_S、R_P 的电阻值的大小。

当选择温度系数很小（可认为是零）的电阻进行补偿，则式（6-48）与式（6-49）可写为

$$\frac{R_1' + R_S}{R_3' R_P / (R_3' + R_P)} = \frac{R_2'}{R_4'} \tag{6-52}$$

$$\frac{R_1'' + R_S}{R_3'' R_P / (R_3'' + R_P)} = \frac{R_2''}{R_4''} \tag{6-53}$$

由式（6-52）与式（6-53）可以计算出 R_S 与 R_P。

一般薄膜电阻的温度系数可以做到 10^{-6} 数量级，近似认为等于零，且其阻值可以修正，能得到所需要的数值。因此用薄膜电阻进行补偿，可以取得较好的补偿效果。

硅压阻式传感器的灵敏度温度漂移是由于压阻系数随温度变化引起的，通常可以采用改变电源工作电压大小的方法进行补偿。如温度升高时，传感器灵敏度降低，可使电源电压提高些，让电桥电路输出增大，就能达到补偿目的；反之，当温度降低时，传感器灵敏度升高，可使工作电压降低些，让电桥电路输出减小，也一样达到补偿目的。图 6-18 所示的两种补偿电路即可实现上述目的。图 6-18a 中用正温度系数热敏电阻感应温度变化，调节运算放大器的输出电压，改变工作电压，实现补偿；图 6-18b 中用晶体管基极与发射极间的 PN 结感应温度变化，调节晶体管的输出电流，改变管压降，使工作电压变化，实现补偿。

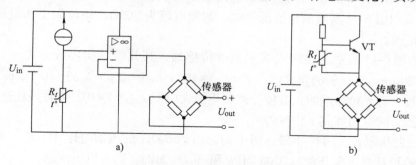

图 6-18　零位温度漂移的补偿

思考题与习题

6-1　比较应变效应与压阻效应。

6-2　简述硅压阻式传感器的主要优点和缺点。

6-3　硅压阻效应的温度特性为什么较差？

6-4　简要说明单晶硅压阻系数矩阵的特点。

6-5　计算半导体压敏电阻的纵向压阻系数和横向压阻系数时，如何确定压敏电阻的纵向（主方向）和横向（副方向）？

6-6　若在某一晶面内设置一对相互垂直的压敏电阻 A、B，说明它们压阻系数的关系。

6-7　绘出 N 型硅（001）晶面内的纵向压阻系数和横向压阻系数图。

6-8　给出一种以圆平膜片为敏感元件的硅压阻式压力传感器的结构原理图，说明设计

其几何结构参数、压敏电阻位置时应考虑的主要因素。

6-9 比较图 5-33 所示的应变式加速度传感器与图 6-15 所示的硅压阻式加速度传感器的异同。

6-10 图 6-8 所示的硅压阻式压力传感器，影响其动态测量品质的因素有哪些？如何提高其工作频带？对所提出措施的实用性进行简要分析。

6-11 依图 6-14，推导式（6-32）、式（6-33）。

6-12 如何从电路上采取措施来改善硅压阻式传感器的温度漂移问题？

6-13 简要说明图 6-18 所示的补偿硅压阻式传感器零位温度漂移的原理。

6-14 画出（111）晶面和<110>晶向，并计算（111）面内<1$\bar{1}$0>晶向的纵向压阻系数和横向压阻系数。

6-15 计算（100）晶面内<011>晶向的纵向压阻系数和横向压阻系数。

6-16 如图 6-8 所示的硅压阻式压力传感器，其几何结构参数为 $R = 1000\mu m$，$H = 50\mu m$；硅材料的弹性模量、泊松比分别为 $E = 1.3 \times 10^{11} Pa$，$\mu = 0.278$。当最大应变 $\varepsilon_{r,max} = 3 \times 10^{-4}$ 时，试利用 $\varepsilon_{r,max}$ 估算该压力传感器的最大测量范围。

6-17 基于题 6-16 提供的条件，若以式（6-26）、式（6-27）估算压敏电阻的相对变化，进一步回答以下问题：

（1）若采用图 6-13 所示的恒压源供电，电桥工作电压 5V，计算输出电压范围。

（2）若采用图 6-14 所示的恒流源供电，初始电阻为 300Ω，恒流源工作电流 25mA，计算输出电压范围。

6-18 如图 6-15 所示的硅压阻式加速度传感器，其几何结构参数为 $L_0 = 1600\mu m$，$b = 120\mu m$，$h = 20\mu m$；硅材料的弹性模量 $E = 1.3 \times 10^{11} Pa$，密度 $\rho = 2.33 \times 10^3 kg/m^3$；敏感质量块是一个边长为 $l_m = 500\mu m$ 的正方体。试利用最大应变 $\varepsilon_{max} = 5 \times 10^{-4}$ 估算该加速度传感器的最大测量范围，同时估算其工作频带。

6-19 一硅压阻式压力传感器，四个初始值为 600Ω 的压敏电阻中，R_1、R_4 与 R_2、R_3 随被测压力的相对变化率分别为 0.06/MPa 和 -0.06/MPa，回答以下问题：

（1）设计恒压源供电的最优电桥电路形式，并说明理由。

（2）若上述电桥工作电压 5V，计算被测压力 0.25MPa 时的输出电压值。

（3）若采用工作电流 15mA 的恒流源供电，给出电桥电路形式，计算被测压力 0.25MPa 时的输出电压值。

第7章

电容式传感器

主要知识点：

电容式敏感元件的种类与基本特性

电容式敏感元件的等效电路与特点

几种典型的电容式变换元件的信号转换电路及其应用特点

电容式位移传感器的实现方式及其应用特点

电容式压力传感器的敏感结构与工作原理

电容式加速度传感器的敏感结构与应用特点

温度对电容式传感器的影响与补偿

寄生电容对电容式传感器的干扰与防止

7.1 电容式敏感元件及特性

7.1.1 电容式敏感元件

物体间的电容量与构成电容元件（Capacitance Unit）的两个极板的形状、大小、相互位置以及极板间的介电常数有关，可以描述为

$$C = f(\delta, S, \varepsilon) \tag{7-1}$$

式中　C——电容元件的电容量（F）；

　　δ，S——极板间的距离（m）和相互覆盖的面积（m^2）；

　　ε——极板间介质的介电常数（F/m）。

电容式敏感元件通过改变 δ，S，ε 来改变电容量 C，因此有变间隙、变面积和变介电常数三类电容式敏感元件；但敏感结构基本上是两种：平行板式和圆柱同轴式。

变间隙电容式敏感元件可以用来测量微小的线位移（如小到 $0.01\mu m$）；变面积电容式敏感元件可以用来测量角位移（如小到 $1''$）或较大的线位移；变介电常数电容式敏感元件常用于测量介质的某些物理特性，如湿度、密度等。

电容式敏感元件的优点主要有：非接触式测量、结构简单、灵敏度高、分辨率高、动态响应好、可在恶劣环境下工作等；其缺点主要有：受干扰影响大、易受电磁干扰、特性稳定性稍差、高阻输出状态、介电常数受温度影响大、有静电吸力等。

7.1.2 变间隙电容式敏感元件

图 7-1 为平行极板变间隙电容式敏感元件原理图。不考虑边缘效应的特性方程为

$$C = \frac{\varepsilon S}{\delta} = \frac{\varepsilon_r \varepsilon_0 S}{\delta} \qquad (7\text{-}2)$$

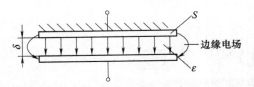

图 7-1　平行极板变间隙电容式敏感元件

式中　ε_0——真空中的介电常数（F/m），

$$\varepsilon_0 = \frac{10^{-9}}{4\pi \times 9}\text{F/m};$$

ε_r——极板间的相对介电常数，$\varepsilon_r = \varepsilon/\varepsilon_0$，对于空气约为 1。

由式（7-2）可知：电容量 C 与极板间的间隙 δ 成反比，具有较大的非线性。因此在工作时，动极板一般只能在较小的范围内工作。

当间隙 δ 减小 $\Delta\delta$，变为 $\delta - \Delta\delta$ 时，电容量 C 的增量 ΔC 和相对增量分别为

$$\Delta C = \frac{\varepsilon S}{\delta - \Delta\delta} - \frac{\varepsilon S}{\delta} \qquad (7\text{-}3)$$

$$\frac{\Delta C}{C} = \frac{\Delta\delta/\delta}{1 - \Delta\delta/\delta} \qquad (7\text{-}4)$$

当 $|\Delta\delta/\delta| \ll 1$ 时，将式（7-4）展为级数形式，有

$$\frac{\Delta C}{C} = \frac{\Delta\delta}{\delta}\left[1 + \frac{\Delta\delta}{\delta} + \left(\frac{\Delta\delta}{\delta}\right)^2 + \cdots\right] \qquad (7\text{-}5)$$

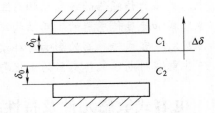

为改善非线性，可以采用差动方式，如图 7-2 所示。一个电容增加，另一个电容减小。结合适当的信号变换电路形式，可得到非常好的特性，详见 7.2.3 节。

图 7-2　变间隙差动电容式敏感元件

7.1.3　变面积电容式敏感元件

图 7-3 为平行极板变面积电容式敏感元件原理图。不考虑边缘效应的特性方程为

$$C = \frac{\varepsilon b(a - \Delta x)}{\delta} = C_0 - \frac{\varepsilon b \Delta x}{\delta} \qquad (7\text{-}6)$$

$$\Delta C = \frac{\varepsilon b}{\delta}\Delta x \qquad (7\text{-}7)$$

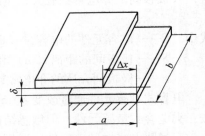

变面积电容式敏感元件的电容变化量与位移变化量是线性关系，增大 b 或减小 δ 时，灵敏度增大；极板参数 a 不影响灵敏度，但影响边缘效应。

图 7-3　平行极板变面积电容式敏感元件

图 7-4 为圆筒型变"面积"电容式敏感元件原理图。不考虑边缘效应的特性方程为

$$C = \frac{2\pi\varepsilon_0(h - x)}{\ln R_2 - \ln R_1} + \frac{2\pi\varepsilon_1 x}{\ln R_2 - \ln R_1} = C_0 + \Delta C \qquad (7\text{-}8)$$

$$C_0 = \frac{2\pi\varepsilon_0 h}{\ln R_2 - \ln R_1} \qquad (7\text{-}9)$$

$$\Delta C = \frac{2\pi(\varepsilon_1 - \varepsilon_0)x}{\ln R_2 - \ln R_1} \tag{7-10}$$

式中　ε_1——某一种介质（如液体）的介电常数（F/m）;

　　　ε_0——空气的介电常数（F/m）;

　　　h——极板的总高度（m）;

R_1, R_2——内电极的外半径（m）和外电极的内半径（m）;

　　　x——介质 ε_1 的物位高度（m）。

由上述模型可知：圆筒型电容式敏感元件介电常数为 ε_1 部分的高度为被测量 x，介电常数为 ε_0 的空气部分的高度为 $(h-x)$。被测量物位 x 变化时，对应于介电常数为 ε_1 部分的面积是变化的。此外，由式（7-10）可知：电容变化量 ΔC 与 x 成正比，通过对 ΔC 的测量可以实现对介电常数 ε_1 介质的物位高度 x 的测量。

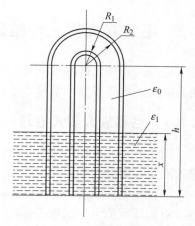

图 7-4　圆筒型变"面积"
电容式敏感元件

7.1.4　变介电常数电容式敏感元件

一些高分子陶瓷材料，其介电常数与环境温度、绝对湿度等有确定的函数关系。图 7-5 为一种变介电常数电容式敏感元件的结构示意图。介质厚度 d 保持不变，而相对介电常数 ε_r 受温度或湿度影响，导致电容变化。依此原理可以制成温度传感器或湿度传感器。

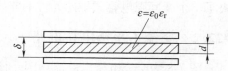

图 7-5　变介电常数的电容式敏感元件

7.1.5　电容式敏感元件的等效电路

图 7-6 为电容式敏感元件的等效电路。其中，R_P 为低频参数，表示在电容上的低频耗损；R_C、L 为高频参数，表示导线电阻、极板电阻以及导线间的动态电感。

考虑到 R_P 与并联的 $X_C = 1/(\omega C)$ 相比很大，故忽略并联大电阻 R_P；同时，R_C 与串联的 $X_L = \omega L$ 相比很小，故忽略串联小电阻 R_C，则

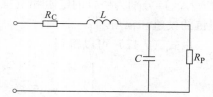

图 7-6　电容式敏感元件的等效电路

$$j\omega L + \frac{1}{j\omega C} = \frac{1}{j\omega C_{eq}} \tag{7-11}$$

$$C_{eq} = \frac{C}{1 - \omega^2 LC} \tag{7-12}$$

若 $1 > \omega^2 LC$，当 L、C 确定后，等效电容是角频率 ω 的单调增加函数，且有

$$dC_{eq} = \frac{d}{dC}\left(\frac{C}{1 - \omega^2 LC}\right) dC = \frac{dC}{(1 - \omega^2 LC)^2} = C_{eq}\frac{dC}{C(1 - \omega^2 LC)} \tag{7-13}$$

则等效电容的相对变化量为

$$\frac{dC_{eq}}{C_{eq}} = \frac{dC}{C} \cdot \frac{1}{1 - \omega^2 LC} > \frac{dC}{C} \tag{7-14}$$

7.2 电容式变换元件的信号转换电路

电容式变换元件将被测量的变化转换为电容变化后，需要采用一定信号转换电路将其转换为电压、电流或频率信号。下面介绍几种典型的信号转换电路。

7.2.1 运算放大器式电路

图 7-7 为运算放大器式电路的原理图。假设运算放大器是理想的，其开环增益足够大，输入阻抗足够高，则输出电压为

$$u_{out} = (-C_f/C_x) u_{in} \qquad (7-15)$$

对于变间隙电容式敏感元件，$C_x = \varepsilon S/\delta$，则

$$u_{out} = -\frac{C_f}{\varepsilon S} u_{in} \delta = K\delta \qquad (7-16)$$

$$K = -\frac{C_f u_{in}}{\varepsilon S}$$

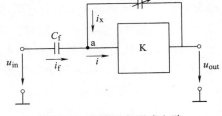

图 7-7 运算放大器式电路

输出电压 u_{out} 与电极板的间隙成正比，很好地解决了单个变间隙电容式敏感元件的非线性问题。该方法特别适合于微结构传感器。

7.2.2 交流不平衡电桥电路

图 7-8 为交流电桥电路原理图。该电桥电路平衡条件为

$$Z_1/Z_2 = Z_3/Z_4 \qquad (7-17)$$

引入复阻抗 $Z_i = r_i + jX_i = z_i e^{j\phi_i}(i=1,2,3,4)$，j 为虚数单位；$r_i$，$X_i$ 分别为桥臂的电阻和电抗；z_i，ϕ_i 分别为 Z_i 的复阻抗的模值和辐角。

由式（7-17）可以得到

$$\begin{cases} z_1/z_2 = z_3/z_4 \\ \varphi_1 + \varphi_4 = \varphi_2 + \varphi_3 \end{cases} \qquad (7-18)$$

$$\begin{cases} r_1 r_4 - r_2 r_3 = X_1 X_4 - X_2 X_3 \\ r_1 X_4 + r_4 X_1 = r_2 X_3 + r_3 X_2 \end{cases} \qquad (7-19)$$

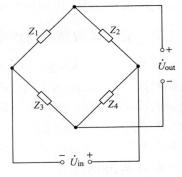

图 7-8 交流电桥电路

交流电桥电路的平衡条件远比直流电桥电路复杂，既有幅值要求，又有相角要求。

当交流电桥桥臂的阻抗有 $\Delta Z_i (i=1,2,3,4)$ 的增量，且有 $|\Delta Z_i/Z_i| \ll 1$，则

$$\dot{U}_{out} \approx \dot{U}_{in} \frac{Z_1 Z_2}{(Z_1 + Z_2)^2} \left(\frac{\Delta Z_1}{Z_1} + \frac{\Delta Z_4}{Z_4} - \frac{\Delta Z_2}{Z_2} - \frac{\Delta Z_3}{Z_3} \right) \qquad (7-20)$$

7.2.3 变压器式电桥电路

图 7-9 为变压器式电桥电路的原理图，图 7-10 为相应的等效电路图。电容 C_1、C_2 可以是差动组合方式，即被测量变化时，C_1、C_2 中的一个增大，另一个减小；也可以一个是固

定电容，另一个是受感电容；Z_f 为放大器输入阻抗，电桥电路输出电压可以表述为

$$\dot{U}_{out} = \dot{I}_f Z_f = \frac{(\dot{E}_1 C_1 - \dot{E}_2 C_2) j\omega}{1 + Z_f(C_1 + C_2) j\omega} Z_f \qquad (7\text{-}21)$$

由式（7-21）可知：平衡条件为

$$\dot{E}_1 C_1 = \dot{E}_2 C_2 \qquad (7\text{-}22)$$

$$\dot{E}_1 / \dot{E}_2 = C_2 / C_1 \qquad (7\text{-}23)$$

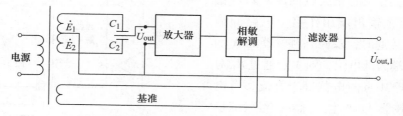

图 7-9　变压器式电桥电路

讨论一种典型的应用情况：$\dot{E}_1 = \dot{E}_2 = \dot{E}$，电容 C_1、C_2 为如图 7-2 所示的差动电容。显然，初始平衡时，$C_1 = C_2 = C$，输出电压为零。

假设 $Z_f = R_f \to \infty$，利用式（7-21），可得

$$\dot{U}_{out} = \frac{\dot{E}(C_1 - C_2)}{C_1 + C_2} \qquad (7\text{-}24)$$

对于平行板式电容敏感元件，有

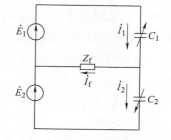

图 7-10　变压器式电桥等效电路

$$C_1 = \varepsilon S / (\delta_0 - \Delta\delta), \qquad C_2 = \varepsilon S / (\delta_0 + \Delta\delta)$$

则

$$\dot{U}_{out} = \dot{E} \, \Delta\delta / \delta_0 \qquad (7\text{-}25)$$

输出电压与 $\Delta\delta/\delta_0$ 成正比。即图 7-9 给出的变压器式电桥电路输出电压信号 $\dot{U}_{out}$，经放大、相敏解调、滤波后得到输出信号 $\dot{U}_{out,1}$，既可得到 $\Delta\delta$ 的大小，又可得到其方向。

7.2.4　二极管电路

图 7-11 为二极管电路的原理图，工作电压 u_{in} 是一幅值为 E 的高频（MHz 级）方波振荡源；电容 C_1、C_2 为差动组合方式；R_f 为输出负载；VD_1、VD_2 为两个二极管；R 为常值电阻。该电路的输出平均电压为

$$\overline{U}_{out} = \overline{I}_f R_f \approx \frac{EfRR_f(R + 2R_f)(C_1 - C_2)}{(R + R_f)^2} \qquad (7\text{-}26)$$

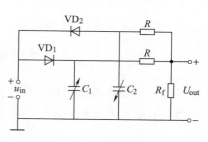

图 7-11　二极管电路的原理图

输出电压 $\overline{U}_{\text{out}}$ 与工作电源电压幅值 E、频率 f 有关，故要求稳压、稳频。同时输出电压与（C_1-C_2）有关，因此对于改变极板间隙的差动电容式检测方式，该电路可减少非线性。

7.2.5 差动脉冲调宽电路

图 7-12 为差动脉冲调宽电路的原理图，主要包括比较器 A_1、A_2，双稳态触发器及差动电容 C_1、C_2 组成的充放电回路等。双稳态触发器的两个输出端用作整个电路的输出。如果电源接通时，双稳态触发器的 A 端为高电位，B 端为低电位，则 A 点通过 R_1 对 C_1 充电，直至 M 点的电位等于直流参考电压 U_{ref} 时，比较器 A_1 产生一脉冲，触发双稳态触发器翻转，A 端为低电位，B 端为高电位。此时 M 点电位经二极管 VD_1 从 U_{ref} 迅速

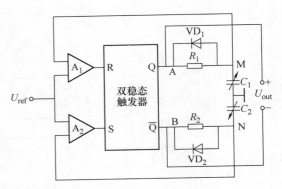

图 7-12　差动脉冲调宽电路

放电至零；而同时 B 点的高电位经 R_2 对 C_2 充电，直至 N 点的电位充至参考电压 U_{ref} 时，比较器 A_2 产生一脉冲，触发双稳态触发器翻转，A 端为高电位，B 端为低电位，又重复上述过程。如此周而复始，在双稳态触发器的两端各自产生一宽度受电容 C_1、C_2 调制的脉冲方波。

当 $C_1=C_2$ 时，电路上各点电压信号如图 7-13a 所示，A、B 两点间平均电压为零。

当 $C_1>C_2$ 时，电容 C_1、C_2 的充放电时间常数发生变化，电路上各点电压信号波形如图 7-13b 所示，A、B 两点间的平均电压不为零。输出电压 U_{out} 经低通滤波后获得，等于 A、B 两点的电压平均值 $\overline{U}_A$ 与 $\overline{U}_B$ 之差。

$$\overline{U}_A = \frac{T_1}{T_1 + T_2}U_1 \tag{7-27}$$

$$\overline{U}_B = \frac{T_2}{T_1 + T_2}U_1 \tag{7-28}$$

$$U_{\text{out}} = \overline{U}_A - \overline{U}_B = \frac{T_1 - T_2}{T_1 + T_2}U_1 \tag{7-29}$$

$$T_1 = R_1C_1\ln\frac{U_1}{U_1 - U_{\text{ref}}}; \ T_2 = R_2C_2\ln\frac{U_1}{U_1 - U_{\text{ref}}}$$

式中　U_1——触发器输出的高电平。

当充电电阻 $R_1=R_2=R$ 时，式（7-29）可改写为

$$U_{\text{out}} = \frac{C_1 - C_2}{C_1 + C_2}U_1 \tag{7-30}$$

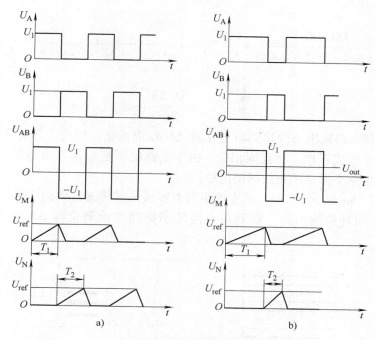

图 7-13　电压信号波形图

7.3　电容式传感器的典型实例

7.3.1　电容式位移传感器

　　实例 1：图 7-14a 为一平行板差动变极距型电容式位移传感器的结构示意图，图 7-14b 为电桥检测电路。$u_{in} = U_m \sin\omega t$ 为工作电压。试建立输出电压 u_{out} 与被测位移 $\Delta\delta$ 的关系，并说明该检测方案的特点。

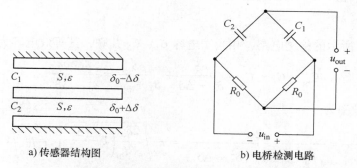

a) 传感器结构图　　　　　　　b) 电桥检测电路

图 7-14　差动变极距型电容式位移传感器结构图及其电桥电路

　　解：基于电路原理，输出电压为

$$u_{out} = \left(\frac{X_{C2}}{X_{C1} + X_{C2}} - \frac{R_0}{2R_0} \right) u_{in} \tag{7-31}$$

由于

$$\frac{X_{C2}}{X_{C1} + X_{C2}} = \frac{1/(j\omega C_2)}{1/(j\omega C_1) + 1/(j\omega C_2)} = \frac{C_1}{C_2 + C_1} = \frac{\varepsilon S/(\delta_0 - \Delta\delta)}{\varepsilon S/(\delta_0 - \Delta\delta) + \varepsilon S/(\delta_0 + \Delta\delta)} = \frac{\delta_0 + \Delta\delta}{2\delta_0}$$

于是

$$u_{out} = \frac{\Delta\delta}{2\delta_0} u_{in} = \frac{U_m \Delta\delta}{2\delta_0} \sin\omega t \tag{7-32}$$

可见，该检测电路输出与位移相对变化量 $\Delta\delta/\delta_0$ 成正比，理论上具有非常好的线性关系，同时与工作电压成正比，而且同相位。由于工作电压是角频率为 ω 的正弦周期信号，故输出信号也是角频率为 ω 的正弦周期信号。

实例 2：图 7-15a 为一平行板差动变极距型电容式位移传感器结构示意图，某工程师设计了图 7-15b、c 两种检测电路，欲利用电路的谐振频率检测位移 $\Delta\delta$，简要分析这两种方案。

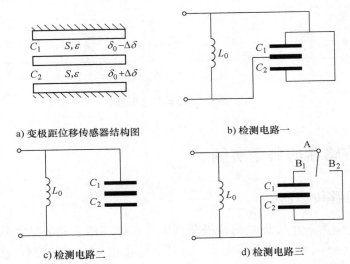

a) 变极距位移传感器结构图   b) 检测电路一

c) 检测电路二   d) 检测电路三

图 7-15 差动变极距型电容式位移传感器结构及三种检测电路

解：图 7-15b 所示的检测电路，相当于电容 C_1、C_2 并联，其等效电容为

$$C_{eq} = C_2 + C_1 = \frac{\varepsilon S}{\delta_0 - \Delta\delta} + \frac{\varepsilon S}{\delta_0 + \Delta\delta} = \frac{2\varepsilon S\delta_0}{\delta_0^2 - \Delta\delta^2} \tag{7-33}$$

电路的谐振频率为

$$f = \frac{2\pi}{\sqrt{L_0 C_{eq}}} = \frac{2\pi}{\sqrt{L_0 \cdot 2\varepsilon S\delta_0/(\delta_0^2 - \Delta\delta^2)}} = \pi\sqrt{\frac{2\delta_0}{\varepsilon S L_0}\left(1 - \frac{\Delta\delta^2}{\delta_0^2}\right)} = f_0\sqrt{1 - \frac{\Delta\delta^2}{\delta_0^2}} \tag{7-34}$$

$$f_0 = \pi\sqrt{\frac{2\delta_0}{\varepsilon S L_0}} \tag{7-35}$$

式中 f_0——位移变化量为零的频率，由电感 L_0 与等效并联电容 C_{eq} 的初始值 $2\varepsilon S/\delta_0$ 确定。

电路的谐振频率的相对变化量为

$$\frac{\Delta f}{f_0} = \frac{f - f_0}{f_0} = \sqrt{1 - \frac{\Delta\delta^2}{\delta_0^2}} - 1 \approx -\frac{\Delta\delta^2}{2\delta_0^2} \tag{7-36}$$

显然，电路的谐振频率为位移 $\Delta\delta$ 的函数，当 $\Delta\delta$ 变化时，电路的谐振频率随之减小，因此，通过对频率 f 的测量，可以得到位移变化量

$$\Delta\delta = \sqrt{\delta_0^2 - \frac{\varepsilon S \delta_0 L_0 f^2}{2\pi^2}} = \delta_0\sqrt{1 - \frac{f^2}{f_0^2}} \tag{7-37}$$

图 7-15c 所示的检测电路，相当于电容 C_1、C_2 串联，其等效电容为

$$C_{eq} = \frac{C_2 C_1}{C_2 + C} = \frac{\varepsilon S/(\delta_0 - \Delta\delta) \cdot \varepsilon S/(\delta_0 + \Delta\delta)}{\varepsilon S/(\delta_0 - \Delta\delta) + \varepsilon S/(\delta_0 + \Delta\delta)} = \frac{\varepsilon S}{2\delta_0}$$

等效电容为常值，则谐振频率也为常值；因此，该电路不能实现对位移的测量。

事实上，如果设计成图 7-15d 所示谐振电路，转换开关 A 点可以分别接 B_1、B_2 点，与电容 C_1、C_2 敏感元件构成谐振电路。当 A 点接 B_1 点，与电容 C_1 构成电路的谐振频率为

$$f_1 = \frac{2\pi}{\sqrt{L_0 C_1}} = \frac{2\pi}{\sqrt{L_0 \varepsilon S/(\delta_0 - \Delta\delta)}} = 2\pi\sqrt{\frac{\delta_0}{\varepsilon S L_0}\left(1 - \frac{\Delta\delta}{\delta_0}\right)} = f_0\sqrt{1 - \frac{\Delta\delta}{\delta_0}} \tag{7-38}$$

$$f_0 = 2\pi\sqrt{\frac{\delta_0}{\varepsilon S L_0}} \tag{7-39}$$

式中　f_0——位移变化量为零时的频率，由电感 L_0 与电容 C_1 的初始值 $\varepsilon S/\delta_0$ 确定。

谐振频率的相对变化量为

$$\frac{f_1 - f_0}{f_0} = \sqrt{1 - \frac{\Delta\delta}{\delta_0}} - 1 \approx -\frac{\Delta\delta}{2\delta_0} \tag{7-40}$$

通过对频率 f_1 的测量，可以得到位移变化量

$$\Delta\delta = \delta_0(1 - f_1^2/f_0^2) \tag{7-41}$$

类似地，当 A 点接 B_2 点，与电容 C_2 构成电路的谐振频率以及相对变化量分别为

$$f_2 = \frac{2\pi}{\sqrt{L_0 C_2}} = \frac{2\pi}{\sqrt{L_0[2\varepsilon S/(\delta_0 + \Delta\delta)]}} = \pi\sqrt{\frac{2\delta_0}{\varepsilon S L_0}\left(1 + \frac{\Delta\delta}{\delta_0}\right)} = f_0\sqrt{1 + \frac{\Delta\delta}{\delta_0}} \tag{7-42}$$

$$\frac{f_2 - f_0}{f_0} = \sqrt{1 + \frac{\Delta\delta}{\delta_0}} - 1 \approx \frac{\Delta\delta}{2\delta_0} \tag{7-43}$$

通过对频率 f_2 的测量，也可以得到位移变化量

$$\Delta\delta = \delta_0(f_2^2/f_0^2 - 1) \tag{7-44}$$

进一步，对得到的谐振频率 f_2、f_1 进行差动检测处理，则有

$$\Delta f = f_2 - f_1 = f_0\sqrt{1 + \Delta\delta/\delta_0} - f_0\sqrt{1 - \Delta\delta/\delta_0} \approx (\Delta\delta/\delta_0)f_0 \tag{7-45}$$

频率差 Δf 与单个电容初始值时的频率 f_0 的相对变化量为

$$\Delta f/f_0 \approx \Delta\delta/\delta_0 \tag{7-46}$$

显然，式（7-45）给出的解算模型较好，既提高了灵敏度，又可以有效抑制一些共模干扰，如温度对测量结果的影响。

【简单算例讨论】 考虑位移相对变化量 $\Delta\delta/\delta_0$ 在 $0.01 \sim 0.1$ 范围内，利用式（7-36）可知，图 7-15b 所示电路谐振频率相对变化量的范围为 $-0.5\% \sim -0.005\%$，变化不大，应用价

值一般。由式（7-40）可知：接电容 C_1，图 7-15d 所示电路谐振频率相对变化量的范围为 $-5\% \sim -0.5\%$，变化适中，具有较好的应用价值。特别当转换开关 A 点分别接 B_1、B_2 点，与电容 C_1、C_2 敏感元件分别构成谐振电路，由频率差进行检测时，由式（7-46）可知，电路谐振频率相对变化量的范围为 $1\% \sim 10\%$，灵敏度增加一倍。

7.3.2　电容式压力传感器

图 7-16 为一种典型的电容式差压传感器的原理结构示意图。图中，上、下两端的隔离膜片与弹性敏感元件（圆平膜片）之间充满硅油。圆平膜片是差动电容变换元件的活动极板。差动电容变换元件的固定极板是在石英玻璃上镀有金属的球面电极。差压作用下圆平膜片产生位移，使差动电容式变换器的电容发生变化。通过检测电容变换元件的电容（变化量）实现对压力的测量。

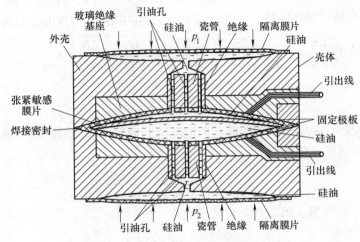

图 7-16　电容式差压传感器原理结构

作为周边固支的圆平膜片敏感元件，压力差 $p = p_2 - p_1$ 作用下的法向位移为

$$w(r) = \frac{3p}{16EH^3}(1-\mu^2)(R^2-r^2)^2 \tag{7-47}$$

式中　R，H——圆平膜片的半径（m）和厚度（m）；

　　　　E，μ——材料的弹性模量（Pa）和泊松比；

　　　　r——圆平膜片的径向坐标（m）。

考虑上、下球面电极完全对称，则它们与圆平膜片活动电极之间的电容量分别为

$$C_{\mathrm{up}} = \int_0^{R_0} \frac{2\pi r \varepsilon}{\delta_0(r) - w(r)}\mathrm{d}r \tag{7-48}$$

$$C_{\mathrm{down}} = \int_0^{R_0} \frac{2\pi r \varepsilon}{\delta_0(r) + w(r)}\mathrm{d}r \tag{7-49}$$

式中　$\delta_0(r)$——压力差为零时，半径 r 处固定极板与活动极板之间的距离（m）；

　　　　R_0——固定极板与活动极板对应的最大有效半径（m），满足 $R_0 \leqslant R$；

　　　　ε——极板间介质的介电常数（F/m）。

C_{up} 与 C_{down} 构成了差动电容组合形式,可以选用 7.2 节中的相关测量电路。

为提高传感器的灵敏度,可适当增大单位压力引起的圆平膜片的法向位移;但为了保证传感器工作特性的稳定性、重复性和可靠性,应适当限制法向位移。

7.3.3 电容式加速度传感器

图 7-17 是电容式加速度传感器的原理结构。弹簧片所支承的敏感质量块为差动电容器的活动极板,以空气为阻尼。

该传感器的特点是频率响应范围较宽、测量范围较大、灵敏度较低。若想提高灵敏度,应采用基于测量由惯性力产生的应变、应力的加速度传感器,如应变式、压阻式和压电式加速度传感器,参见 5.4.2 节、6.2.2 节和 9.4.1 节有关内容。

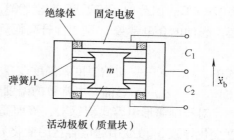

图 7-17　电容式加速度传感器的原理结构

7.4 电容式传感器的抗干扰问题

7.4.1 温度变化对结构稳定性的影响

温度变化能引起电容式传感器各组成零件几何参数的变化,从而导致电容极板间隙或面积发生改变,产生附加电容变化。下面以如图 7-18 所示的一种电容式压力传感器的结构为例进行简要讨论。

假设温度 t_0 时,固定极板厚为 h_0,绝缘件厚为 b_0,膜片至绝缘底部之间的壳体长度为 a_0;它们的线膨胀系数分别为 α_h,α_b,α_a;则极板间隙 δ_0 和温度改变 Δt 时引起的变化量分别为

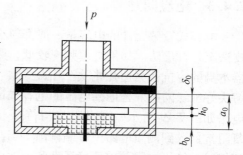

图 7-18　温度变化对结构稳定性的影响

$$\delta_0 = a_0 - b_0 - h_0 \tag{7-50}$$

$$\Delta \delta_t = \delta_t - \delta_0 = (a_0 \alpha_a - b_0 \alpha_b - h_0 \alpha_h) \Delta t \tag{7-51}$$

式中　δ_t——温度改变 Δt 时,电容极板的间隙。

因此,温度变化导致间隙改变引起的电容相对变化为

$$\xi_t = \frac{C_t - C_0}{C_0} = \frac{\varepsilon S/\delta_t - \varepsilon S/\delta_0}{\varepsilon S/\delta_0} = \frac{\delta_0 - \delta_t}{\delta_t} = \frac{-(a_0 \alpha_a - b_0 \alpha_b - h_0 \alpha_h)\Delta t}{\delta_0 + (a_0 \alpha_a - b_0 \alpha_b - h_0 \alpha_h)\Delta t} \tag{7-52}$$

式中　ε,S——电容极板间的介电常数和极板间的相对面积（m^2）。

可见,温度引起的电容相对变化与组成零件的几何参数、零件材料的线膨胀系数有关。因此,在设计结构时,应尽量减少热膨胀尺寸链的组成环节数目及其几何参数,选用膨胀系数小、几何参数稳定的材料。高质量电容式传感器的绝缘材料多采用石英、陶瓷和玻璃等;而金属材料则选用低膨胀系数的镍铁合金。极板可直接在陶瓷、石英等绝缘材料上蒸镀一层金属薄膜来实现,这样既可消除或减小极板几何参数的影响,又可减少电容的边缘效应。此外,尽可能采用差动对称结构,并在测量电路中引入温度补偿机制。

7.4.2 温度变化对介质介电常数的影响

温度变化还能引起电容极板间介质介电常数的变化，使敏感结构电容量改变，带来温度误差。温度对介电常数的影响随介质不同而异。对于以空气或云母为介质的传感器，这项误差很小，一般不考虑。但电容式液位传感器用于燃油测量时，煤油介电常数的温度系数可达 $0.07\%/\text{℃}$，因此如环境温度变化 100℃（$-40\text{℃}\rightarrow60\text{℃}$），带来约 7% 的变化，必须进行补偿。燃油的介电常数 ε_t 随温度升高而近似线性地减小，可描述为

$$\varepsilon_t = \varepsilon_{t0}(1+\alpha_\varepsilon \Delta t) \tag{7-53}$$

式中 ε_{t0}, ε_t——初始温度和温度改变 Δt 时的燃油的介电常数；

α_ε——燃油介电常数的温度系数，如对于煤油，$\alpha_\varepsilon \approx -0.000684/\text{℃}$。

对于圆筒形电容式传感器，液面高度为 x 时，借助于式（7-10）、式（7-53）可知：温度变化导致 ε_t 改变引起电容量的变化为

$$\Delta C_t = \frac{2\pi(\varepsilon_t-\varepsilon_0)x}{\ln R_2 - \ln R_1} - \frac{2\pi(\varepsilon_{t0}-\varepsilon_0)x}{\ln R_2 - \ln R_1} = \frac{2\pi\varepsilon_{t0}\alpha_\varepsilon x\Delta t}{\ln R_2 - \ln R_1} \tag{7-54}$$

可见，ΔC_t 与 ε_{t0}、α_ε、x、Δt 等成正比，与 $(\ln R_2 - \ln R_1)$ 成反比。

7.4.3 绝缘问题

电容式敏感元件的电容量一般都很小，通常为几皮法至几百皮法。如果电源频率较低，则电容式传感器本身的容抗就高达几兆欧至几百兆欧，因此，必须解决好绝缘问题。考虑漏电阻的电容式传感器的等效电路如图 7-19 所示，漏电阻将与传感器电容构成一复阻抗加入到测量电路中影响输出。当绝缘材料性能不好时，绝缘电阻随着环境温度和湿度而变化，导致电容式传感器的输出产生缓慢的零位漂移。因此对所选绝缘材料，要求其具有高的绝缘电阻、高的表面电

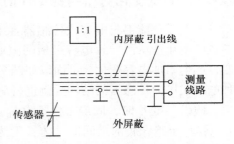

图 7-19　考虑漏电阻时电容式
传感器的等效电路

阻、低的吸潮性、低的膨胀系数、高的几何参数长期稳定性，通常选用玻璃、石英、陶瓷和尼龙等绝缘材料。为防止水汽进入导致绝缘电阻降低，可将表壳密封。此外，采用高的电源频率（数兆赫），以降低传感器的内阻抗。

7.4.4 寄生电容的干扰与防止

电容式传感器的工作电极会与仪器中各种元件甚至人体之间产生电容联系，形成寄生电容，引起传感器电容量的变化。由于传感器自身电容量很小，并且寄生电容极不稳定，从而对传感器产生严重干扰，导致传感器特性不稳定，甚至无法正常工作。

为了克服寄生电容的影响，必须对传感器及其引出导线采取屏蔽措施，即将传感器放在金属壳体内，并将壳体接地。传感器的引出线应采用屏蔽线，与壳体相连，无断开的不屏蔽间隙；屏蔽线外套也应良好接地。

尽管如此，实用中，电容式传感器仍然存在"电缆寄生电容"问题。

1）屏蔽线本身电容量大，为几皮法/米至几百皮法/米。由于电容式传感器本身电容量

仅几皮法至几百皮法甚至更小，当屏蔽线较长且其电容与传感器电容相并联时，明显降低了传感器电容的相对变化量，即会降低传感器的有效灵敏度。

2）电缆本身的电容量随放置位置不同和其形状的改变有明显变化，从而会导致传感器特性不稳定。严重时，有用电容信号将被寄生电容噪声所淹没，使传感器无法正常工作。

电缆寄生电容的影响一直是电容式传感器难于解决的技术问题，阻碍着电容式传感器的发展和应用。微电子技术的发展，为解决该问题创造了良好的技术条件。

一个可行的解决方案是将测量电路的前级或全部与传感器组装在一起，构成整体式或有源式传感器，以便从根本上消除长电缆的影响。

另外一种情况，如传感器工作在低温、强辐射等恶劣环境下，当半导体器件经受不住这样恶劣的环境条件而必须将电容敏感部分与测量电路分开然后通过电缆连接时，为解决电缆寄生电容问题，可以采用"双层屏蔽等电位传输技术"或"驱动电缆技术"。

这种技术的基本思路是连接电缆采用内、外双层屏蔽，使内屏蔽与被屏蔽的导线电位相同，这样引线与内屏蔽之间的电缆电容将不起作用，外屏蔽仍接地而起屏蔽作用。其原理如图 7-20 所示。图中电容式传感器的输出引线采用双层屏蔽电缆，电缆引线将电容极板上的电压输出至测量电路的同时，再输入至一个放大倍数严格为 1 的放大器，因而在此放大器的输

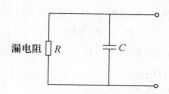

图 7-20　驱动电缆原理图

出端得到一个与输入完全相同的输出电压，然后将其加到内屏蔽上。由于内屏蔽与引线之间处于等电位，因而两者之间没有容性电流存在。这就等效于消除了引线与内屏蔽之间的电容联系。而外屏蔽接地后，内、外屏蔽之间的电容将成为"1∶1"放大器的负载，而不再与传感器电容相并联。这样，无论电缆形状和位置如何变化，都不会对传感器的工作产生影响。采用这种方法，可以有效保障电容式传感器稳定工作。

思考题与习题

7-1　电容式敏感元件有哪几种？各自的主要用途是什么？

7-2　电容式敏感元件的特点是什么？

7-3　变间隙电容式敏感元件如何实现差动检测方案？

7-4　图 7-4 所示的电容式圆筒型敏感元件在本书中归于变"面积"，在有些教材归于变"介电常数"，简述你的理解。

7-5　图 7-6 所示的电容式敏感元件的等效电路，给出考虑 R_P、R_C 时的等效电阻与等效电容。

7-6　说明运算放大器式电路的工作过程和特点。

7-7　交流电桥电路的特点是什么？在使用时应注意哪些问题？

7-8　说明变压器式电桥电路的工作过程和特点。

7-9　说明差动脉冲调宽电路的工作过程和特点。

7-10　利用电容式变换原理可以构成角位移传感器，给出一个原理示意图，简述其工作原理，说明其应用特点。

7-11　给出一种差动电容式压力传感器的结构原理图，并说明其工作过程与特点。

7-12 简述电容式温度传感器的工作原理。

7-13 简要说明电容式湿度传感器必须进行温度误差补偿的原因。

7-14 对于图 7-2 所示的变间隙差动电容式敏感结构，讨论温度变化对结构稳定性的影响，并给出应采取的措施。

7-15 简要说明电容式传感器需要解决的绝缘问题。

7-16 在电容式传感器中，简述解决寄生电容干扰问题的方案。

7-17 试推导图 7-21 所示电容式位移传感器的特性方程 $C = f(x)$。设真空的介电系数为 ε_0，$\varepsilon_2 > \varepsilon_1$，极板宽度为 W（图中未给出），其他参数如图 7-21 所示。

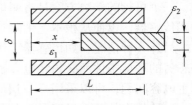

7-18 在 7-17 题中，设 $\delta = d = 1\mathrm{mm}$，极板为正方形（边长 40mm）；$\varepsilon_1 = 1$，$\varepsilon_2 = 10$。试在 x 为 $0 \sim 40\mathrm{mm}$ 范围内，给出此位移传感器的特性曲线，并进行简要说明。

图 7-21 电容式位移传感器

7-19 某变极距型电容式位移传感器的有关参数为：初始极距 $\delta = 0.5\mathrm{mm}$，$\varepsilon_r = 1$，$S = 200\mathrm{mm}^2$。当极板极距减小 $10\mu\mathrm{m}$、$30\mu\mathrm{m}$、$50\mu\mathrm{m}$、$70\mu\mathrm{m}$、$100\mu\mathrm{m}$、$150\mu\mathrm{m}$、$200\mu\mathrm{m}$ 时，试计算该电容式传感器的电容变化量以及相应的电容相对变化量。

7-20 对于图 7-18 所示的电容式压力传感器结构，若固定极板厚 h_0、绝缘件厚 b_0、膜片至绝缘底部之间的壳体长度 a_0 分别为 1mm、0.8mm、2.8mm，它们的膨胀系数 α_h、α_b、α_a 均为 $5 \times 10^{-6}/℃$；当环境温度从 $t_0 = 15℃$ 变化到 60℃ 时，试计算该电容式传感器由于温度变化引起的电容相对变化量。

第8章

变磁路式传感器

主要知识点：

电感式变换元件的实现方式与应用特点

差动变压器式变换元件的磁路与电路分析

磁电感应式变换原理的主要应用方式与特点

电涡流式变换原理的应用方式与特点

霍尔效应的应用方式与特点

差动变压器式加速度传感器的敏感结构

电磁式振动速度传感器的敏感结构与工作原理

差动电感式压力传感器的敏感结构

磁电式涡轮流量传感器的敏感结构与工作原理

振动位移传感器在振动场测量中的典型应用

8.1 电感式变换原理及其元件

8.1.1 简单电感式变换元件

1. 基本特性

电感式变换元件主要由线圈、铁心和活动衔铁三部分组成，主要有 Ⅱ 形、E 形和螺管型三种实现方式。图 8-1 为一种简单电感式变换元件的原理图。其中铁心和活动衔铁均由导磁性材料如硅钢片或坡莫合金制成，衔铁和铁心之间有空气隙。当衔铁移动时，磁路发生变化，即气隙磁阻发生变化，引起线圈电感的变化。

线圈匝数为 W 的电感量为

$$L = W^2/R_M \tag{8-1}$$

$$R_M = R_F + R_\delta \tag{8-2}$$

$$R_F = \frac{L_1}{\mu_1 S_1} + \frac{L_2}{\mu_2 S_2} \tag{8-3}$$

$$R_\delta = \frac{2\delta}{\mu_0 S} \tag{8-4}$$

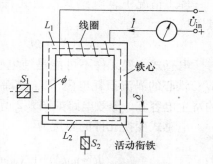

图 8-1 电感式变换元件

式中　　R_M——电感元件的总磁阻（H^{-1}），为铁心部分磁阻 R_F（H^{-1}）与空气隙部分磁阻

　　　　　R_δ（H^{-1}）之和；

　　　　L_1，L_2——磁通通过铁心的长度（m）和通过衔铁的长度（m）；

　　　　S_1，S_2——铁心的横截面积（m^2）和衔铁的横截面积（m^2）；

　　　　μ_1，μ_2——铁心的磁导率（H/m）和衔铁的磁导率（H/m）；

　　　　δ，S——空气隙的长度（m）和横截面积（m^2）；

　　　　μ_0——空气的磁导率（H/m），$\mu_0 = 4\pi \times 10^{-7}$H/m。

由于铁心的磁导率 μ_1 与衔铁的磁导率 μ_2 远远大于空气的磁导率 μ_0，因此 $R_F \ll R_\delta$，则

$$L \approx \frac{W^2}{R_\delta} = \frac{W^2 \mu_0 S}{2\delta} \tag{8-5}$$

假设电感式变换元件气隙长度的初始值为 δ_0，由式（8-5）可得初始电感为

$$L_0 = \frac{W^2 \mu_0 S}{2\delta_0} \tag{8-6}$$

当衔铁产生位移，气隙长度 δ_0 减少 $\Delta\delta$ 时，电感量为

$$L = \frac{W^2 \mu_0 S}{2(\delta_0 - \Delta\delta)} \tag{8-7}$$

电感的变化量和相对变化量分别为

$$\Delta L = L - L_0 = \left(\frac{\Delta\delta}{\delta_0 - \Delta\delta}\right) L_0 \tag{8-8}$$

$$\frac{\Delta L}{L_0} = \frac{\Delta\delta}{\delta_0 - \Delta\delta} = \frac{\Delta\delta}{\delta_0}\left(\frac{1}{1 - \Delta\delta/\delta_0}\right) \tag{8-9}$$

当 $|\Delta\delta/\delta_0| \ll 1$，将式（8-9）展为级数形式，即

$$\frac{\Delta L}{L_0} = \frac{\Delta\delta}{\delta_0} + \left(\frac{\Delta\delta}{\delta_0}\right)^2 + \left(\frac{\Delta\delta}{\delta_0}\right)^3 + \cdots \tag{8-10}$$

2. 等效电路

理想情况下，电感式变换元件相对于一个电感 L，其阻抗为

$$X_L = \omega L \tag{8-11}$$

电感式变换元件不可能是纯电感，还包括铜损电阻 R_C、铁心的涡流损耗电阻 R_e、磁滞损耗电阻 R_h 和线圈的寄生电容 C。等效电路如图8-2所示。

电感式变换元件的阻抗为

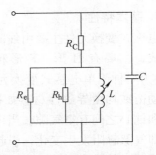

图8-2　电感式变换元件的等效电路

$$Z_P = \frac{(R' + j\omega L')[1/(j\omega C)]}{R' + j\omega L' + 1/(j\omega C)} = \frac{R' + j\omega[(1 - \omega^2 L'C)L' - R'^2 C]}{(\omega R'C)^2 + (1 - \omega^2 L'C)^2} = R_P + j\omega L_P \tag{8-12}$$

$$R_P = \frac{R'}{(\omega R'C)^2 + (1 - \omega^2 L'C)^2} \tag{8-13}$$

$$L_P = \frac{(1 - \omega^2 L'C)L' - R'^2 C}{(\omega R'C)^2 + (1 - \omega^2 L'C)^2} \tag{8-14}$$

$$R' = R_C + \frac{R_m \omega^2 L^2}{R_m^2 + \omega^2 L^2} \tag{8-15}$$

$$L' = \frac{R_m^2 L}{R_m^2 + \omega^2 L^2} \tag{8-16}$$

$$R_m = R_e R_h / (R_e + R_h) \tag{8-17}$$

式中 R_m——等效铁损电阻，综合考虑了铁心的涡流损耗和磁滞损耗。

为了反映各种电阻带来的耗损影响，引入电感式变换元件的品质因数

$$Q_P = \frac{\omega L_P}{R_P} = \frac{\omega(1 - \omega^2 L'C)L' - R'^2 C}{R'} \tag{8-18}$$

3. 信号转换电路

如图 8-1 所示，忽略铁心磁阻 R_F、电感线圈的铜电阻 R_C、电感线圈的寄生电容 C 和铁损电阻 R_m 时，输出电流与气隙长度 δ 的关系为

$$\dot{I}_{out} = \frac{2\dot{U}_{in}\delta}{\mu_0 \omega W^2 S} \tag{8-19}$$

式中 ω——交流电压信号的角频率（rad/s）。

由式（8-19）可知：输出电流与气隙长度成正比，如图 8-3 所示。图中的细实直线是理想特性，实际特性是一条不过零点的曲线。这是由于气隙长度为零时仍存在有起始电流 I_n。同时，简单电感式变换元件与交流电磁铁一样，有电磁力作用在活动衔铁上，力图将衔铁吸向铁心，从而引起一定测量误差。另外，简单电感式变换元件易受电源电压和频率的波动、温度变化等外界干扰因素的影响。

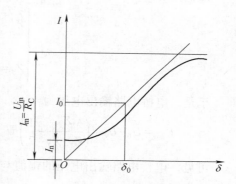

图 8-3 简单电感式测量电路的特性

8.1.2 差动电感式变换元件

1. 结构特点

两只完全对称的简单电感式变换元件共用一个活动衔铁，便构成了差动电感式变换元件。图 8-4a、b 分别为 E 形和螺管型差动电感式变换元件的结构原理图。其特点是上、下两个导磁体的几何参数、材料参数完全相同，上、下两只线圈的铜电阻、匝数也完全一致。

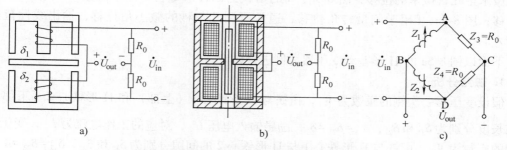

图 8-4 差动电感式变换元件的原理和接线图

图 8-4c 为差动电感式变换元件接线图。变换元件的两只电感线圈接成交流电桥电路的相邻两个桥臂，另外两个桥臂接相同的常值电阻。

2. 变换原理

初始位置时，衔铁处于中间位置，两边气隙长度相等，$\delta_1 = \delta_2 = \delta_0$，即

$$L_1 = L_2 = L_0 = \frac{W^2 \mu_0 S}{2\delta_0} \tag{8-20}$$

式中　L_1，L_2——差动电感式变换元件上半部和下半部的电感（H）。

这时，上、下两部分的阻抗相等，$Z_1 = Z_2$；电桥电路输出电压为零。

当衔铁偏离中间位置向上移动 $\Delta\delta$，即

$$\begin{cases} \delta_1 = \delta_0 - \Delta\delta \\ \delta_2 = \delta_0 + \Delta\delta \end{cases} \tag{8-21}$$

差动电感式变换元件上、下两部分的阻抗分别为

$$\begin{cases} Z_1 = j\omega L_1 = j\omega \dfrac{W^2 \mu_0 S}{2(\delta_0 - \Delta\delta)} \\[4mm] Z_2 = j\omega L_2 = j\omega \dfrac{W^2 \mu_0 S}{2(\delta_0 + \Delta\delta)} \end{cases} \tag{8-22}$$

于是，电桥电路输出电压为

$$\dot{U}_{out} = \dot{U}_B - \dot{U}_C = \left(\frac{Z_1}{Z_1 + Z_2} - \frac{1}{2} \right) \dot{U}_{in} = \left[\frac{1/(\delta_0 - \Delta\delta)}{1/(\delta_0 - \Delta\delta) + 1/(\delta_0 + \Delta\delta)} - \frac{1}{2} \right] \dot{U}_{in} = \frac{\Delta\delta}{2\delta_0} \dot{U}_{in} \tag{8-23}$$

可见，电桥电路输出电压的幅值与衔铁相对移动量的大小成正比，当 $\Delta\delta > 0$ 时，$\dot{U}_{out}$ 与 $\dot{U}_{in}$ 同相；当 $\Delta\delta < 0$ 时，$\dot{U}_{out}$ 与 $\dot{U}_{in}$ 反相。所以该电路可以测量位移的大小和方向。

8.1.3　差动变压器式变换元件

差动变压器式变换元件简称差动变压器。其结构与上述差动电感式变换元件完全一样，也是由铁心、衔铁和线圈三个主要部分组成。不同处在于，差动变压器上、下两只铁心均有一个一次绕组 1（又称励磁线圈）和一个二次绕组 2（也称输出线圈）。衔铁置于两铁心的中间，上、下两只一次绕组串联后接励磁电压 $\dot{U}_{in}$，两只二次绕组则按电动势反相串接。图 8-5 为差动变压器的几种典型结构形式。图 8-5a、b 的衔铁为平板形，灵敏度高，用于测量几微米至几百微米的位移；图 8-5c、d 的衔铁为圆柱形螺管，用于测量 1mm 至上百毫米的位移；图 8-5e、f 用于测量转角位移，通常可测几角秒的微小角位移，输出线性范围在 $\pm 10°$ 左右。

下面以图 8-5a 的 Π 形差动变压器为例进行讨论。

1. 磁路分析

假设变压器一次侧的匝数为 W_1，衔铁与 Π 形铁心 1（上部）和 Π 形铁心 2（下部）的气隙长度分别为 δ_{11} 和 δ_{21}，$\delta_{11} = \delta_{21} = \delta_1$，励磁输入电压 $\dot{U}_{in}$，对应的工作电流为 $\dot{I}_{in}$；变压器二次侧的匝数为 W_2，衔铁与 Π 形铁心 1 与 Π 形铁心 2 的间隙分别为 δ_{12} 和 δ_{22}，$\delta_{12} = \delta_{22} = \delta_2$，输出电压为 $\dot{U}_{out}$。需要指出：该变压器的一次侧同相串接，二次侧反相串接。

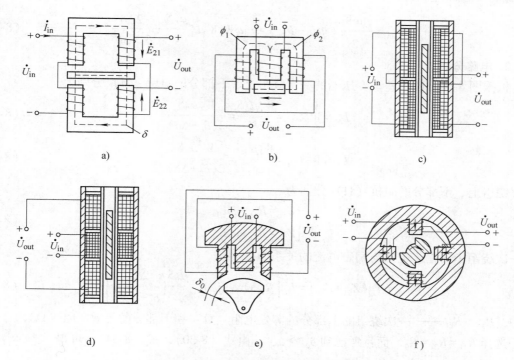

图 8-5 各种差动变压器的结构示意图

考虑理想情况，忽略铁损，忽略漏磁，空载输出。衔铁初始处于中间位置，两边气隙长度相等，$\delta_1 = \delta_2 = \delta_0$。因此两只电感线圈的阻抗相等，电桥电路输出电压为零。

当衔铁偏离中间位置，向上（铁心 1）移动 $\Delta\delta$，即

$$\begin{cases} \delta_1 = \delta_0 - \Delta\delta \\ \delta_2 = \delta_0 + \Delta\delta \end{cases} \tag{8-24}$$

图 8-6 为等效磁路图。G_{11}、G_{12}、G_{21}、G_{22} 分别为气隙长度 δ_{11}、δ_{12}、δ_{21}、δ_{22} 引起的磁导（磁阻的倒数），则

$$G_{11} = G_{12} = \mu_0 S/\delta_{11} = \mu_0 S/\delta_1 \tag{8-25}$$

$$G_{21} = G_{22} = \mu_0 S/\delta_{21} = \mu_0 S/\delta_2 \tag{8-26}$$

Ⅱ 形铁心 1、Ⅱ 形铁心 2 的一次侧与二次侧之间的互感（H）分别为

$$M_1 = W_1 W_2 \frac{G_{11} G_{12}}{G_{11} + G_{12}} \tag{8-27}$$

$$M_2 = W_1 W_2 \frac{G_{21} G_{22}}{G_{21} + G_{22}} \tag{8-28}$$

于是，输出电压为

$$\dot{U}_{out} = \dot{E}_{21} - \dot{E}_{22} = -j\omega \dot{I}_{in}(M_1 - M_2) \tag{8-29}$$

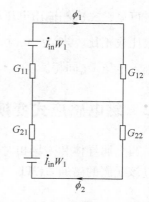

图 8-6 Ⅱ 形差动变压器
的等效磁路图

式中 $\dot{E}_{21}$，$\dot{E}_{22}$——Ⅱ 形铁心 1 二次绕组，Ⅱ 形铁心 2 二次绕组感应出的电动势（V）。

利用式（8-24）~式（8-29），可得

$$\dot{U}_{out} = \frac{-j\omega W_2}{\sqrt{2}}(\Phi_{1m} - \Phi_{2m}) = -j\omega W_1 W_2 \dot{I}_{in} \frac{\mu_0 S}{2} \cdot \frac{2\Delta\delta}{\delta_0^2 - \Delta\delta^2} \tag{8-30}$$

2. 电路分析

根据图 8-6a，Π 形差动变压器的一次绕组上、下部分的自感（H）分别为

$$L_{11} = W_1^2 G_{11} = \frac{W_1^2 \mu_0 S}{2\delta_1} = \frac{W_1^2 \mu_0 S}{2(\delta_0 - \Delta\delta)} \tag{8-31}$$

$$L_{21} = W_1^2 G_{21} = \frac{W_1^2 \mu_0 S}{2\delta_2} = \frac{W_1^2 \mu_0 S}{2(\delta_0 + \Delta\delta)} \tag{8-32}$$

一次绕组上、下部分的阻抗（Ω）分别为

$$\begin{cases} Z_{11} = R_{11} + j\omega L_{11} \\ Z_{21} = R_{21} + j\omega L_{21} \end{cases} \tag{8-33}$$

则一次绕组中的输入电压与励磁电流的关系为

$$\dot{U}_{in} = \dot{I}_{in}(Z_{11} + Z_{21}) = \dot{I}_{in}\left[R_{11} + R_{21} + j\omega W_1^2 \frac{\mu_0 S}{2}\left(\frac{2\delta_0}{\delta_0^2 - \Delta\delta^2}\right)\right] \tag{8-34}$$

式中 R_{11}，R_{21}—— 一次绕组的上部分的等效电阻（Ω）和下部分的等效电阻（Ω）。

选择 $R_{11} = R_{21} = R_0$，而且考虑到 $\delta_0^2 \gg \Delta\delta^2$，由式（8-30）、式（8-34），可得

$$\dot{U}_{out} = -j\omega \frac{W_2}{W_1} L_0 \left(\frac{\Delta\delta}{\delta_0}\right) \frac{\dot{U}_{in}}{R_0 + j\omega L_0} \tag{8-35}$$

式中 L_0——衔铁处于中间位置时一次绕组上（下）部分的自感（H），$L_0 = \frac{W_1^2 \mu_0 S}{2\delta_0}$。

通常线圈的 Q 值 $\omega L_0 / R_0$ 比较大，则式（8-35）可以改写为

$$\dot{U}_{out} = -\frac{W_2}{W_1}\left(\frac{\Delta\delta}{\delta_0}\right)\dot{U}_{in} \tag{8-36}$$

可见，二次侧输出电压与气隙长度的相对变化成正比，与变压器二次绕组和一次绕组的匝数比成正比。当 $\Delta\delta > 0$ 时，输出电压 $\dot{U}_{out}$ 与输入电压 $\dot{U}_{in}$ 反相；当 $\Delta\delta < 0$ 时，输出电压 $\dot{U}_{out}$ 与输入电压 $\dot{U}_{in}$ 同相。

8.2 磁电感应式变换原理

当金属导体和磁场相对运动时，在导体中将产生感应电动势。例如，一个 W 匝的线圈，通过该线圈的磁通 ϕ（Wb）发生变化时，产生的感应电动势为

$$e = -W\frac{d\phi}{dt} \tag{8-37}$$

即线圈产生的感应电动势的大小与匝数和穿过线圈的磁通对时间的变化率成正比。通常，可以通过改变磁场强度、磁路电阻、线圈运动速度等来实现。

若线圈在恒定磁场中做直线运动切割磁力线时，线圈中产生的感应电动势为

$$e = WBLv\sin\theta \tag{8-38}$$

式中　B——磁场的磁感应强度（T）；

　　　L——单匝线圈的有效长度（m）；

　　　v——线圈与磁场的相对运动速度（m/s）；

　　　θ——线圈平面与磁场方向之间的夹角。

若线圈相对磁场做旋转运动，并切割磁力线时，则线圈中产生的感应电动势为

$$e = WBS\omega\sin\theta \tag{8-39}$$

式中　S——每匝线圈的截面积（m²）；

　　　ω——线圈旋转运动的相对角速度（rad/s）。

可见，磁电感应式变换原理是一种基于磁场，将机械能转变为电能的非接触式变换方式。该方式直接输出电信号，不需要供电电源，电路简单、输出阻抗小、输出信号强、工作可靠、性价比较高；但体积相对较大。

8.3　电涡流式变换原理

8.3.1　电涡流效应

一块导磁性金属导体放置于一个扁平线圈附近，相互不接触，如图 8-7 所示。当线圈中通有高频电流 i_1 时，在线圈周围产生交变磁场 ϕ_1；交变磁场 ϕ_1 将通过金属导体产生电涡流 i_2，同时产生交变磁场 ϕ_2，且 ϕ_2 与 ϕ_1 方向相反。ϕ_2 对 ϕ_1 有反作用，使线圈中的电流 i_1 的大小和相位均发生变化，即线圈的等效阻抗发生变化。这就是电涡流效应。线圈阻抗的变化与电涡流效应密切相关，即与线圈半径 r、励磁电流 i_1 的幅值、角频率 ω、金属导体的电阻率 ρ、磁导率 μ 以及线圈到导体的距离 x 有关，可以写为

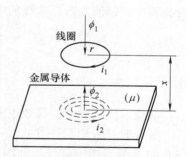

图 8-7　电涡流效应示意图

$$Z = f(r, i_1, \omega, \rho, \mu, x) \tag{8-40}$$

实用时，改变上述其中一个参数，控制其他参数，则线圈阻抗的变化就成为这个参数的单值函数，从而实现测量。

利用电涡流效应制成的变换元件的优点主要有：非接触式测量，结构简单，灵敏度高，抗干扰能力强，不受油污等介质的影响等。这类元件常用于测量位移、振幅、厚度、工件表面粗糙度、导体温度、材质的鉴别以及金属表面裂纹等无损检测中。

8.3.2　等效电路分析

电涡流式变换元件的等效电路如图 8-8 所示。图中 R_1 和 L_1 分别为通电线圈的电阻和电感，R_2 和 L_2 分别为金属导体的电阻和电感，M 为线圈与金属导体之间的互感系数，$\dot{U}_{\text{in}}$ 为高频励磁电压。由基尔霍夫定律可写出方程

$$\begin{cases} (R_1 + \mathrm{j}\omega L_1)\dot{I}_1 - \mathrm{j}\omega M \dot{I}_2 = \dot{U}_{\text{in}} \\ -\mathrm{j}\omega M \dot{I}_1 + (R_2 + \mathrm{j}\omega L_2)\dot{I}_2 = 0 \end{cases} \tag{8-41}$$

由式（8-41）可得线圈的等效阻抗（Ω）为

$$Z_{eq} = \frac{\dot{U}_{in}}{\dot{I}_1} = R_1 + R_2 \frac{\omega^2 M^2}{R_2^2 + \omega^2 L_2^2} + j\omega\left(L_1 - L_2 \frac{\omega^2 M^2}{R_2^2 + \omega^2 L_2^2}\right) = R_{eq} + j\omega L_{eq} \qquad (8-42)$$

$$R_{eq} = R_1 + R_2 \frac{\omega^2 M^2}{R_2^2 + \omega^2 L_2^2} \qquad (8-43)$$

$$L_{eq} = L_1 - L_2 \frac{\omega^2 M^2}{R_2^2 + \omega^2 L_2^2} \qquad (8-44)$$

式中　　R_{eq}，L_{eq}——考虑电涡流效应时线圈的等效电阻（Ω）和等效电感（H）。

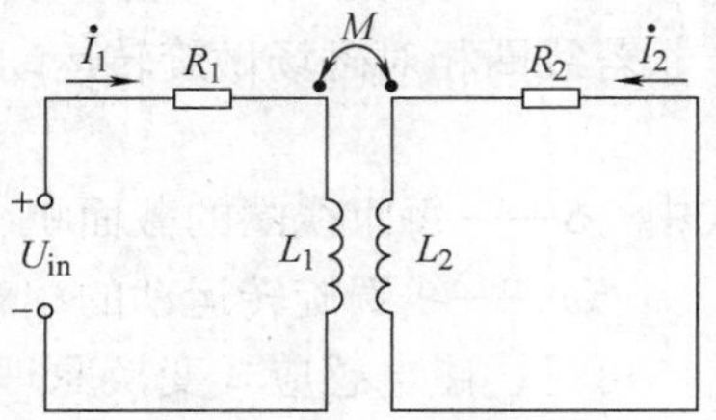

可见，涡流效应使线圈等效阻抗的实部（等效电阻）增大，虚部（等效电感）减少，也即电涡流效应将消耗电能，在导体上产生热量。

图 8-8　电涡流效应等效电路图

8.3.3　信号转换电路

1. 调频信号转换电路

调频电路相对简单，电路中将 LC 谐振回路和放大器结合构成 LC 振荡器，其频率等于谐振频率，幅值为谐振曲线的峰值，即

$$f_0 = \frac{1}{2\pi\sqrt{L_{eq}C}} \qquad (8-45)$$

$$\dot{U}_{out} = \dot{I}_{in} \frac{L_{eq}}{R_{eq}C} \qquad (8-46)$$

涡流效应增大时，等效电感 L_{eq} 减小，相应的谐振频率 f_0 升高，输出幅值变小。

解算时可采用两种方式。一种是调频鉴幅式，利用频率与幅值同时变化的特点，测出图 8-9a 的峰点值，其特性如图中谐振曲线的包络线。另一种是直接输出频率，如图 8-9b 所示，信号转换电路中的鉴频器将调频信号转换为电压输出。

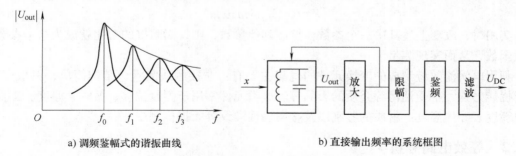

a) 调频鉴幅式的谐振曲线　　　　　　　　b) 直接输出频率的系统框图

图 8-9　调频信号转换电路的两种方式

2. 定频调幅信号转换电路

如图 8-10a 所示，由高频励磁电流对一并联的 LC 电路供电。图中，L_1 表示电涡流变换元件的励磁线圈，它是等效电感 L_{eq} 与等效电阻 R_{eq} 的串联。在确定角频率 ω_0、恒定电流 $\dot{I}_{in}$ 激励下，输出电压为

$$\dot{U}_{out} = \dot{I}_{in} Z = \dot{I}_{in} \left[\frac{(R_{eq}+j\omega_0 L_{eq})(1/(j\omega_0 C))}{(R_{eq}+j\omega_0 L_{eq})+1/(j\omega_0 C)} \right] \qquad (8\text{-}47)$$

假设励磁电流频率 $f_0 = \dfrac{\omega_0}{2\pi}$ 足够高，满足 $R_{eq} \ll \omega_0 L_{eq}$，则由式（8-47）可得

$$\dot{U}_{out} \approx \dot{I}_{in} \frac{L_{eq}/(R_{eq}C)}{\sqrt{1+[(L_{eq}/R_{eq})(\omega_0{}^2-\omega^2)/\omega_0]^2}} \approx \dot{I}_{in} \frac{L_{eq}/(R_{eq}C)}{\sqrt{1+(2L_{eq}\Delta\omega/R_{eq})^2}} \qquad (8\text{-}48)$$

式中　ω——励磁线圈自身的谐振角频率（rad/s），$\omega = 1/\sqrt{L_{eq}C}$；

$\Delta\omega$——失谐角频率偏移量（rad/s），$\Delta\omega = \omega_0 - \omega$。

基于上面讨论，可知：

1）当 $\omega_0 \approx \omega$ 时，输出达到最大，为

$$\dot{U}_{out} = \dot{I}_{in} L_{eq}/(R_{eq}C) \qquad (8\text{-}49)$$

2）涡流效应增大时，L_{eq} 减小、R_{eq} 增大，谐振频率及谐振曲线向高频方向移动，如图 8-10b 所示。

这种方式多用于测量位移，图 8-10c 给出了信号转换系统框图。

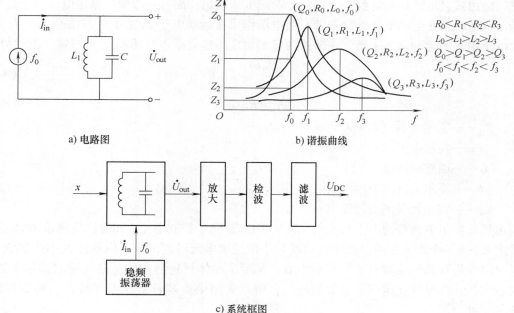

a) 电路图　　　　　　　　　b) 谐振曲线

c) 系统框图

图 8-10　定频调幅信号转换电路

8.4　霍尔效应及元件

8.4.1　霍尔效应

如图 8-11 所示的金属或半导体薄片，若在其两端通以控制电流 I，并在薄片的垂直方向

上施加磁感应强度 B 的磁场，则在垂直于电流和磁场的方向上产生电动势 U_H，称为霍尔电动势。这种现象称为霍尔效应。

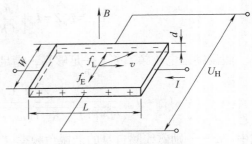

图 8-11　霍尔效应示意图

霍尔效应的产生是由于运动电荷在磁场中受洛伦兹力作用的结果。当运动电荷为正电粒子时，其受到的洛伦兹力为

$$f_L = e\boldsymbol{v} \times \boldsymbol{B} \qquad (8\text{-}50)$$

式中　f_L——洛伦兹力矢量（N）；

$\boldsymbol{v}$——运动电荷速度矢量（m/s）；

$\boldsymbol{B}$——磁感应强度矢量（T）；

e——单位电荷电量（C），$e = 1.602 \times 10^{-19}$ C。

当运动电荷为负电粒子时，其受到的洛伦兹力为

$$f_L = -e\boldsymbol{v} \times \boldsymbol{B} \qquad (8\text{-}51)$$

假设在 N 型半导体薄片的控制电流端通以电流 I，半导体中的载流子（电子）将沿着和电流相反的方向运动。在垂直于半导体薄片平面方向磁场 $\boldsymbol{B}$ 的作用下，产生洛伦兹力 f_L，使电子向由式（8-51）确定的一边偏转，形成电子积累；而另一边则积累正电荷，于是产生电场。该电场阻止运动电子继续偏转。当电场作用在运动电子上的力 f_E 与洛伦兹力 f_L 相等时，电子积累便达到动态平衡。在薄片两横端面之间建立霍尔电场 E_H，形成霍尔电动势

$$U_H = \frac{R_H I B}{d} = K_H I B \qquad (8\text{-}52)$$

$$K_H = R_H / d \qquad (8\text{-}53)$$

式中　R_H——霍尔常数（$\mathrm{m^3 \cdot C^{-1}}$）；

I——控制电流（A）；

B——磁感应强度（T）；

d——霍尔元件的厚度（m）；

K_H——霍尔元件的灵敏度（$\mathrm{m^2 \cdot C^{-1}}$）。

可见，霍尔电动势的大小与霍尔元件的灵敏度 K_H、控制电流 I 和磁感应强度 B 成正比。灵敏度 K_H 是一个表征在单位磁感应强度和单位控制电流时输出霍尔电动势大小的参数，与元件材料性质和几何参数有关的重要参数。N 型半导体材料制作的霍尔元件的霍尔常数 R_H 相对较大，元件厚度 d 越薄，灵敏度越高；所以实用中，多采用 N 型半导体材料制作薄片型霍尔元件。

事实上，自然界还存在着反常霍尔效应，即不加外磁场也有霍尔效应。反常霍尔效应与普通霍尔效应在本质上完全不同，不存在外磁场对电子的洛伦兹力而产生的运动轨道偏转，它是由于材料本身的自发磁化而产生的，是另一类重要的物理效应。最新研究表明，反常霍尔效应还具有量子化，即存在着量子反常霍尔效应。这或许为新型传感技术的实现提供新的理论基础。

8.4.2　霍尔元件

霍尔元件一般用 N 型的锗、锑化铟和砷化铟等半导体单晶材料制成。锗元件的输出较

小，温度性能和线性度比较好；锑化铟元件的输出较大，但受温度的影响也较大；砷化铟元件的输出信号没有锑化铟元件大，但是受温度的影响却比锑化铟要小，而且线性度也较好。在高精度测量中，大多采用锗和砷化铟元件。

霍尔元件的结构简单，由霍尔片、引线和壳体组成。霍尔片是一块矩形半导体薄片，如图 8-12 所示。在元件长边的两个端面上设置两根控制电流端引线（图中的 1），在元件短边的中间设置两根霍尔输出端引线（图中的 2）。霍尔片一般用非磁性金属、陶瓷或环氧树脂封装。

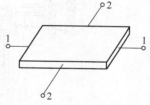

图 8-12　霍尔元件示意图

8.5　变磁路式传感器的典型实例

8.5.1　差动变压器式加速度传感器

图 8-13 所示为利用类似于图 8-5a 所示的差动变压器式变换元件，实现的一种加速度传感器。它以通过弹簧片与壳体相连的质量块 m 作为差动变压器的衔铁。当质量块感受加速度 a 产生惯性力而引起相对位移时，差动变压器就输出与位移（也即与加速度）成近似线性关系的电压。

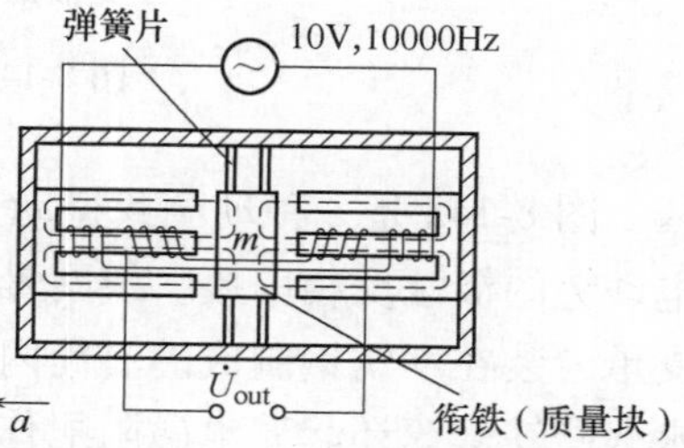

借助于 8.1.3 节的磁路分析与电路分析，输出电压为

图 8-13　差动变压器式加速度传感器

$$\dot{U}_{\text{out}} = -\frac{W_2}{W_1}\left(\frac{\Delta\delta}{\delta_0}\right)\dot{U}_{\text{in}} \tag{8-54}$$

式中　W_1——输入激励回路线圈的匝数；

　　　W_2——输出响应回路线圈的匝数。

对于准静态测量，质量块产生的位移为

$$\Delta\delta = -ma/k \tag{8-55}$$

式中　k——系统的等效弹性刚度（N/m）。

由式（8-54）、式（8-55）可得

$$a = \frac{W_1}{W_2}\cdot\frac{k}{m}\cdot\frac{\dot{U}_{\text{out}}}{\dot{U}_{\text{in}}}\Delta\delta \tag{8-56}$$

考虑动态测量时，位移 $\Delta\delta$ 是下面二阶方程的解

$$m\ddot{x} + c\dot{x} + kx = -ma \tag{8-57}$$

式中　c——系统的等效阻尼系数（N·s/m）。

如果被测加速度的最高阶频率远远低于 m-c-k 系统的固有频率，与上述准静态测量的结果相同；但如果被测加速度的最高阶频率接近甚至高于 m-c-k 系统的固有频率时，传感器将会产生较大的动态误差。因此，应该使 m-c-k 系统的固有频率高于被测信号的 3~5 倍。

8.5.2　电磁式振动速度传感器

图 8-14 给出了典型的电磁式振动速度传感器的结构示意图。

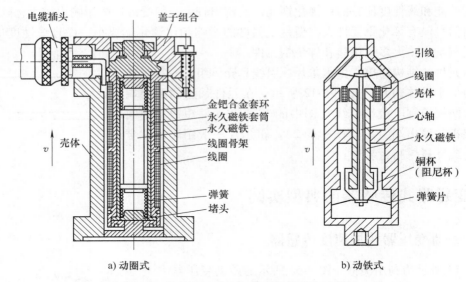

图 8-14　电磁式振动速度传感器的结构示意图

图 8-14a 是一种动圈式振动速度传感器。其线圈组件由两个螺管线圈组成，它们按感应电动势的极性反相串接，线圈骨架与传感器壳体固定在一起。永久磁铁用上、下两个软弹簧支承，装在不锈钢制成的套筒内，套筒安装于线圈骨架内腔中并与壳体相固定。线圈骨架和永久磁铁套筒还起着电磁阻尼作用。传感器壳体用铬钢磁性材料制成，既是磁路的一部分，又起磁屏蔽作用。永久磁铁的磁力线从一端出来，穿过工作气隙、永久磁铁套筒、线圈骨架和螺管线圈，再经由传感器壳体回到磁铁的另一端，构成一个完整的闭合回路。这样就实现了“质量-阻尼-弹簧”系统组成的传感器敏感结构。线圈和传感器壳体随被测振动体一起振动时，如果振动频率 f 远高于传感器的固有频率 f_n，则永久磁铁相对于惯性空间接近于静止不动，因此它与壳体之间的相对运动速度就近似等于振动体的振动速度。振动过程中，线圈在恒定磁场中往复运动，就在其上产生与振动速度成正比的感应电动势，从而实现对振动速度的测量。

图 8-14b 是一种动铁式振动速度传感器。磁铁与传感器壳体固定在一起。心轴穿过磁铁中心孔，并由上、下两片柔软的圆形弹簧片支承在壳体上。心轴一端固定着一个线圈，另一端固定着一个起阻尼作用的圆筒形铜杯。线圈组件、阻尼杯和心轴构成活动质量块 m。当振动频率远高于传感器的固有频率时，线圈组件接近于静止状态，而磁铁随振动体一起振动，在线圈上感应出与振动速度成正比的感应电动势。

由于这种振动速度传感器不需要另设参考基准，因此特别适用于飞机、车辆等运动体振动速度的测量。

8.5.3　霍尔式振动位移传感器

图 8-15 所示为霍尔式振动位移传感器的原理示意图。霍尔元件固定在非导磁性材料制成的平板上，平板与顶杆紧固在一起，顶杆通过触头与被测振动体接触，随其一起振动。一对永久磁铁形成线性磁场。振动体通过触头、顶杆带动霍尔元件在线性磁场中往复运动，因

此霍尔电动势反映了振动体的振幅和振动频率。

8.5.4 差动电感式压力传感器

图 8-16 所示为采用图 8-4 的差动电感式变换原理，测量差压用的变气隙差动电感式压力传感器的原理示意图。它由在结构上和电气参数上完全对称的两部分组成。平膜片感受压力差，并作为衔铁使用。采用差动接法具有非线性误差小、零位输出小、电磁吸力小以及温度和其他外界干扰影响较小等优点。

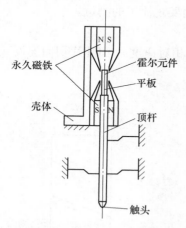

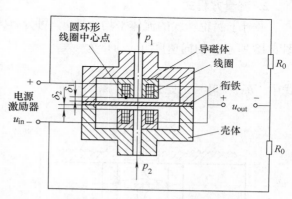

图 8-15　霍尔式振动位移传感器的原理示意图　　　图 8-16　差动电感式压力传感器

当所测压力差 $\Delta p = 0$ 时，两边电感起始气隙长度相等，即 $\delta_1 = \delta_2 = \delta_0$，因而两个电感的磁阻相等、阻抗相等，即 $Z_1 = Z_2 = Z_0$；此时电桥电路处于平衡状态，输出电压为零。当所测压力差 $\Delta p \neq 0$ 时，$\delta_1 \neq \delta_2$，则两个电感的磁阻不等、阻抗不等，即 $Z_1 \neq Z_2$；电桥电路输出电压的大小反映被测压力差的大小。若在设计时保证在所测压力差范围内电感气隙长度的变化量很小，那么电桥电路输出电压将与被测压力差成正比，电压的正、反相位代表压力差的正、负。

借助于 8.1.2 节的讨论，考虑到圆环形的外半径与内半径之差远小于圆平膜片的半径，线圈气隙的计算可以近似用圆环形线圈中心环的半径，传感器输出为

$$u_{out} = \frac{\Delta \delta}{2\delta_0} u_{in} \tag{8-58}$$

$$\Delta \delta = \frac{3\Delta p (1-\mu^2)}{16EH^3}(R^2 - R_0^2)^2 \tag{8-59}$$

式中　R_0——圆环形线圈中心环的半径（m），如图 8-16 所示的圆环形线圈中心点；

R, H——圆平膜片的半径（m）和厚度（m）；

E, μ——材料的弹性模量（Pa）和泊松比。

$$\Delta p = \frac{32EH^3 \delta_0}{3(1-\mu^2)(R^2 - R_0^2)^2} \cdot \frac{u_{out}}{u_{in}} \tag{8-60}$$

应该注意的是，这种测量电路的传感器，频率响应不仅取决于传感器本身的结构参数，还取决于电源振荡器的频率、滤波器及放大器的频带宽度。一般情况下，电源振荡器的频率

选择范围为 10～20kHz。

8.5.5 磁电式涡轮流量传感器

1. 工作原理

图 8-17 所示为涡轮流量传感器的原理结构，主要由三个部分组成：导流器、涡轮和磁电转换器。

流体从传感器入口经过导流器，使流束平行于轴线方向流入涡轮，推动螺旋形叶片的涡轮转动，磁电式转换器输出与流量成比例的脉冲数，从而实现流量的测量。

2. 流量方程式

平行于涡轮轴线的流体平均流速 v，可分解为叶片的相对速度 v_r 和叶片切向速度 v_s，如图 8-18 所示。切向速度（m/s）为

$$v_s = v\tan\theta \tag{8-61}$$

式中 θ——叶片的螺旋角（°）。

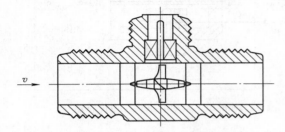

图 8-17 涡轮流量传感器的原理结构图

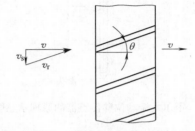

图 8-18 涡轮叶片分解

若忽略涡轮轴上的负载力矩，当涡轮稳定旋转时，叶片的切向速度为

$$v_s = R\omega \tag{8-62}$$

则涡轮转速（rad/s）为

$$n = \frac{\omega}{2\pi} = \frac{\tan\theta}{2\pi R}v \tag{8-63}$$

式中 R——叶片的平均半径（m）。

由此可见，在理想状态下，涡轮转速 n 与流速 v 成比例。

磁电式转换器所产生的脉冲频率（Hz）为

$$f = nZ = \frac{Z\tan\theta}{2\pi R}v \tag{8-64}$$

式中 Z——涡轮的叶片数目。

流体的体积流量（m³/s）为

$$Q_V = \frac{2\pi RS}{Z\tan\theta}f = \frac{1}{\zeta_F}f \tag{8-65}$$

式中 S——涡轮的通道截面积（m²）；

ζ_F——流量转换系数（m⁻³），$\zeta_F = \dfrac{Z\tan\theta}{2\pi RS}$。

由式（8-65）可知，对于一定结构的涡轮，流量转换系数是一个常数，流过涡轮的体积

流量 Q_V 与磁电转换器的脉冲频率 f 成正比。但是在小流量时，由于各种阻力力矩之和与叶轮的转矩相比较大，因此流量转换系数下降；在大流量时，由于叶轮的转矩大大超过各种阻力力矩之和，流量转换系数几乎保持常数，如图 8-19 所示。

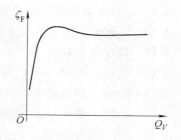

图 8-19　流量转换系数与体积流量的
关系曲线示意图

该传感器线性特性输出，测量精度高，可达 0.2% 以上；测量范围宽，Q_{Vmax}/Q_{Vmin} 可达 10~30；抗干扰能力强，适于测量脉动流，便于数字化和远距离传输；压力损失小；但受流体密度和黏度变化的影响较大。该传感器主要用于清洁液体或气体流量的测量，成功用于航空机载，测量发动机的燃油体积流量，也称燃油耗量传感器。

8.5.6　基于电涡流式振动位移传感器的振动场测量

图 8-20 所示为利用电涡流式振动位移传感器实现对振动轴振型及其频率的原理示意图。图 8-20a 中，沿轴线方向并排放置若干个电涡流式传感器，分别测量所在点轴的振动位移，以获取轴的振型，同时对振动信号频率进行分析获取轴的振动频率。图 8-20b 给出了利用电涡流式振动位移传感器测量涡轮叶片的示意图。叶片振动时周期性地改变其与电涡流式传感器之间的距离，电涡流式传感器的输出电压信号的幅值与叶片振动幅度成比例、频率与叶片振动频率相同。因此，通过电涡流式振动位移传感器的输出电压可以解算出叶片的振动幅度和频率。

a) 测量轴的振型　　　　　　　　　　　b) 测量涡轮叶片振幅

图 8-20　利用电涡流式传感器测量振动的原理

思考题与习题

8-1　电感式敏感元件主要由哪几部分组成？电感式敏感元件主要有几种形式？

8-2　变磁路测量原理的特点是什么？

8-3　说明简单电感式变换元件的基本工作原理及应用特点。

8-4　简要说明差动电感式变换元件的特点。

8-5　简述图 8-5e 所示的差动变压器式变换元件的工作过程及应用特点。

8-6　建立图 8-5b 所示的 E 形差动变压器式变换元件的输入–输出关系。

8-7　简述电涡流效应，并说明其可能的应用。

8-8　电涡流效应与哪些参数有关？电涡流式变换元件的主要特点有哪些？

8-9　分析电涡流效应的等效电路。

8-10　简述电涡流式变换元件采用的调频信号转换电路的工作原理。

8-11　简述霍尔效应，设计一个霍尔式压力传感器的原理结构。

8-12　简述图 8-13 所示的变磁阻式加速度传感器的工作原理。

8-13　给出一种电涡流式转速传感器的原理结构图，并说明其工作过程。

8-14　给出一种霍尔式转速传感器的原理结构图，并说明其工作过程。

8-15　简述图 8-16 所示的差动电感式压力传感器的工作原理。

8-16　简述磁电式涡轮流量计的工作原理。该传感器的关键部件是什么？

8-17　图 8-17 所示的磁电式涡轮流量计，从原理上考虑，用于记"脉冲数"的元件可以采用哪些敏感原理？

8-18　图 8-21 为某简单电感式变换元件，有关参数示于图 8-21 中，单位均为 mm；磁路取为中心磁路，不计漏磁。设铁心及衔铁的相对磁导率为 $1.2×10^4$，空气的相对磁导率为 1，真空的磁导率为 $4π×10^{-7} \mathrm{H} \cdot \mathrm{m}^{-1}$，线圈匝数为 300；试计算气隙长度为 0mm、0.25mm、0.5mm、0.75mm 和 1mm 时的电感量（气隙长度不为零时，分考虑铁心及衔铁的磁阻与不考虑铁心及衔铁的磁阻两种情况）。

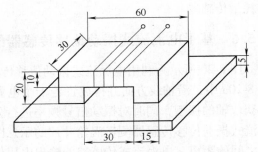

图 8-21　某简单电感式变换元件结构参数示意图

8-19　假设励磁电流的角频率 $ω_0$ 足够高，试由式（8-47）证明式（8-48）。

8-20　某电涡流式位移传感器，其输出为频率，特性方程为 $f = \mathrm{e}^{(bx+a)} + f_∞$，已知其 $f_∞ = 4.438\mathrm{MHz}$ 及如表 8-1 所列的一组标定数据。试利用曲线化直线的拟合方法，用最小二乘法进行直线拟合，求该传感器的工作特性方程，并评估其误差。

表 8-1　某电涡流式位移传感器的一组标定数据

位移 x/mm	1.0	2.0	3.0	4.0	5.0	6.0	7.0	8.0	9.0	10.0
输出 f/MHz	5.558	5.085	4.811	4.654	4.563	4.511	4.480	4.462	4.451	4.445

8-21　图 8-16 所示的差动电感式压力传感器圆平膜片敏感元件的厚度为 H、半径为 R；线圈匝数为 W，其圆环形线圈中心环的半径为 R_0，初始气隙长度为 $δ_1 = δ_2 = δ_0$；当励磁电压为 $u_{in} = U_m \sinωt$ 时，试导出该传感器的输出信号 u_{out} 的表达式。

8-22　某电涡流式转速传感器用于测量在圆周方向开有 24 个均布小槽的转轴的转速。当电涡流式传感器的输出为 $u_{out} = U_m \cos(2π×1200t + π/3)$ 时，试求该转轴的转速为每分钟多少转？若考虑在 20min 测量过程中有 ±1 个计数误差，那么实际测量可能产生的转速误差为每分钟多少转？

第9章

压电式传感器

主要知识点：

> 压电效应与常用压电材料的特点比较
> 石英晶体的压电常数矩阵
> 压电陶瓷压电特性的实现机理
> 压电元件的等效电路与电荷放大器
> 压电式传感器的应用特点
> 压电式传感器的干扰影响与抑制
> 压电式加速度传感器的敏感结构与工作原理
> 压电式压力传感器的敏感结构与应用特点
> 压电式超声波流量传感器的敏感结构与应用特点
> 压电式温度传感器的基本原理与主要误差

9.1 主要压电材料及其特性

某些电介质，当沿一定方向对其施加外力导致材料发生变形时，其内部发生极化现象，同时在其某些表面产生电荷，实现机械能到电能的转变；当外力去掉后，又重新回到不带电状态。这种将机械能转变成电能的现象称为"正压电效应"。反过来，在电介质极化方向施加电场，它会产生机械变形，实现电能到机械能的转变；当外加电场去掉后，电介质的变形随之消失。这种将电能转变成机械能的现象称为"逆压电效应"。电介质的"正压电效应"与"逆压电效应"统称压电效应（Piezoelectric Effect）。从传感器输出可用电信号角度考虑，对于压电式传感器（Piezoelectric Transducer/Sensor）而言，重点讨论正压电效应。

具有压电特性的材料称为压电材料，压电材料分为天然的压电晶体材料和人工合成的压电材料。自然界中，压电晶体的种类很多，石英晶体是一种最具实用价值的天然压电晶体材料。人工合成的压电材料主要有压电陶瓷和压电膜。

9.1.1 石英晶体

1. 压电机理

图 9-1 为右旋石英晶体的理想外形，具有规则的几何形状。石英晶体有三个晶轴，如图 9-2 所示。其中 z 为光轴，利用光学方法确定，没有压电特性；经过晶体的棱线，并垂直于光轴的 x 轴称为电轴；垂直于 zx 平面的 y 轴称为机械轴。

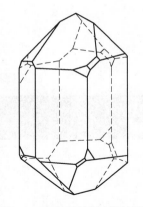

图 9-1　石英晶体的理想外形

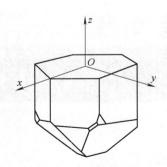

图 9-2　石英晶体的直角坐标系

石英晶体的压电特性与其内部结构有关。为了直观了解其压电特性，将组成石英（SiO_2）晶体的硅离子和氧离子排列在垂直于晶体 z 轴的 xy 平面（z 面）上的投影，等效为图 9-3a 中的正六边形排列。图中 "$\oplus$" 代表 Si^{4+}，"$\ominus$" 代表 $2O^{2-}$。

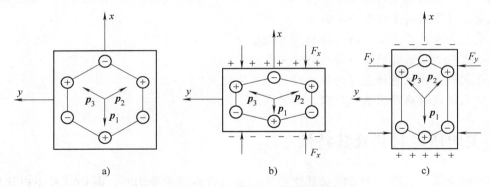

图 9-3　石英晶体压电效应机理示意图

石英晶体未受外力作用时，如图 9-3a 所示，Si^{4+} 和 $2O^{2-}$ 正好分布在正六边形的顶角上，形成三个大小相等、互成 120° 夹角的电偶极矩 p_1、p_2 和 p_3。电偶极矩的大小为 $p = ql$，q 为电荷量，l 为正、负电荷之间的距离；电偶极矩的方向由负电荷指向正电荷。因此，石英晶体未受外力作用时，电偶极矩的矢量和 $p_1 + p_2 + p_3 = 0$，晶体表面不产生电荷，石英晶体呈电中性。

当石英晶体受到沿 x 轴方向的压缩力作用时，如图 9-3b 所示，晶体沿 x 轴方向产生压缩变形，正、负离子的相对位置随之变动。电偶极矩在三个坐标轴上的分量分别为

$$p_x = (p_1 + p_2 + p_3)_x > 0$$
$$p_y = (p_1 + p_2 + p_3)_y = 0$$
$$p_z = (p_1 + p_2 + p_3)_z = 0$$

于是，在 x 轴正方向的晶面上出现正电荷，在垂直于 y 轴和 z 轴晶面上不出现电荷。这种沿 x 轴方向施加作用力，在垂直于此轴晶面上产生电荷的现象，称为"纵向压电效应"。

当石英晶体受到沿 y 轴方向的压缩力作用时，如图 9-3c 所示，晶体沿 x 轴方向产生拉

伸变形，正、负离子的相对位置随之变动。电偶极矩在三个坐标轴上的分量分别为

$$p_x = (p_1 + p_2 + p_3)_x < 0$$
$$p_y = (p_1 + p_2 + p_3)_y = 0$$
$$p_z = (p_1 + p_2 + p_3)_z = 0$$

于是，在 x 轴正方向的晶面上出现负电荷，在垂直于 y 轴和 z 轴晶面上不出现电荷。这种沿 y 轴方向施加作用力，而在垂直于 x 轴晶面上产生电荷的现象，称为"横向压电效应"。

当石英晶体受到沿 z 轴方向的力，由于晶体在 x 轴方向和 y 轴方向的变形相同，电偶极矩在 x 轴方向和 y 轴方向的分量等于零，所以沿 z 轴（光轴）方向施加作用力，石英晶体不会产生压电效应。

当石英晶体各个方向同时受到均等的作用力时（如液体压力），石英晶体将保持电中性，即石英晶体没有体积变形的压电效应。

2. 压电常数

从石英晶体上取出一平行六面体晶片，其晶面方向分别沿着 x 轴、y 轴和 z 轴，几何参数分别为 h、L、W，如图 9-4 所示。

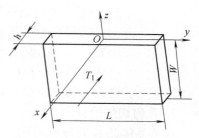

图 9-4 石英晶体平行六面体切片

石英晶体的正压电效应可以表述为

$$\boldsymbol{\sigma} = \boldsymbol{D}_Q \boldsymbol{T} \tag{9-1}$$

$$\boldsymbol{D}_Q = \begin{pmatrix} d_{11} & -d_{11} & 0 & d_{14} & 0 & 0 \\ 0 & 0 & 0 & 0 & -d_{14} & -2d_{11} \\ 0 & 0 & 0 & 0 & 0 & 0 \end{pmatrix}$$

式中　$\boldsymbol{D}_Q$——石英晶片的压电常数矩阵；

$\boldsymbol{\sigma}$——压电效应引起的电荷密度矢量，$\boldsymbol{\sigma} = (\sigma_1 \quad \sigma_2 \quad \sigma_3)^{\mathrm{T}}$；

$\boldsymbol{T}$——作用于石英晶片上的应力矢量，$\boldsymbol{T} = (T_1 \quad T_2 \quad T_3 \quad T_4 \quad T_5 \quad T_6)^{\mathrm{T}}$。

石英晶体只有两个独立的压电常数，即

$$d_{11} = \pm 2.31 \times 10^{-12} \mathrm{C/N}$$
$$d_{14} = \pm 0.73 \times 10^{-12} \mathrm{C/N}$$

左旋石英晶体的 d_{11}、d_{14} 取正号；右旋石英晶体的 d_{11}、d_{14} 取负号。

压电常数 d_{11} 表示晶片在 x 方向承受正应力时，单位压缩正应力在垂直于 x 轴晶面上所产生的电荷密度；压电常数 d_{14} 表示晶片在 x 面承受切应力时，单位切应力在垂直于 x 轴晶面上所产生的电荷密度。

基于式（9-1），对于石英晶体来说：选择恰当的石英晶片形状（又称晶片的切型）、受力状态和变形方式很重要，它们直接影响着石英晶体元件的压电效应和机电能量转换效率。例如在 x 晶面上，能引起压电效应产生电荷的应力分量为：作用于 x 轴的正应力 T_1、作用于 y 轴的正应力 T_2、作用于 yz 面上的切应力 T_4；在 y 晶面上，能引起压电效应产生电荷的应力分量为：作用于 y 面上的切应力 T_5、作用于 z 面上的切应力 T_6；而在 z 晶面上，没有压电效应。

可见，石英晶体的压电效应有四种基本应用方式：

1）厚度变形：通过 d_{11} 产生 x 方向的纵向压电效应。

2）长度变形：通过$-d_{11}$产生y方向的横向压电效应。

3）面剪切变形：晶体受剪切力的面与产生电荷的面相同。如对于x切晶片，通过d_{14}将x面上的剪切应力转变成x面上的电荷；对于y切晶片，通过$-d_{14}$将垂直于y面上的剪切应力转变成y面上的电荷。

4）厚度剪切变形：晶体受剪切力的面与产生电荷的面不共面。如对于y切晶片，在z面上作用剪切应力时，通过$-2d_{11}$在y面上产生电荷。

对于第1）种厚度变形，基于式（9-1）可得在x面上产生的电荷

$$q_{11} = \sigma_{11}LW = d_{11}T_1LW = d_{11}F_1 \tag{9-2}$$

式中　F_1——沿晶轴x方向的作用力（N）。这表明：石英晶片在x晶面上所产生的电荷量q_{11}正比于作用于该晶面上的力F_1，所产生的电荷极性如图9-5a所示。当石英晶片在x轴方向受到拉伸力时，在x晶面上产生的电荷极性与受压缩的情况相反，如图9-5b所示。

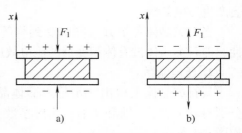

图9-5　石英晶片厚度变形电荷生成机理示意图

类似地，可以分析其他变形工作模式。

3. 几何切型的分类

石英晶体是各向异性材料，在$Oxyz$直角坐标系中，沿不同方位进行切割，可以得到不同的几何切型，主要分为X切族和Y切族，如图9-6所示。

X切族是以厚度方向平行于晶体x轴、长度方向平行于y轴、宽度方向平行于z轴这一原始位置，旋转出来的各种不同的几何切型。

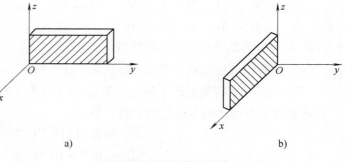

图9-6　石英晶体的切族

Y切族是以厚度方向平行于晶体y轴、长度方向平行于x轴、宽度方向平行于z轴这一原始位置，旋转出来的各种不同的几何切型。

4. 主要特性

石英晶体是一种天然的、性能优良的压电晶体，介电常数和压电常数的温度稳定性非常好。在$20 \sim 200℃$范围内，温度升高$1℃$，压电常数仅减少0.016%；温度上升到$400℃$，压电常数d_{11}仅减小5%；温度上升到$500℃$，d_{11}急剧下降；当温度达到$573℃$，石英晶体失去压电特性，这时的温度称为居里温度点。

此外，石英晶体压电特性较弱，但长期稳定性非常好、机械强度高、绝缘性能好。石英晶体元件的迟滞小、重复性好、固有频率高、动态响应好。

5. 石英压电谐振器的热敏感性

由于材料的各向异性，石英晶体的某些切型具有热敏感性，即压电石英谐振器的谐振频

率随温度而变化的特性。研究表明：在 $-200 \sim 200℃$ 温度范围内，石英谐振器的温度-频率特性可表示为

$$f(t) =$$

$$f_0 \left[1 + \sum_{n=1}^{3} \frac{1}{n!} \frac{\partial^n f}{f_0 \partial t^n} \bigg|_{t=t_0} (t-t_0)^n \right] = f_0 \left[1 + T_f^{(1)}(t-t_0) + T_f^{(2)}(t-t_0)^2 + T_f^{(3)}(t-t_0)^3 \right]$$

$$\text{(9-3)}$$

式中　f_0——温度为 t_0（一般取 $t_0 = 25℃$）时的谐振频率（Hz）；

$T_f^{(1)}$——一阶频率温度系数，$T_f^{(1)} = \dfrac{\partial f}{f_0 \partial t}\bigg|_{t=t_0}$；

$T_f^{(2)}$——二阶频率温度系数，$T_f^{(2)} = \dfrac{\partial^2 f}{2f_0 \partial t^2}\bigg|_{t=t_0}$；

$T_f^{(3)}$——三阶频率温度系数，$T_f^{(3)} = \dfrac{\partial^3 f}{6f_0 \partial t^3}\bigg|_{t=t_0}$。

石英晶体材料的温度系数与压电元件的取向、振动模态密切相关。对于非敏感温度的压电石英元件，应选择适当的切型和工作模式，尽可能对被测量敏感，降低其频率温度系数；而对于敏感温度的压电式石英元件，应选择恰当的频率温度系数。

9.1.2　压电陶瓷

1. 压电机理

压电陶瓷是人工合成的多晶压电材料，由无数细微的电畴组成。这些电畴实际上是自发极化的小区域。自发极化的方向是任意排列的，如图 9-7a 所示。无外电场作用时，从整体上看，这些电畴的极化效应相互抵消，使原始的压电陶瓷呈电中性，不具有压电性质。

为了使压电陶瓷具有压电效应，需进行极化处理，即在一定温度下对压电陶瓷施加强电场（如 $20 \sim 30\text{kV/cm}$ 的直流电场），经过 $2 \sim 3\text{h}$ 后，陶瓷内部电畴的极化方向都趋向于电场方向，如图 9-7b 所示。经过极化处理的压电陶瓷就呈现出压电效应。

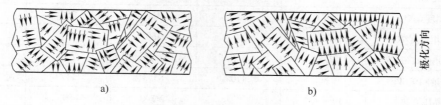

a)　　　　　　　　　　　b)

图 9-7　压电陶瓷的电畴示意图

2. 压电常数

压电陶瓷的极化方向通常取 z 轴方向，在垂直于 z 轴平面上可以任意设定相互垂直的 x 轴和 y 轴。压电特性对于 x 轴和 y 轴是等效的。研究表明，压电陶瓷通常有三个独立的压电常数，即 d_{33}、d_{31} 和 d_{15}。如钛酸钡压电陶瓷的压电常数矩阵为

$$\boldsymbol{D}_P = \begin{pmatrix} 0 & 0 & 0 & 0 & d_{15} & 0 \\ 0 & 0 & 0 & -d_{15} & 0 & 0 \\ d_{31} & d_{31} & d_{33} & 0 & 0 & 0 \end{pmatrix} \tag{9-4}$$

$$d_{33} = 190 \times 10^{-12} \text{C/N}$$

$$d_{31} = -0.41 d_{33} = -78 \times 10^{-12} \text{C/N}$$

$$d_{15} = 250 \times 10^{-12} \text{C/N}$$

由式（9-4）可知：钛酸钡压电陶瓷可以利用厚度变形、长度变形和剪切变形获得压电效应，也可以利用体积变形获得压电效应。

3. 常用压电陶瓷

（1）钛酸钡压电陶瓷

钛酸钡的压电常数 d_{33} 是石英晶体的压电常数 d_{11} 的几十倍，介电常数和体电阻率也都比较高；但温度稳定性、长期稳定性以及机械强度都不如石英晶体；而且工作温度较低，居里温度点为 $115℃$，最高使用温度约为 $80℃$。

（2）锆钛酸铅压电陶瓷

锆钛酸铅压电陶瓷（PZT）是由锆酸铅和钛酸铅组成的固溶体。它具有很高的介电常数，各项机电参数随温度和时间等外界因素的变化较小。根据不同用途，在锆钛酸铅材料中再添加一种或两种其他微量元素，如铌（Nb）、锑（Sb）、锡（Sn）、锰（Mn）、钨（W）等，可获得不同性能的 PZT，参见表 9-1。为便于比较，表中同时列出了石英晶体的有关参数。PZT 的居里温度点比钛酸钡要高，其最高使用温度可达 $250℃$ 左右。由于 PZT 的压电性能和温度稳定性等方面均优于钛酸钡压电陶瓷，故它是目前应用最普遍的一种压电陶瓷材料。

表 9-1 常用压电材料的性能参数

	石英	钛酸钡	锆钛酸铅 PZT-4	锆钛酸铅 PZT-5	锆钛酸铅 PZT-8
压电常数/（pC/N）	$d_{11} = 2.31$ $d_{14} = 0.73$	$d_{33} = 190$ $d_{31} = -78$ $d_{15} = 250$	$d_{33} = 200$ $d_{31} = -100$ $d_{15} = 410$	$d_{33} = 415$ $d_{31} = -185$ $d_{15} = 670$	$d_{33} = 200$ $d_{31} = -90$ $d_{15} = 410$
相对介电常数/ε_r	4.5	1200	1050	2100	1000
居里温度点/℃	573	115	310	260	300
最高使用温度/℃	550	80	250	250	250
密度×10^3/（kg/m³）	2.65	5.5	7.45	7.5	7.45
弹性模量×10^9/Pa	80	110	83.3	117	123
机械品质因数	$10^5 \sim 10^6$		≥500	80	≥800
最大安全应力×10^6/Pa	95~100	81	76	76	83
体积电阻率/（Ω·m）	>10^{12}	10^{10}（25℃）	>10^{10}	10^{11}（25℃）	
最高允许湿度（%RH）	100	100	100	100	

9.1.3 聚偏二氟乙烯

聚偏二氟乙烯（PVF2）是一种高分子半晶态聚合物。所制成的压电薄膜具有较高的电压灵敏度，比 PZT 大 17 倍。其动态品质非常好，在 10^{-5}Hz ~500MHz 频率范围内具有平坦的响应特性，特别适合利用正压电效应输出电信号。此外，它还具有机械强度高、柔软、耐冲击、易于加工成大面积元件和阵列元件、价格便宜等优点。

PVF2 压电薄膜在拉伸方向的压电常数最大（$d_{31} = 20 \times 10^{-12} \text{C/N}$），而垂直于拉伸方向的压电常数 d_{32} 最小（$d_{32} \approx 0.2 d_{31}$）。因此，在测量小于 1MHz 的动态量时，多利用 PVF2 压电薄膜受拉伸或弯曲产生的横向压电效应。

PVF2 压电薄膜在超声和水声探测方面有优势。其声阻抗与水的声阻抗非常接近，两者具有良好的声学匹配关系。因此，PVF2 压电薄膜在水中是一种透明的材料，可以用超声回波法直接检测信号；同时也可用于加速度和动态压力的测量。

9.1.4　压电元件的等效电路

当压电元件受到外力作用时，在压电元件一定方向的两个表面（即电极面）上产生电荷：在一个表面上聚集正电荷，在另一个表面上聚集负电荷。因此可把用作正压电效应的压电元件看作一个电荷发生器，等效于一个电容器，其电容量为

$$C_a = \varepsilon_r \varepsilon_0 S / \delta \tag{9-5}$$

式中　S，δ——压电元件电极面的面积（m^2）和厚度（m）；

ε_0，ε_r——真空中的介电常数（F/m）和极板电极间的相对介电常数。

图 9-8a 为考虑直流漏电阻（又称体电阻）时的等效电路，正常使用时 R_p 很大，可以忽略。因此可以把压电元件理想地等效于一个电荷源与一个电容相并联的电荷等效电路，如图 9-8b 所示；或等效于一个电压源和一个串联电容表示的电压等效电路，如图 9-8c 所示。

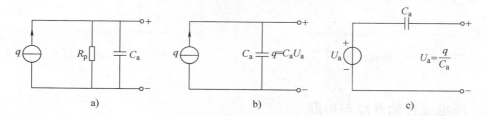

图 9-8　压电元件的等效电路

9.2　压电元件的信号转换电路

9.2.1　电荷放大器与电压放大器

基于上述对压电元件等效电路的分析，压电元件相当于一个"电容器"，所产生的直接输出是电荷量，而且压电元件等效电容的电容量很小，输出阻抗高，易受引线等干扰影响。为此，通常可以采用如图 9-9 所示的电荷放大器。

考虑到实际情况，电路的等效输入电容为

$$C = C_a + \Delta C \tag{9-6}$$

式中　C_a——压电元件的电容量（F）；

ΔC——总的干扰电容量（F）。

由图 9-9 可得

$$u_{in} = q/C \tag{9-7}$$

$$Z_{in} = 1/(sC) \tag{9-8}$$

$$Z_f = \frac{R_f/(sC_f)}{1/(sC_f)+R_f} = \frac{R_f}{1+R_fC_fs} \tag{9-9}$$

由式（9-7）~式（9-9），根据运算放大器的特性，可得

$$u_{out} = -\frac{Z_f}{Z_{in}}u_{in} = -\frac{R_fqs}{1+R_fC_fs} \tag{9-10}$$

可见，电荷放大器的输出只与压电元件产生的电荷不变量和反馈阻抗有关，而与电路的等效输入电容（含干扰电容）无关。这是电荷放大器的一个重要优点。

压电元件的信号转换电路还可以采用如图 9-10 所示的电压放大器。图中，C_a、R_a 分别为压电元件的电容量和绝缘电阻；C_c、C_{in} 分别为电缆电容和前置放大器的输入电容；R_{in} 为前置放大器的输入电阻。显然这种电路易受电缆干扰电容影响。

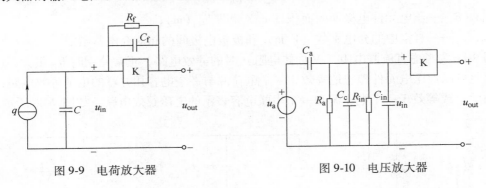

图 9-9　电荷放大器　　　　　　　图 9-10　电压放大器

9.2.2　压电元件的并联与串联

为了提高灵敏度，可以把两片压电元件重叠放置并按并联（对应于电荷放大器）或串联（对应于电压放大器）方式连接，如图 9-11 所示。

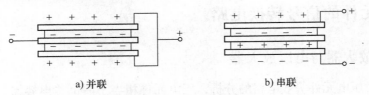

a) 并联　　　　　　　　　　b) 串联

图 9-11　压电元件的连接方式

对于如图 9-11a 所示的并联结构

$$\begin{cases} q_p = 2q \\ u_{ap} = u_a \\ C_{ap} = 2C_a \end{cases} \tag{9-11}$$

因此，当采用电荷放大器转换压电元件上的输出电荷 q_p 时，并联方式可以提高传感器的灵敏度。

对于如图 9-11b 所示的串联结构

$$
\begin{cases}
q_s = q \\
u_{as} = 2u_a \\
C_{as} = 0.5C_a
\end{cases}
\tag{9-12}
$$

因此，当采用电压放大器转换压电元件上的输出电压 u_{as} 时，串联方式可以提高传感器的灵敏度。

9.3 压电式传感器的抗干扰问题

9.3.1 环境温度的影响

环境温度的变化会引起压电材料的压电常数、介电常数、体电阻和弹性模量等参数的变化。通常，当温度升高时，压电元件的等效电容量增大，体电阻减小。电容量增大使传感器的电荷灵敏度增加，电压灵敏度降低；体电阻减小使传感器的时间常数减小，低频响应变差。

当环境温度缓慢变化时，压电陶瓷内部的极化强度会随温度变化产生明显的热释电效应，从而导致采用压电陶瓷的传感器低频特性变差。而石英晶体对缓变温度不敏感，因此可应用于很低频率被测信号的测量。

当环境温度瞬变时，对压电式传感器的影响比较大。瞬变温度在传感器壳体和基座等部件内产生温度梯度，引起热应力传递给压电元件，并产生干扰输出信号。此外，压电式传感器的线性度也会因预紧力受瞬变温度变化而变差。

瞬变温度引起的热电输出信号的频率较高，幅度较大，有时大到使放大器输出饱和。因此，在高温环境进行小信号测量时，热电干扰输出可能会淹没有用信号。为此，应设法补偿瞬变温度引起的误差，通常可采用以下四种方法。

1. 采用剪切型结构

剪切型传感器由于压电元件与壳体隔离，壳体的热应力不会传递到压电元件上；而基座热应力通过中心柱隔离，温度梯度不会导致明显的热电输出。因此，剪切型传感器受瞬变温度的影响很小。

2. 采用隔热片

在测量爆炸冲击波压力时，冲击波前沿的瞬态温度很高。为了隔离和缓冲高温对压电元件的冲击，减小热梯度的影响，可在压电式压力传感器的膜片与压电元件之间放置氧化铝陶瓷片等导热率低的绝热垫片，如图 9-12 所示。

3. 采用温度补偿片

在压电元件与膜片之间放置适当材料及尺寸的温度补偿片，如由陶瓷及铁镍铍青铜两种材料组成的温度补偿片，如图 9-13 所示。温度补偿片的热膨胀系数比壳体等材料的热膨胀系数大。在高温环境中，温度补偿片的热膨胀变形可以抵消壳体等部件的热膨胀变形，使压电元件的预紧力不变，从而消除温度引起的传感器输出漂移。

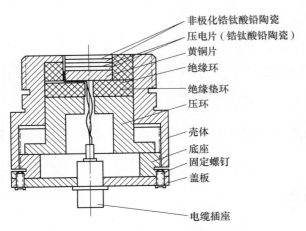

图 9-12 具有隔热片的压电式压力传感器

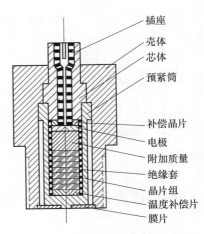

图 9-13 具有温度和加速度补偿
的压电式压力传感器

4. 采用冷却措施

对于应用于高温介质动态压力测量的压电式压力传感器，可采用强制冷却的措施，即在传感器内部注入循环冷却水，以降低压电元件和传感器各部件的温度。也可以采取外冷却措施，将传感器装入冷却套中，冷却套内注入循环的冷却水。

9.3.2 环境湿度的影响

环境湿度对压电式传感器性能的影响也很大。如果传感器长期在高湿度环境中工作，则传感器的绝缘电阻会减小，使传感器低频响应变坏。为此，传感器的有关部分一定要选用绝缘性能好的绝缘材料，并采取防潮密封措施。

9.3.3 横向灵敏度

以一个压电式加速度传感器为例进行说明。理想的加速度传感器，只感受主轴方向的加速度。然而，实际的压电式加速度传感器在横向加速度的作用下都会有一定输出，通常将这一输出信号与横向加速度之比称为传感器的横向灵敏度。

产生横向灵敏度的主要原因是：晶片切割时切角的定向误差、压电陶瓷极化方向的偏差；压电元件表面粗糙或两表面不平行；基座平面或安装表面与压电元件的最大灵敏度轴线不垂直；压电元件上作用的静态预压缩应力偏离极化方向等。这些原因使传感器最大灵敏度方向与主轴线方向不重合，横向作用的加速度在最大灵敏度方向上的分量不为零，引起传感器的输出误差，如图 9-14 所示。

横向灵敏度与加速度方向有关。图 9-15 所示为一种典型的横向灵敏度与加速度方向的关系曲线。假设沿 0°方向或 180°方向作用有横向加速度时，横向灵敏度最大，则沿 90°方向或 270°方向作用有横向加速度时，横向灵敏度最小。根据这一特点，在测量时需仔细调整传感器的位置，使传感器的最小横向灵敏度方向对准最大横向加速度方向，从而使横向加速度引起的输出误差为最小。

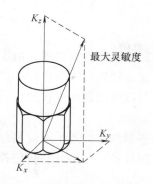

图 9-14　横向灵敏度的图解说明

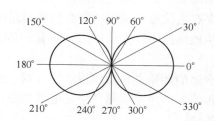

图 9-15　横向灵敏度与加速度方向的关系

9.3.4　基座应变的影响

安装传感器的基座产生应变时，该应变会直接传递到压电元件上引起附加应力，产生误差信号输出。这个误差与传感器的结构形式有关。一般压缩型传感器，由于压电元件直接放置在基座上，所以基座应变的影响较大。剪切型传感器因其压电元件不与基座直接接触，因此基座应变的影响比一般压缩型传感器要小得多。

9.3.5　声噪声的影响

高强度声场通过空气传播会使构件产生较明显的振动。当压电式加速度传感器置于高强度声场中时，会产生一定的寄生信号输出，但比较弱。研究表明：即使 140dB 的高强度噪声引起的传感器的噪声输出，也只相当于几个 $m \cdot s^2$ 的加速度值。因此，声噪声的影响通常可以忽略。

9.3.6　电缆噪声的影响

电缆噪声由电缆自身产生。普通的同轴电缆由使用挤压聚乙烯或聚四氟乙烯材料作绝缘保护层的多股绞线组成。外部屏蔽套是一个编织的多股的镀银金属网套，如图 9-16 所示。

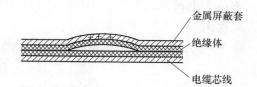

图 9-16　同轴电缆芯线和绝缘体分离现象示意图

当电缆受到突然的弯曲或振动时，电缆芯线与绝缘体之间，以及绝缘体和金属屏蔽套之间就可能发生相对移动，在它们之间形成一个空隙。当相对移动很快时，在空隙中因相互摩擦而产生静电感应电荷，此电荷直接叠加到压电元件的输出，并馈送到放大器中，从而在主信号中混杂有较大的电缆噪声。

为了减小电缆噪声，可选用特制的低噪声电缆，如电缆芯线与绝缘体之间以及绝缘体与屏蔽套之间加入石墨层，以减小相互摩擦；同时在测量过程中还应将电缆固紧，以避免引起相对运动，如图 9-17 所示。

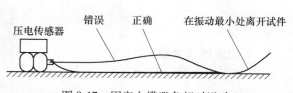

图 9-17　固定电缆避免相对运动

9.3.7 接地回路噪声的影响

在振动测量中，一般测量仪器比较多。如果测量仪器和传感器各自接地，由于不同的接地点之间存在电位差，这样就会在接地回路中形成回路电流，导致在测量系统中产生噪声信号。防止接地回路中产生噪声信号的有效办法是：使整个测试系统在一点接地，不形成接地回路。

一般合适的接地点在指示器的输入端。为此，要将传感器和放大器采取隔离措施实现对地隔离。传感器的简单隔离方法是电气绝缘，可以用绝缘螺栓和云母垫片将传感器与它所安装的构件绝缘。

9.4 压电式传感器的典型实例

9.4.1 压电式加速度传感器

1. 原理结构

图 9-18 是一种压电式加速度传感器的原理结构图。该传感器由质量块 m、硬弹簧 k、压电晶片和基座组成。质量块由密度较大的材料（如钨或重合金）制成。硬弹簧对质量块加载，产生预压力，以保证在作用力变化时，晶片始终受到压缩作用。整个组件装在基座上。为防止干扰应变传到晶片上产生假信号，基座应厚些。

为了提高灵敏度，可采用把两片晶片重叠放置并按并联（对应于电荷放大器）或串联（对应于电压放大器）的方式连接，如图 9-11 所示。

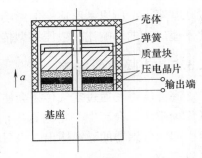

图 9-18 压电式加速度传感器的原理结构图

图 9-19 所示为压电式加速度传感器常见的几种结构形式。

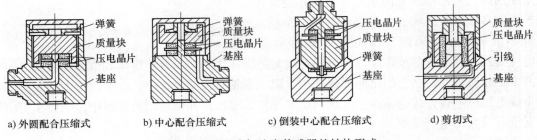

a) 外圆配合压缩式　　b) 中心配合压缩式　　c) 倒装中心配合压缩式　　d) 剪切式

图 9-19 压电式加速度传感器的结构形式

2. 工作原理及灵敏度

当传感器基座随被测物体一起运动时，由于弹簧刚度很大，相对而言质量块的质量 m 很小，即惯性很小，可认为质量块感受与被测物体相同的加速度，并产生与加速度成正比的惯性力 F_a。压电晶片在惯性力作用下，产生与加速度成正比的电荷 q_a 或电压 u_a。这样就可通过电荷量或电压来测量加速度 a。对于采用压电陶瓷元件实现的加速度传感器，其电荷灵

敏度 K_q 和电压灵敏度 K_u 分别为

$$\begin{cases} K_q = \dfrac{q_a}{a} = \dfrac{d_{33}F_a}{a} = -d_{33}m \\[2mm] K_u = \dfrac{u_a}{a} = \dfrac{-d_{33}m}{C_a} \end{cases} \tag{9-13}$$

式中　d_{33}——压电陶瓷的压电常数（N/m）。

3. 频率响应特性

压电晶片本身的高频响应特性好，低频响应特性差，故压电式加速度传感器的上限响应频率取决于机械部分的固有频率，下限响应频率取决于压电晶片和放大器。

机械部分是一个"质量-阻尼-弹簧"系统，感受加速度时质量块相对于传感器基座的位移幅频特性为

$$A_a(\omega) = \left| \frac{x - x_i}{a} \right| = \frac{1}{\sqrt{(\omega_n^2 - \omega^2)^2 + (2\zeta\omega_n\omega)^2}} \tag{9-14}$$

式中　ω_n、ζ——机械部分的固有角频率（rad/s）和阻尼比。

在压电材料的弹性范围内，压电晶片产生的变形量，即质量块的相对位移 $y = x - x_i$ 是由加速度引起的惯性力 $F_a = -ma$ 产生的，满足

$$F_a = k_y(x - x_i) = -ma \tag{9-15}$$

式中　k_y——压电晶片的弹性系数（N/m）。

受惯性力作用时，压电晶片产生的电荷为

$$q_a = d_{33}F_a = d_{33}k_y(x - x_i) = -d_{33}ma \tag{9-16}$$

由式（9-14）和式（9-16）可得压电式加速度传感器的电荷灵敏度为

$$K_q = \frac{q_a}{a} = \left| \frac{d_{33}k_y(x - x_i)}{a} \right| = \frac{d_{33}k_y}{\sqrt{(\omega_n^2 - \omega^2)^2 + (2\zeta\omega_n\omega)^2}} \tag{9-17}$$

当 $\omega \ll \omega_n$ 时，则有

$$K_q = d_{33}k_y / \omega_n^2 \tag{9-18}$$

可见，当加速度的角频率 ω 远低于机械部分的固有角频率 ω_n 时，传感器的灵敏度 K_q 近似为常数。但由于压电晶片的低频响应较差，当加速度频率过低时，灵敏度下降。增大质量块的质量 m，可以提高低频灵敏度，但会使机械部分的固有频率下降，从而又影响高频响应。图 9-20 所示为压电式加速度传感器的频率响应特性曲线。

压电式传感器的下限响应频率与所配前置放大器有关。对于电压放大器，低频率响应取决于电路的时间常数 $\tau = RC$（R、C 分别是电路的等效输入电阻、等效输入电容）。等效输入电阻越大，时间常数越

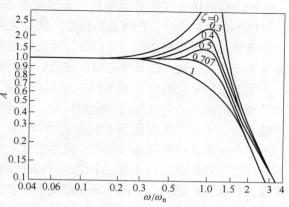

图 9-20　压电式加速度传感器的频率特性曲线

大，可测量的低频下限就越低；当时间常数一定时，测量信号的频率越低，误差越大。对于电荷放大器，传感器的频响下限受电荷放大器下限截止频率的限制。下限截止频率由反馈电容 C_f 和反馈电阻 R_f 决定

$$f_L = \frac{1}{2\pi R_f C_f} \tag{9-19}$$

一般电荷放大器的下限截止频率可低至 0.3Hz。

压电式加速度传感器由于体积小，质量小，频带宽（零点几赫到数十千赫），测量范围宽（$10^{-5} \sim 10^4 \mathrm{m/s^2}$），使用温度范围宽（高温可到 700℃），广泛用于加速度、振动和冲击测量。

9.4.2 压电式压力传感器

图 9-21 为一种以圆平膜片为敏感元件的压电式压力传感器的结构示意图。为了保证传感器具有良好的线性度和长期稳定性，而且能在较高的环境温度下正常工作，压电元件采用两片 xy（X0°）切型的石英晶片，并联连接。作用在膜片上的压力通过传力块施加到石英晶片上，使晶片产生厚度变形。为了保证传感器的高性能，传感器的壳体及后座（即芯体）的刚度要大，传力块及导电片应采用高声速材料，如不锈钢等。

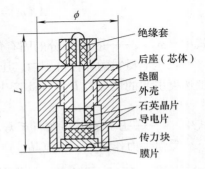

图 9-21 膜片式压电压力传感器

在压力 p（Pa）作用下，两片石英晶片输出的总电荷量为

$$q = 2d_{11}Sp \tag{9-20}$$

式中　d_{11}——石英晶体的压电常数（C/N）；

　　　S——膜片的有效面积（$\mathrm{m^2}$）；

这种结构的压电式压力传感器用于测量动态压力，具有较高的灵敏度和分辨率、频带宽、体积小、质量小、工作可靠等优点。缺点是压电元件的预压缩应力是通过拧紧芯体施加的，会使膜片产生弯曲变形，影响传感器的线性度和动态性能。此外，当膜片受环境温度影响而发生变形时，会产生不稳定输出现象。

为了克服压电元件在预载过程中引起膜片的变形，采取了预紧筒加载结构，如图 9-22 所示。预紧筒是一个薄壁厚底的金属圆筒，通过拉紧预紧筒对石英晶片组施加预压缩应力。在加载状态下用电子束焊将预紧筒与芯体焊成一体。感受压力的平膜片是后来焊到壳体上的，不会在压电元件的预加载过程中发生变形。

采用预紧筒加载结构还有一个优点，即在预紧筒外围的空腔内可以注入冷却水，降低晶片温度，以保证传感器在较高的环境温度下正常工作。

图 9-23 为活塞压电式压力传感器的结构图。它是利用活塞将压力转换为集中力后直接施加到压电晶体上，使之产生输出电荷。通过图 9-9 所示的电荷放大器将电荷量转换为电压信号。

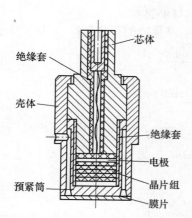

图 9-22 预紧筒加载的压电式压力传感器

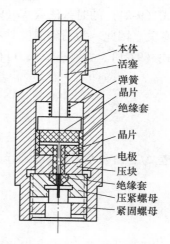

图 9-23 活塞压电式压力传感器

9.4.3 压电式超声波流量传感器

超声波具有方向性，可用来测量流体的流速。图 9-24 所示为压电式超声波流量传感器原理图。在管道上安装两套超声波发射器（T_1，T_2）和接收器（R_1，R_2）。发射器和接收器的声路与流体流动方向的夹角为 θ，流体自左向右以平均速度 v 流动。

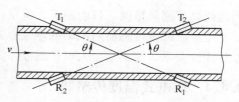

图 9-24 压电式超声波流量传感器原理图

声波脉冲从发射器 T_1 发射到接收器 R_1 接收到的时间（s）为

$$t_1 = \frac{L}{c+v\cos\theta} = \frac{D}{(c+v\cos\theta)\sin\theta} \tag{9-21}$$

式中 c——声波的速度（m/s）；

D——管道内径（m）。

同样，声波脉冲从发射器 T_2 发射到接收器 R_2 接收到的时间（s）为

$$t_2 = \frac{L}{c-v\cos\theta} = \frac{D}{(c-v\cos\theta)\sin\theta} \tag{9-22}$$

则声波顺流和逆流的时间差为

$$\Delta t = t_2 - t_1 = \frac{2D\cot\theta}{c^2 - v^2\cos^2\theta}v \tag{9-23}$$

考虑到 $c \gg v$，所以

$$\Delta t \approx \frac{2vD\cot\theta}{c^2} \tag{9-24}$$

接收器 R_1 与 R_2 接收信号之间的相位差为

$$\Delta\varphi = \omega\Delta t = \frac{2\omega vD\cot\theta}{c^2} \tag{9-25}$$

式中 ω——超声波的角频率（rad/s）。

由式（9-24）的时差法或式（9-25）的相差法测量流速 v，均与声速有关。而声速与流体温度有关。因此，为消除温度对声速的影响，应进行温度补偿。

由式（9-21）、式（9-22），可得发射器 T_1、T_2 超声脉冲的重复频率（Hz）分别为

$$f_1 = \frac{1}{t_1} = \frac{(c+v\cos\theta)\sin\theta}{D} \tag{9-26}$$

$$f_2 = \frac{1}{t_2} = \frac{(c-v\cos\theta)\sin\theta}{D} \tag{9-27}$$

频差 Δf、由频差解算的流速 v 以及体积流量 Q_V 分别为

$$\Delta f = f_1 - f_2 = \frac{v\sin 2\theta}{D} \tag{9-28}$$

$$v = \frac{\Delta f D}{\sin 2\theta} \tag{9-29}$$

$$Q_V = \frac{\pi v D^2}{4} = \frac{\pi \Delta f D^3}{4\sin 2\theta} \tag{9-30}$$

由式（9-29）及式（9-30）可知，频差法测量流速 v 和体积流量 Q_V 均与声速 c 无关，因此提高了测量精度。目前超声波流量传感器均采用频差法。

超声波流量传感器对流动流体无压力损失，且与流体黏度、温度等因素无关；流量与频差呈线性关系，特别适合大口径的液体流量测量。

9.4.4 压电式温度传感器

利用热敏石英压电谐振器的温度-频率特性，可以实现石英温度传感器。石英温度传感器多采用沿厚度方向剪切振动的旋转 Y 切型高频石英谐振器制成。热敏谐振器可以采用基频振动（1~10MHz），也可以采用三次或五次谐波振动（5~30MHz）。

1. 结构

热敏谐振器一般均放置在封闭的外壳中，以防止在谐振器的表面上沉积固体微粒、烟尘、水汽及其他有害物质。使用外壳能提高温度传感器的可靠性，预防压电谐振器的老化，但是降低了谐振器的品质因数和动态响应特性。

2. 分辨力

如果热敏谐振器的频率温度系数为 $T_f^{(1)}$，自激振荡器的短时间不稳定度为 S_f，则最小可测量的温度变化量为

$$\Delta t_{\min} = S_f / T_f^{(1)} \tag{9-31}$$

【简单算例讨论】　对于 $T_f^{(1)} = 10^{-4}/℃$ 的谐振器，若短时间不稳定度 $S_f \leqslant 10^{-10}$，则可测的温度变化量为

$$\Delta t_{\min} = \frac{10^{-10}}{10^{-4}/℃} = 10^{-6}℃$$

这是一个非常好的指标。

对于上述谐振器，若要求能够实现 $10^{-3}℃$ 温度变化量的测量，则短时间不稳定度应满足

$$S_f \leqslant \Delta t_{\min} \cdot t_f^{(1)} = 10^{-3}℃ \times 10^{-4}/℃ = 10^{-7}$$

3. 主要误差

（1）温度-频率特性的迟滞

研究表明，热敏谐振器温度-频率特性的迟滞误差可以描述为

$$\xi_H = L(t_{max} - t_{min}) = L\Delta t \tag{9-32}$$

式中 t_{max}，t_{min}——温度测量的最大值（℃）和最小值（℃）；

Δt——温度测量量程（℃）；

L——温度传感器的非循环系数，通常为 $(0.5 \sim 1.5) \times 10^{-4}$。

【简单算例讨论】 某一 LC 切型谐振器（28MHz、三次谐波），一次循环（-80℃ → +120℃ → -80℃）后，初始频率的滞后为 20Hz。若该谐振器的灵敏度为 10^3 Hz/℃，则相当于迟滞误差为

$$\xi_H = \frac{20Hz}{2 \times 10^3 Hz/℃} = 0.01℃$$

借助于式（9-32），可得非循环系数为

$$L = \frac{\xi_H}{\Delta t} = \frac{0.01℃}{[120 - (-80)]℃} = 5 \times 10^{-5}$$

采用温度老化法可以有效减小迟滞误差。即将温度传感器轮流在 -196℃ 液氮和 150℃ 恒温加热器中分别保持 1h，进行 10 个循环。然后，使谐振器在谐振频率下经受交变能量的激励。对于个别样品，非循环系数可降低到 1×10^{-5}。

（2）过热误差

压电谐振器有效阻抗上的功率能转换为热量，使压电元件相对于周围介质产生过热，从而产生过热误差

$$\Delta t_T = k_T P \tag{9-33}$$

式中 k_T——过热系数（℃/W），为 0.1 ~ 0.15℃/mW；

P——耗散功率（W）。

【简单算例讨论】 某一压电式温度传感器，其过热系数为 0.15℃/mW。若激励谐振器耗费 0.2 ~ 1mW 的功率时，则利用式（9-33）可知：产生的过热误差为 0.03 ~ 0.15℃；若同样大小的激励功率有 10% 的附加漂移，则产生的随机误差为 0.003 ~ 0.015℃。可见，为降低误差，必须提高谐振器激励电压的稳定性，降低激励功率的幅度。事实上，压电元件的散热条件越好，过热系数越小。考虑到热平衡的特殊性，过热问题对于工作于低温区的热敏谐振器的影响更大，需认真对待。

思考题与习题

9-1 什么是压电效应？有哪几种常用的压电材料？

9-2 简述石英晶体压电特性产生的原理。

9-3 利用石英晶片的压电常数矩阵，简要说明其应用特点。

9-4 如何理解石英压电谐振器的热敏感性？在实用中如何考虑谐振器的热敏感性？

9-5 简述压电陶瓷材料压电特性产生的原理。

9-6 利用钛酸钡压电陶瓷的压电常数矩阵，简要说明钛酸钡压电陶瓷的应用特点。

9-7 试比较石英晶体和压电陶瓷的压电效应。

9-8 简述 PVF2 压电薄膜的使用特点。

9-9 压电元件应用正压电效应时，等效于一个电容器。简要说明其应用特点。

9-10 给出压电式传感器中应用的电荷放大器的原理电路图。

9-11 通过理论分析和公式推导，从负载效应说明压电元件信号转换电路的设计要点。

9-12 讨论环境温度变化对压电式传感器的影响过程，给出减小瞬变温度误差的方法。

9-13 简述环境湿度对压电式传感器的影响及应采取的措施。

9-14 以压电式加速度传感器为例，解释压电式传感器的横向灵敏度。

9-15 给出一种压电式加速度传感器的原理结构图，说明其工作过程及特点。

9-16 压电式加速度传感器的动态特性主要取决于哪些参数？简单说明其相位特性。

9-17 简述图 9-22 所示的压电式压力传感器的工作原理及应用特点。

9-18 说明压电式超声波流量传感器的工作原理。

9-19 建立图 9-24 所示的压电式超声波流量传感器的特性方程。

9-20 简述石英压电式温度传感器的工作机理。

9-21 某压电式加速度传感器的电荷灵敏度为 $k_g = 15\text{pC} \cdot \text{m}^{-1} \cdot \text{s}^2$，若电荷放大器的反馈部分只是一个电容 $C_f = 1200\text{pF}$，当被测加速度为 $5\sin15000t\,\text{m/s}^2$ 时，求电荷放大器的稳态输出电压。

9-22 题 9-21 中，若电荷放大器的反馈部分除了上述反馈电容外，还有一个并联反馈电阻 $R_f = 1\text{M}\Omega$，当被测加速度为 $5\sin15000t\,\text{m/s}^2$ 时，求电荷放大器的稳态输出电压。

9-23 题 9-21 中，若电荷放大器的反馈部分除了上述反馈电容外，还有一个串联反馈电阻 $R_f = 1\text{M}\Omega$，当被测加速度为 $5\sin15000t\,\text{m/s}^2$ 时，求电荷放大器的稳态输出电压。

▶ 第 10 章 ∶∶∶∶∶∶∶∶∶∶∶∶∶∶∶∶∶∶∶∶∶∶∶∶∶∶∶∶∶∶

谐振式传感器

主要知识点：

谐振现象与谐振子的振动特性

谐振式敏感结构的固有频率与谐振频率的关系

谐振式敏感结构的开环特性测试与机械品质因数 Q 值的计算

机械品质因数的物理意义与提高 Q 值的主要措施

谐振式传感器的闭环工作模式及其幅值条件与相位条件

谐振式传感器的实现方式与应用特点

谐振弦式压力传感器的敏感结构与应用特点

谐振筒式压力传感器的敏感结构与工作原理

谐振膜式压力传感器的敏感结构与工作原理

石英谐振梁式压力传感器的敏感结构与应用特点

谐振式科里奥利直接质量流量传感器的敏感结构与工作特点

声表面波谐振式加速度传感器的敏感结构与工作原理

10.1 谐振状态及其评估

10.1.1 谐振现象

谐振式传感器利用处于谐振状态的敏感元件（即谐振子）自身的振动特性受被测参数的影响规律实现测量。谐振敏感元件工作时，可以等效为一个单自由度系统（见图 10-1a），其动力学方程为

$$m\ddot{x}+c\dot{x}+kx-F(t)=0 \qquad (10-1)$$

式中 m，c，k——振动系统的等效质量（kg），等效阻尼系数（N·s/m）和等效刚度（N/m）；

$F(t)$——激励外力（N）。

$m\ddot{x}$、$c\dot{x}$ 和 kx 分别反映了振动系统的惯性力、阻尼力和弹性力，如图 10-1b 所示。当上述振动系统处于谐振状态时，激励外力应当与系统的阻尼力相平衡；惯性力应当与弹性力相平衡，系统以其固有频率振动，即

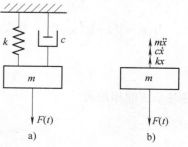

图 10-1 单自由度振动系统

$$\begin{cases} c\dot{x} - F(t) = 0 \\ m\ddot{x} + kx = 0 \end{cases} \tag{10-2}$$

这时振动系统的外力超前位移矢量 90°，与速度矢量同相位。弹性力与惯性力之和为零，利用这个条件可以得到系统的固有角频率（rad/s）为

$$\omega_n = \sqrt{k/m} \tag{10-3}$$

由于实际的阻尼力很难确定，这是一个理想情况。

当式（10-1）中的外力 $F(t)$ 是周期信号

$$F(t) = F_m \sin\omega t \tag{10-4}$$

则振动系统的归一化幅值响应和相位响应分别为

$$A(\omega) = \frac{1}{\sqrt{\left[1 - (\omega/\omega_n)^2\right]^2 + \left[2\zeta(\omega/\omega_n)\right]^2}} \tag{10-5}$$

$$\varphi(\omega) = \begin{cases} -\arctan\dfrac{2\zeta(\omega/\omega_n)}{1 - (\omega/\omega_n)^2} & \omega/\omega_n \leqslant 1 \\[3mm] -\pi + \arctan\dfrac{2\zeta(\omega/\omega_n)}{(\omega/\omega_n)^2 - 1} & \omega/\omega_n > 1 \end{cases} \tag{10-6}$$

式中 ζ——系统的阻尼比，$\zeta = \dfrac{c}{2\sqrt{km}}$。对谐振子而言，$\zeta \ll 1$，为弱阻尼系统。

图 10-2 为系统的幅频特性曲线（见图 10-2a）和相频特性曲线（见图 10-2b）。

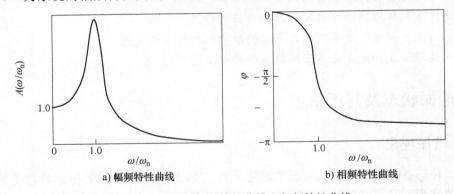

a) 幅频特性曲线　　　　　b) 相频特性曲线

图 10-2　系统的幅频特性曲线和相频特性曲线

当 $\omega_r = \sqrt{1 - 2\zeta^2}\,\omega_n$ 时，$A(\omega)$ 达到最大值

$$A_{max} = \frac{1}{2\zeta\sqrt{1 - 2\zeta^2}} \approx \frac{1}{2\zeta} \tag{10-7}$$

这时系统的相位为

$$\varphi = -\arctan\frac{2\zeta\sqrt{1 - 2\zeta^2}}{2\zeta^2} \approx -\arctan\frac{1}{\zeta} \approx -\frac{\pi}{2} \tag{10-8}$$

工程上将振动系统的幅值增益达到最大值时的工作情况定义为谐振状态，相应的激励角频率 ω_r 定义为系统的谐振角频率。

10.1.2 谐振子的机械品质因数 Q 值

根据上述分析，系统的固有角频率 $\omega_n = \sqrt{k/m}$ 只与系统固有的质量和刚度有关。系统的谐振角频率 $\omega_r = \sqrt{1-2\zeta^2}\,\omega_n$ 和固有角频率的差别，与系统的阻尼比密切相关。从测量的角度出发，这个差别越小越好。为了描述谐振子谐振状态的优劣程度，常利用谐振子的机械品质因数 Q 值进行讨论。

谐振子是弱阻尼系统，$0 < \zeta \ll 1$，利用图 10-3 所示的谐振子幅频特性可给出

$$Q \approx A_{\max} \approx \frac{1}{2\zeta} \approx \frac{\omega_r}{\omega_2 - \omega_1} \qquad (10\text{-}9)$$

显然，Q 值反映了谐振子振动中阻尼比的大小及消耗能量快慢的程度，也反映了幅频特性曲线谐振峰陡峭的程度，即谐振敏感元件选频能力的强弱。

基于上述分析，谐振子的谐振角频率相对于其固有角频率的变化率为

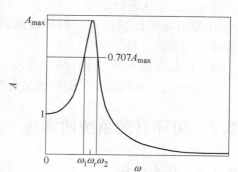

图 10-3　利用幅频特性获得谐振子的 Q 值

$$\beta = \frac{\omega_r - \omega_n}{\omega_n} \approx \sqrt{1 - \frac{1}{2Q^2}} - 1 \approx -\frac{1}{4Q^2} \qquad (10\text{-}10)$$

【简单算例讨论】　通过某谐振子的幅频特性曲线的测试，得其最低阶谐振频率为 3.3673kHz，同时记录了相应的两个半功率点的频率值：3.3665kHz 和 3.3682kHz，则该谐振子的机械品质因数 Q 值为

$$Q \approx \frac{f_r}{f_2 - f_1} = \frac{3.3673}{3.3682 - 3.3665} \approx 1980.8$$

利用式（10-9）可计算出系统等效的阻尼比为

$$\zeta \approx \frac{1}{2Q} = \frac{1}{2 \times 1980.8} \approx 2.524 \times 10^{-4}$$

基于系统的谐振角频率与固有角频率的关系，可计算出

$$\omega_n = \omega_r \left(\sqrt{1 - 2\zeta^2} \right)^{-1} = 3.3673 \times \left[\sqrt{1 - 2 \times (2.524 \times 10^{-4})^2} \right]^{-1} \text{kHz} \approx 3.3673 \text{kHz}$$

利用式（10-10）可计算出系统谐振角频率相对于其固有角频率的变化量为

$$\omega_r - \omega_n \approx -\frac{1}{4Q^2}\omega_n \approx -\frac{1}{4Q^2}\omega_r = -\frac{3367.3}{4 \times 1980.8^2}\text{Hz} \approx -2.146 \times 10^{-4}\text{Hz}$$

可见，当机械品质因数较高时，系统的谐振频率与固有频率相差极小。

显然，Q 值越高，谐振角频率与固有角频率 ω_n 越接近，系统的选频特性就越好，越容易检测到系统的谐振角频率，同时系统的谐振角频率就越稳定，重复性就越好。总之，对于谐振式传感器来说，提高谐振子的品质因数至关重要。采取各种措施提高谐振子的 Q 值，是设计谐振式传感器的核心问题。

提高谐振子 Q 值的途径可以从以下四个方面考虑：

1）选择高 Q 值的材料，如石英晶体材料、单晶硅材料和精密合金材料等。石英晶体材

料的机械品质因数的极限值与其工作频率 f 有关，可描述为

$$Qf = 1.2 \times 10^{13} \text{Hz} \qquad (10\text{-}11)$$

2）采用较好的加工工艺手段，尽量减小由于加工过程引起的谐振子内部的残余应力。如对于测量压力的谐振筒敏感元件，由于其壁厚只有 0.08mm 左右，如果采用旋拉工艺，在谐振筒的内部容易形成较大的残余应力，其 Q 值为 3000~5000；而采用精密车磨工艺，其 Q 值可达到 8000 以上，明显高于前者。

3）注意优化设计谐振子的边界结构及封装形式，即要阻止谐振子与外界振动的耦合，有效地使谐振子的振动与外界环境隔离。为此通常采用调谐解耦方式，使谐振子通过其"节点"与外界连接。

4）优化谐振子的工作环境，使其尽可能地不受被测介质的影响。

一般来说，实际谐振子的机械品质因数较其材料的 Q 值下降 1~2 个数量级。

10.2 闭环自激系统的实现

10.2.1 基本结构

谐振式传感器绝大多数工作于闭环自激状态。图 10-4 为利用谐振式测量原理构成谐振式传感器的基本结构。

R：谐振敏感元件，即谐振子。它是传感器的核心部件，工作时以其自身固有的振动模态持续振动。谐振子的振动特性直接影响着谐振式传感器的性能。谐振子有多种形式，如谐振梁、复合音叉、谐振筒、谐振膜、谐振半球壳和弹性弯管等。

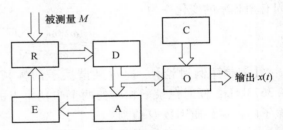

图 10-4 谐振式测量原理基本实现方式

E，D：信号激励器（或驱动器）和拾振器（或检测器），实现电-机、机-电转换，为组成谐振式传感器的闭环自激系统提供条件。常用激励方式有电磁效应、静电效应、逆压电效应、电热效应、光热效应等。常用拾振方式有应变效应、压阻效应、磁电效应、电容效应、正压电效应、光电效应等。

A：放大器，用于调节信号的相位和幅值，使系统能可靠稳定工作于闭环自激状态。通常采用专用的多功能化集成电路实现。

O：系统检测输出装置，实现解算周期信号特征量，获得被测量的部件。它用于检测周期信号的频率（或周期）、幅值（比）或相位（差）。

C：补偿装置，主要对温度误差进行补偿，有时系统也对零位和测量环境的有关干扰因素的影响进行补偿。

10.2.2 闭环系统的实现条件

1. 复频域分析

如图 10-5 所示，其中 $R(s)$、$E(s)$、$A(s)$、$D(s)$ 分别为谐振子、激励器、放大器和拾振

器的传递函数，s 为拉普拉斯变换变量。闭环系统的等效开环传递函数为

$$G(s) = R(s)E(s)A(s)D(s) \qquad (10\text{-}12)$$

满足以下条件时，系统将以角频率 ω_V 产生闭环自激：

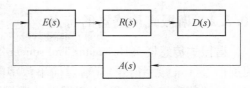

图 10-5　闭环自激条件的复频域分析

$$|G(j\omega_V)| \geqslant 1 \qquad (10\text{-}13)$$

$$\angle G(j\omega_V) = 2n\pi \quad n = 0, \pm 1, \pm 2, \cdots \qquad (10\text{-}14)$$

式（10-13）和式（10-14）称为系统可自激的复频域幅值条件和相位条件。

2. 时域分析

如图 10-6 所示，从信号激励器来考虑，某一瞬时作用于激励器的输入电信号为

$$u_1(t) = A_1 \sin \omega_V t \qquad (10\text{-}15)$$

式中　A_1——激励电信号的幅值，$A_1 > 0$；

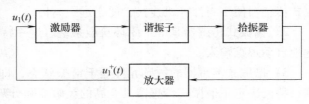

图 10-6　闭环自激条件的时域分析

　　　ω_V——激励电信号的角频率。

$u_1(t)$ 经激励器、谐振子、拾振器和放大器后，输出为 $u_1^+(t)$，可写为

$$u_1^+ = A_2 \sin(\omega_V t + \varphi_T) \qquad (10\text{-}16)$$

式中　A_2——输出电信号 $u_1^+(t)$ 的幅值，$A_2 > 0$。

满足以下条件时，系统以角频率 ω_V 产生闭环自激：

$$A_2 \geqslant A_1 \qquad (10\text{-}17)$$

$$\varphi_T = 2n\pi \quad n = 0, \pm 1, \pm 2, \cdots \qquad (10\text{-}18)$$

式（10-17）和式（10-18）称为系统可自激的时域幅值条件和相位条件。

以上考虑的是在某一频率点处的闭环自激条件。对于谐振式传感器，应在其整个工作频率范围内均满足闭环自激条件，这为设计传感器闭环系统提出了特殊要求。

10.3　测量原理及特点

10.3.1　测量原理

基于上述分析：对于谐振式传感器，从检测信号的角度，其输出可以写为

$$x(t) = Af(\omega t + \varphi) \qquad (10\text{-}19)$$

式中　A，ω，φ——输出信号的幅值，角频率（rad/s）和相位（°）。

$f(\cdot)$ 为归一化周期函数。当 $nT \leqslant t \leqslant (n+1)T$ 时，$|f(\cdot)|_{\max} = 1$；$T = 2\pi/\omega$，为周期（s）；A，ω，φ 称为谐振式传感器检测信号 $x(t)$ 的特性参数。

显然，只要被测量能较显著地改变检测信号 $x(t)$ 的某一特征参数，谐振式传感器就能通过检测该特征参数来实现对被测量的检测。

在谐振式传感器中，目前应用最多的是检测角频率 ω，如谐振筒式压力传感器、谐振膜式压力传感器等。对于敏感幅值 A 或相位 φ 的谐振式传感器，应采用相对（参数）测量，即通过测量幅值比或相位差来实现，如谐振式直接质量流量传感器。

10.3.2 谐振式传感器的特点

谐振式传感器（Resonator Transducer/Sensor）的敏感元件自身处于谐振状态，直接输出周期信号（准数字信号），通过简单数字电路（不是 A/D 或 V/F）即可转换为易与微处理器接口的数字信号；同时由于谐振敏感元件的重复性、分辨力和稳定性等非常优良，因此谐振式传感器自然成为当今人们研究的重点。相对其他类型的传感器，谐振式传感器的特点与独特优势如下：

1）输出信号是周期的，被测量能够通过检测周期信号而解算出来。这一特征决定了谐振式传感器便于与计算机连接，便于远距离传输。

2）谐振式传感器是一个闭环自激系统。这一特征决定了谐振式传感器的输出能够高精度地自动跟踪输入。

3）谐振式传感器的敏感元件处于谐振状态，即利用谐振子固有的谐振特性进行测量。这一特征决定了谐振式传感器具有高的灵敏度和分辨率。

4）相对于谐振子的振动能量，系统的功耗是极小量。这一特征决定了谐振式传感器的抗干扰性强，稳定性好。

10.4 谐振式传感器的典型实例

10.4.1 谐振弦式压力传感器

1. 结构与原理

图 10-7 为谐振弦式压力传感器的原理示意图。它由谐振弦、磁铁线圈组件和振弦夹紧机构等元部件组成。振弦是一根弦丝或弦带，两端用夹紧机构夹紧，并施加一固定预紧力。振弦上端与壳体固连，下端与膜片的硬中心固连。磁铁线圈组件用来产生激振力和检测振动频率。磁铁可以是永久磁铁和直流电磁铁。根据激振方式的不同，磁铁线圈组件可以是一个或两个。

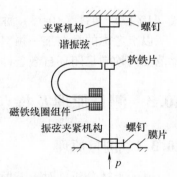

图 10-7 谐振弦式压力传感器
原理示意图

若被测压力不同，则加在振弦上的张紧力不同，振弦的等效刚度不同，即振弦的固有频率不同。因此，测量振弦的固有频率，就可以测出被测压力的大小。

2. 特性方程

被测压力 p 转换为作用于振弦上的张紧力 $T_p(\text{N})$，可以描述为

$$T_p = A_{\text{eq}}p \tag{10-20}$$

在压力 p 作用下，振弦的最低阶固有频率（Hz）为

$$f_{\text{TR1}}(p) = \frac{1}{2L}\sqrt{\frac{T_0 + A_{\text{eq}}p}{\rho_0}} \tag{10-21}$$

式中 T_0——振弦的初始张紧力（N）；

L——振弦工作段长度（m）；

ρ_0——振弦单位长度的质量（kg/m）。

3. 激励方式

图 10-8 为谐振弦式压力传感器的两种激励方式。图 10-8a 为间歇式激励方式，图 10-8b 为连续式激励方式。

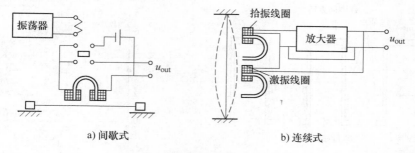

a) 间歇式　　　　　　　　　　b) 连续式

图 10-8　振弦的激励方式

对于静态或者被测量缓慢变化时，可以采用间歇式激励方式，这时敏感元件不是处于连续的等幅谐振状态，而是根据测量需要间歇式工作。这种工作方式可以采用单一线圈，既起激振作用，又起拾振作用。当线圈中通以脉冲电流时，固定在振弦上的软铁片被磁铁吸住，对振弦施加激励力。当不加脉冲电流时，软铁片被释放，振弦以某一频率自由振动，从而在磁铁线圈组件中感应出与振弦频率相同的电动势。由于空气阻尼的影响，振弦的自由振动逐渐衰减，故在激振线圈中加上与振弦固有频率相同的脉冲电流，以维持振弦持续振动。

在连续式激励方式中，有两个磁铁线圈组件：激振线圈和拾振线圈。拾振线圈的感应电动势经放大后，一方面作为输出信号，另一方面又反馈到激振线圈。只要放大后的信号满足所需的幅值条件和相位条件，振弦就会维持振动。

振弦式压力传感器具有灵敏度高、测量精度高、结构简单、体积小、功耗低和惯性小等优点，广泛用于压力测量。

10.4.2　谐振筒式压力传感器

1. 结构与原理

图 1-3 为谐振筒式压力传感器的原理结构示意图，主要由圆柱薄壁壳体（又称谐振筒）、激振线圈和拾振线圈组成。该传感器为绝压传感器，谐振筒与壳体间为真空。谐振筒由车削或旋压拉伸而成型，再经过严格的热处理工艺制成。其材料通常为恒弹合金 3J53。谐振筒的典型参数为中柱面半径 9mm、有效长度 50~60mm、壁厚 0.08mm、Q 值大于 5000。

根据谐振筒的结构特点及参数范围，图 10-9 为其可能具有的振动振型。其中图 10-9a 为圆周方向的振型，图 10-9b 为母线方向的振型。图中 n 为沿谐振筒圆周方向振型的整（周）波数，m 为沿谐振筒母线方向振型的半波数。

图 10-10 为一典型的谐振筒在母线方向振型的半波数 $m=1$，其固有频率随周向波数 n 的变化情况。对于如图 1-3 所示的电磁激振、磁电拾振工作模式，谐振筒式压力传感器设计时一般选择 $n=4$，$m=1$。

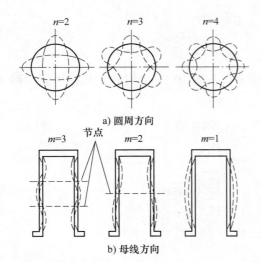

a) 圆周方向

b) 母线方向

节点

图 10-9 谐振筒可能具有的振动振型

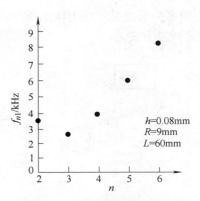

h=0.08mm
R=9mm
L=60mm

图 10-10 谐振筒固有频率随周
向波数 n 的变化情况（$m=1$）

当通入谐振筒的被测压力 p 不同时，谐振筒的等效刚度不同，因此谐振筒的固有频率不同，从而通过测量谐振筒的固有频率就可以测出被测压力的大小。

2. 特性方程

在被测压力 p（Pa）作用下，谐振筒的固有频率 $f_{nm}(p)$ 可以近似描述为

$$f_{nm}(p) = f_{nm}(0)\sqrt{1+C_{nm}p} \tag{10-22}$$

$$f_{nm}(0) = \frac{1}{2\pi}\sqrt{\frac{E}{\rho R^2(1-\mu^2)}}\sqrt{\Omega_{nm}} \tag{10-23}$$

$$\Omega_{nm} = \frac{(1-\mu)^2\lambda^4}{(\lambda^2+n^2)^2} + \alpha(\lambda^2+n^2)^2$$

$$C_{nm} = \frac{0.5\lambda^2+n^2}{4\pi^2 f_{nm}^2(0)\rho Rh}$$

$$\lambda = \pi Rm/L$$

$$\alpha = h^2/(12R^2)$$

式中　$f_{nm}(0)$——压力为零时谐振筒的固有频率（Hz）；

　　　n，m——振型沿圆周方向的整波数（$n \geq 2$）和沿母线方向的半波数（$m \geq 1$）；

　　　C_{nm}——与谐振筒材料、物理参数和振动振型波数等有关的系数（Pa^{-1}）；

　　E，μ，ρ——谐振筒材料的弹性模量（Pa），泊松比和密度（kg/m^3）；

　　R，L，h——谐振筒中柱面半径（m），有效长度（m）和壁厚（m）。

【简单算例讨论】　某谐振筒式压力敏感元件的加工材料为 3J53（$E=1.96\times10^{11}Pa$，$\mu=0.3$，$\rho=7.85\times10^3 kg/m^3$），几何结构参数为 $R=9mm$，$L=50mm$，$h=0.08mm$；压力计算范围为 $0 \sim 1.35\times10^5 Pa$。由式（10-22）、式（10-23）可计算振型沿谐振筒母线方向波数 $m=1$，圆周方向整波数 $n=2$，4 时，谐振筒的压力-频率特性，列于表 10-1。由表中数据可知，在所计算的压力范围，可得如下结论：

1）相同压力下，$n=2$，$m=1$ 振型对应的频率高于 $n=4$，$m=1$ 振型对应的频率。

2）$n=2$，$m=1$ 振型对应的频率范围为 4908.5 ~ 5158.5Hz，相对于零压力频率的变化率为（5158.5-4908.5）/4908.5 $\approx$ 5.09%。

3）$n=4$，$m=1$ 振型对应的频率范围为 4081.8 ~ 5141.8Hz；相对于零压力频率的变化率为（5141.8-4081.8）/4081.8 $\approx$ 25.97%；约为 $n=2$，$m=1$ 振型对应的相对频率变化率的 5.1 倍。总之，上述参数的谐振筒式压力敏感元件，选择 $n=4$，$m=1$ 振型是合适的。

表 10-1　谐振筒式压力-频率特性 　　　　　　　　　　　　　　　（单位：Hz）

$p \times 10^5/\mathrm{Pa}$	0	0.27	0.54	0.81	1.08	1.35
$n=2$	4908.5	4959.5	5010.0	5060.0	5109.5	5158.5
$n=4$	4081.8	4314.7	4535.6	4746.3	4948.0	5141.8

3. 激励方式

为了减小激振线圈与拾振线圈间的电磁耦合，设置它们相互垂直且相距一定距离。拾振线圈的输出电压与谐振筒的振动速度成正比；激振线圈的激振力 $f_B(t)$ 与线圈中流过电流的二次方成正比。若线圈中通入交流电流

$$i(t) = I_m \sin\omega t \tag{10-24}$$

则激振力为

$$f_B(t) = K_f i^2(t) = K_f I_m^2 \sin^2\omega t = \frac{1}{2} K_f I_m^2 (1-\cos 2\omega t) \tag{10-25}$$

式中　K_f——转换系数（N/A^2）。

由式（10-25）可知，激振线圈产生的激振力 $f_B(t)$ 中交变力的角频率是激振电流角频率的 2 倍。为了使它们保持同频关系，应在线圈中通入一定的直流电流 I_0，激励电流为

$$i(t) = I_0 + I_m \sin\omega t \tag{10-26}$$

这时

$$f_B(t) = K_f (I_0 + I_m \sin\omega t)^2 = K_f (I_0^2 + 0.5I_m^2 + 2I_0 I_m \sin\omega t - 0.5I_m^2 \cos 2\omega t) \tag{10-27}$$

当 $I_0 \gg I_m$ 时，由式（10-27）可知：激振线圈产生的激振力中，交变力的主要成分与激振电流 $i(t)$ 同频率。

对于电磁激励方式，要防止外界磁场对传感器的干扰，通常采用高磁导率合金材料制成同轴外筒，把维持振荡的电磁装置屏蔽起来，实现屏蔽的目的。

除了电磁激励方式外，也可采用如图 10-11 所示的压电激励方式。利用压电元件的逆压电效应产生激振力，正压电效应检测谐振筒的振动，采用电荷放大器构成闭环自激电路。压电激励的谐振筒式压

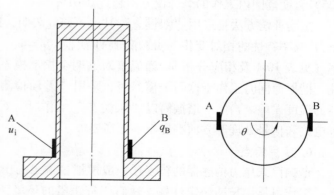

图 10-11　谐振筒式压力传感器的压电激励方式

力传感器在结构、体积、功耗、抗干扰能力和生产成本等方面优于电磁激励方式，但传感器的迟滞可能稍高些。

4. 特性的解算

谐振筒式压力传感器的输出频率与被测压力的关系具有图 10-12 的特性。当压力为零时,有一较高的初始频率;随着被测压力增加,频率增加,输出频率与被测压力之间有较为明显的非线性。因此,通过输出频率解算被测压力时,不同于一般的线性传感器。通常有两种方法:一种是利用测控系统已有的计算机,通过解算模型,直接把传感器输出频率转换为经修正的压力值及所需单位,由外部设备显示出被测值或记录下来;另一种是利用专用

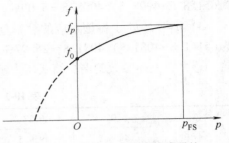

图 10-12　谐振筒式压力传感器的
频率压力特性

微处理器,通过可编程存储器把测试数据存储在内存中,通过插值公式给出被测压力值。

5. 温度误差及其补偿

谐振筒式压力传感器存在着一定的温度误差,主要有两种影响途径。

1) 温度对谐振筒金属材料的影响。材料的弹性模量 E、谐振筒的中柱面半径、有效长度、壁厚随温度的变化均有变化。当采用恒弹合金材料时,这些影响明显减小。

2) 温度对被测气体密度的影响。传感器工作时,谐振筒内部的气体随筒一起振动。而气体密度 ρ_{gas} 与气体压力 $p(Pa)$ 和温度 $T(K)$ 有关,可描述为

$$\rho_{gas} = K_{gas}p/T \tag{10-28}$$

式中　K_{gas}——由气体成分确定的系数。

因此,温度变化将引起谐振系统等效质量的变化,从而引起测量误差。实测表明,在 $-55 \sim 125℃$ 温度范围内,输出频率变化约 2%,高精度测量时必须进行温度补偿。

温度误差可采用被动补偿和主动补偿。被动补偿方法是将温度传感器(如铂电阻、半导体二极管或石英晶体温度传感器)安装在传感器底座上,与谐振筒感受相同环境温度。通过对谐振筒式压力传感器在不同温度和不同压力值下的测试,得到对应于不同压力下的传感器的温度误差特性。利用这一特性,可以对温度误差进行修正,使压力传感器在 $-55 \sim 125℃$ 温度范围内工作的综合误差不超过 0.01%。

主动补偿方法是采用"双模态"技术。研究表明,谐振筒的 21 次模($n=2$, $m=1$)的压力-频率特性的相对变化率明显低于 41 次模($n=4$, $m=1$)的压力-频率特性的相对变化率(见表 10-1 及相应分析)。而温度对这两个振动模态的频率特性影响规律比较接近。因此,谐振筒同时工作于这两个模态时,采用"差动检测"原理可以改善谐振筒式压力传感器的温度误差。当然,谐振筒以"双模态"工作时,对其加工工艺、激振及拾振方式、放大电路和信号处理等方面都提出了更高要求。

6. 应用特点

谐振筒式压力传感器的精度比一般模拟量输出的压力传感器高 1~2 个数量级,重复性高、工作可靠、长期稳定性好,适宜于较恶劣的环境条件下工作。研究表明,该传感器在 $10m/s^2$ 振动加速度作用下,误差仅为 0.0045% FS;电源电压波动 20% 时,误差仅为 0.0015%FS。由于这些优点,谐振筒式压力传感器已成功用于高性能超声速飞机的大气参数系统,通过解算可获得飞机的飞行高度和速度。同时,它还可以作为压力测试的标准仪器。

10.4.3　谐振膜式压力传感器

1. 结构与原理

图 10-13 为谐振膜式压力传感器的原理图。周边固支的圆平膜片是谐振弹性敏感元件,在膜片中心处安装激振电磁线圈。膜片边缘贴有半导体应变片以拾取其振动。在传感器基座上装有引压管嘴。传感器的参考压力腔和被测压力腔以膜片所分隔。被测压力变化时,引起圆平膜片刚度的变化,导致固有频率发生相应变化,通过谐振膜的固有频率可以解算被测压力。

激振电磁线圈使圆平膜片以其固有频率振动,在膜片边缘处通过半导体应变片检测其振动信号,经电桥电路输出送至放大电路。该信号一方面反馈到激振线圈,维持膜片振动,另一方面经整形后输出方波信号给后续测量电路,解算出被测压力。

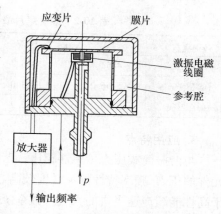

图 10-13　谐振膜式压力传感器
原理示意图

2. 特性方程

圆平膜片最低阶固有频率（Hz）与其感受的压力（Pa）之间的关系可以近似描述为

$$f_{R,B1}(p) = \frac{0.469H}{R^2}\sqrt{\frac{E}{\rho(1-\mu^2)}}\sqrt{1+\frac{(1+\mu)(173-73\mu)}{120}\left(\frac{W_{R,C}}{H}\right)^2} \tag{10-29}$$

$$p = \frac{16E}{3(1-\mu^2)}\left(\frac{H}{R}\right)^4\left[\frac{W_{R,C}}{H}+\frac{(1+\mu)(173-73\mu)}{360}\left(\frac{W_{R,C}}{H}\right)^3\right] \tag{10-30}$$

应当指出:计算圆平膜片在不同压力下的最低阶固有频率 $f_{R,B1}(p)$ 时,应首先由式 (10-30) 计算出压力 p 对应的圆平膜片的最大法向位移 $W_{R,C}$,然后将 $W_{R,C}$ 代入式 (10-29) 再计算。

利用上述模型可知,零压力下,圆平膜片最低阶固有频率与 H/R^2 成正比;对于相同的半径 R,当厚度 H 增加时,最大法向位移与厚度之比 $W_{R,C}/H$ 将减小,压力引起的相对频率变化率也将减小。实际设计结构参数时,可以根据被测压力范围与圆平膜片适当的频率范围及相对变化率,优化出圆平膜片的半径 R 和厚度 H。

【简单算例讨论】　某圆平膜片压力敏感元件的加工材料为 3J53（$E=1.96\times10^{11}$ Pa, $\mu=0.3$, $\rho=7.85\times10^3$ kg/m³）,半径为 $R=9$mm,压力计算范围为 $0\sim1.35\times10^5$ Pa,厚度 H 分别取 0.16mm、0.17mm 和 0.18mm,由式 (10-29)、式 (10-30) 可计算圆平膜片最低阶固有频率与其感受的压力之间的关系,见表 10-2。由表中数据可知,在所计算的压力范围,可得如下结论:

1）H 取 0.16mm,圆平膜片最低阶固有频率范围为 4852.7~7151.4Hz,相对于零压力频率的变化率为 $(7151.4-4852.7)/4852.7\approx47.37\%$。

2）H 取 0.17mm,圆平膜片最低阶固有频率范围为 5156.0~7009.1Hz,相对于零压力频率的变化率为 $(7009.1-5156.0)/5156.0\approx35.94\%$。

3）H 取 0.18mm，圆平膜片最低阶固有频率范围为 5459.2~6926.8Hz，相对于零压力频率的变化率为(6926.8-5459.2)/5459.2≈26.88%。

显然，H 取 0.16mm 时，频率相对变化率略大。H 取 0.17~0.18mm 较合适。

表 10-2　圆平膜片最低阶固有频率与其感受的压力之间的关系　　　（单位：Hz）

$p×10^5/Pa$	0	0.27	0.54	0.81	1.08	1.35
$H=0.16mm$	4852.7	5056.3	5532.2	6089.2	6637.7	7151.4
$H=0.17mm$	5156.0	5293.0	5640.1	6084.7	6552.2	7009.1
$H=0.18mm$	5459.2	5552.7	5802.8	6147.3	6532.6	6926.8

3. 应用特点

与谐振筒式压力传感器相比，谐振膜式压力传感器同样具有很高精度，而且谐振膜敏感元件的压力-频率特性的灵敏度较高、体积小、质量小、结构简单，也可作为关键传感器用于高性能超声速飞机的大气参数系统，可以作为压力测试的标准仪器。

10.4.4　石英谐振梁式压力传感器

上述三种谐振式压力传感器，均采用金属材料制作谐振敏感元件，材料性能的长期稳定性、老化和蠕变都可能引起频率漂移，且易受电磁场的干扰和环境振动的影响，因此实现零点和灵敏度的长期稳定有一定困难。利用石英晶体优异的性能，可以制成不同几何参数和不同振动模式的几千赫到几百兆赫的石英谐振器，进而研制多种石英谐振式传感器，包括综合性能非常优异的石英谐振梁式压力传感器。

1. 结构与原理

图 10-14 为由石英晶体谐振器构成的石英谐振梁式压力传感器。两个相对的波纹管用来接受输入压力 p_1、p_2，作用在波纹管有效面积上的压力差产生一个合力，形成了一个绕支点的力矩。该力矩由石英晶体谐振梁（参见图 10-15）的拉伸力或压缩力来平衡，从而改变石英晶体的谐振频率，达到测量目的。

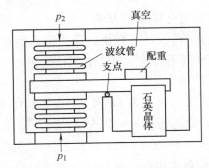

图 10-14　石英谐振梁式压力传感器原理示意图

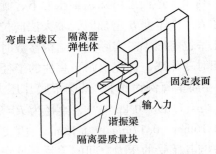

图 10-15　梁式石英晶体谐振器

图 10-15 为石英谐振梁及其隔离结构的整体示意图。双端固支石英谐振梁是该压力传感器的二次敏感元件，横跨在图 10-15 所示结构的正中央。谐振梁两端的隔离结构用来防止反作用力和力矩造成基座上的能量损失，以保证品质因数 Q 值不降低；同时不让外界有害干扰传递进来，以防止降低稳定性，影响谐振器性能。梁的形状选择应使其以弯曲方式振动，

以提高测量灵敏度。

在谐振梁的上、下两面蒸发沉积四个电极。综合利用石英晶体自身的正压电效应和逆压电效应，结合恰当的电路维持石英晶体谐振器持续振荡。

当输入压力 $p_1 < p_2$ 时，谐振梁受拉伸力（见图 10-14、图 10-15），梁的刚度增加，谐振频率上升；反之，当输入压力 $p_1 > p_2$ 时，谐振梁受压缩力，谐振频率下降。因此，输出频率的变化反映了输入压力差的大小。

波纹管采用高纯度材料经特殊加工制成，其作用是把输入压力差转换为沿梁长度方向的轴向力。为了提高测量精度，波纹管的迟滞要小，重复性、稳定性要好。

当石英晶体谐振器的形状、几何参数和位置决定后，配重可以调节运动组件的重心与支点重合。在受到外界加速度干扰时，配重还有补偿加速度的作用，因其力臂几乎是零，使得谐振器仅仅感受压力引起的力矩，而对其他外力不敏感。

2. 特性方程

根据图 10-15 所示结构，输入压力 p_1、p_2 转换为梁所受到的轴向力为

$$F_x = \frac{L_1}{L_2}(p_2 - p_1)A_{eq} = \frac{L_1}{L_2}\Delta p A_{eq} \tag{10-31}$$

式中　A_{eq}——波纹管的有效面积（m^2），$A_{eq} = 0.25\pi(R_1 + R_2)^2$；
　　R_1，R_2——波纹管的内半径（m）和外半径（m）；
　　Δp——压力差（Pa），$\Delta p = p_2 - p_1$；
　　L_1，L_2——波纹管到支点的距离（m）和谐振梁到支点的距离（m）。

在力 F_x，即压力差 Δp 作用下，梁的最低阶（一阶弯曲）固有频率（Hz）为

$$f_{B1}(\Delta p) = f_{B1}(0)\sqrt{1 + 0.2949\frac{F_x L^2}{Ebh^3}} = f_{B1}(0)\sqrt{1 + 0.2949\frac{L_1}{L_2}\cdot\frac{\Delta p A_{eq} L^2}{Ebh^3}} \tag{10-32}$$

$$f_{B1}(0) = \frac{4.730^2 h}{2\pi L^2}\sqrt{\frac{E}{12\rho}} \tag{10-33}$$

式中　$f_{B1}(0)$——压力差为零时谐振梁的一阶弯曲固有频率（Hz）；
　　E，ρ——梁材料的弹性模量（Pa）和密度（kg/m^3）；
　　L，b，h——谐振梁工作部分的长度（m）、宽度（m）和厚度（m）。

3. 应用特点

石英晶体的机械品质因数非常高、固有振动频率非常稳定、频带窄、频率高，有利于抑制外界干扰和减少相角偏差引起的频率误差。因此，石英谐振式压力传感器精度高，长期稳定性好，对温度、振动和加速度等外界干扰不敏感。研究表明：其 Q 值高达 40000、灵敏度温漂为 $4 \times 10^{-5}\%/℃$、加速度灵敏度为 $8 \times 10^{-5}\%/(m\cdot s^{-2})$。这种传感器已成功用于大气数据系统、喷气发动机试验、压力标准仪表等。其主要缺点是加工困难，价格高。

10.4.5　谐振式科里奥利直接质量流量传感器

1. 结构与工作原理

图 10-16 给出了以典型的 U 形测量管为敏感元件的谐振式直接质量流量传感器的结构及

其工作示意图。激励单元 E 使一对平行的 U 形管做一阶弯曲主振动，建立传感器的工作点。当管内流过质量流量时，由于科氏效应（Coriolis Effect）的作用，使 U 形管产生关于中心对称轴的一阶扭转"副振动"。该一阶扭转"副振动"相当于 U 形管自身的二阶弯曲振动（参见图 10-17，图中，横坐标 S 表示沿着弹性管轴线方向的坐标）。同时，该"副振动"直接与所流过的"质量流量（kg/s）"成比例，从而在 B、B' 两个检测点产生相位差或时间差，如图 10-18 所示。

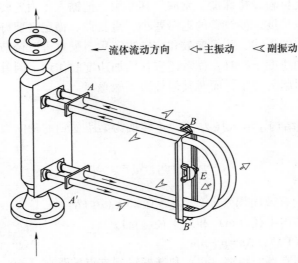

图 10-16 U 形管式谐振式直接质量流量传感器结构示意图

A、A'—弹性管根部位置 B、B'—测量单元所在弹性管位置 E—激励单元

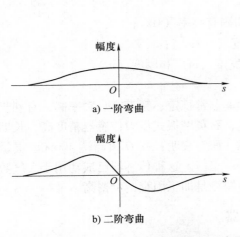

a) 一阶弯曲

b) 二阶弯曲

图 10-17 U 形管一、二阶弯曲振动振形示意图

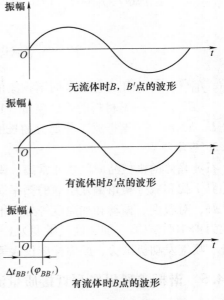

无流体时 B, B'点的波形

有流体时 B'点的波形

$\Delta t_{BB'}(\varphi_{BB'})$

有流体时 B 点的波形

图 10-18 B、B'两点信号示意图

质量流量 $Q_m(\text{kg/s})$ 与 B、B' 两点检测信号时间差 $\Delta t_{BB'}(\text{s})$ 的关系可描述为

$$Q_m = K_C \Delta t_{BB'} \tag{10-34}$$

式中 K_C——与传感器敏感结构参数、材料参数，检测点 B、B' 的位置等有关的量（$\text{kg} \cdot \text{s}^{-2}$）。

传感器敏感结构确定后，Q_m 与 $\Delta t_{BB'}$ 成正比。这是该类传感器的一个优点。

2. 密度与体积流量的测量

基于图 10-16 所示的谐振式直接质量流量传感器的结构与工作原理，利用测量管内没有流体时（即空管）的固有角频率 ω_0，流体充满测量管时的固有角频率 ω_f，可以解算出管内流体的密度为

$$\rho_f = K_D(\omega_0^2/\omega_f^2 - 1) \tag{10-35}$$

式中 K_D——与测量管材料参数、几何结构参数有关的系数（kg/m^3）。

显然，通过式（10-34）、式（10-35）可以同步解算出体积流量为

$$Q_V = \frac{Q_m}{\rho_f} = \frac{K_C \omega_f^2 \Delta t_{BB'}}{K_D(\omega_0^2 - \omega_f^2)} \tag{10-36}$$

3. 双组分流体的测量

当被测流体是组分 1（密度 ρ_1）与组分 2（密度 ρ_2）两种不产生化学反应，也没有物理互溶的混合介质（如油和水）时，通过实时测量得到的混合介质的密度 ρ_f、质量流量和体积流量，可以对双组分流体各自的质量流量与体积流量进行测量。

组分 1 和组分 2 的质量流量分别为

$$Q_{m1} = \frac{\rho_f - \rho_2}{\rho_1 - \rho_2} \cdot \frac{\rho_1}{\rho_f} Q_m \tag{10-37}$$

$$Q_{m2} = \frac{\rho_f - \rho_1}{\rho_2 - \rho_1} \cdot \frac{\rho_2}{\rho_f} Q_m \tag{10-38}$$

组分 1 和组分 2 的体积流量分别为

$$Q_{V1} = \frac{\rho_f - \rho_2}{\rho_1 - \rho_2} Q_V \tag{10-39}$$

$$Q_{V2} = \frac{\rho_f - \rho_1}{\rho_2 - \rho_1} Q_V \tag{10-40}$$

利用式（10-37）~式（10-40）可以计算出某一测量瞬时流体组分 1（密度 ρ_1）与流体组分 2（密度 ρ_2）在总质量流量和总体积流量中的占比。若组分 1 是实际生产过程中所关心的介质，其质量流量与体积流量的占比分别为

$$R_{m1} = \frac{Q_{m1}}{Q_m} = \frac{\rho_1(\rho_f - \rho_2)}{\rho_f(\rho_1 - \rho_2)} \tag{10-41}$$

$$R_{V1} = \frac{Q_{V1}}{Q_V} = \frac{\rho_f - \rho_2}{\rho_1 - \rho_2} \tag{10-42}$$

利用式（10-37）~式（10-40），也可以计算出两种不互溶的混合介质在某一时间段内流过质量流量传感器的双组分流体各自的质量数和体积数。

【简单算例讨论】 利用科里奥利直接质量流量传感器测量油水混合液的双组分。若油

和水的密度分别为 $\rho_1 = 800\text{kg/m}^3$，$\rho_2 = 1000\text{kg/m}^3$；利用式（10-41）和式（10-42）可以计算出混合液密度 ρ_f 在 $800 \sim 1000\text{kg/m}^3$ 范围时，油与混合液的质量流量之比和体积流量之比，见表 10-3。结合式（10-42）可知，油与混合液的体积流量占比与密度呈直线关系：由于油比水轻，相同密度下，油与混合液的质量流量之比要低于油与混合液的体积流量之比，如图 10-19 所示。

表 10-3　油与混合液的质量流量之比和体积流量之比

$\rho_f/(\text{kg/m}^3)$	800	820	840	860	880	900	920	940	960	980	1000
R_{m1}	1	0.878	0.762	0.651	0.545	0.444	0.348	0.255	0.167	0.0816	0
R_{V1}	1	0.9	0.8	0.7	0.6	0.5	0.4	0.3	0.2	0.1	0

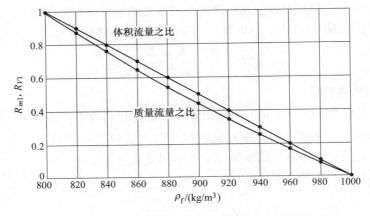

图 10-19　油与水的质量流量之比和体积流量之比

4. 应用特点

1）可直接测量流体的质量流量，受流体的黏度、密度、压力等因素的影响小，性能稳定、实时性好，是目前精度最高的直接获取流体质量流量的传感器。

2）传感器输出信号处理，被测量的解算都是直接针对周期信号，易于解算被测参数，便于与计算机连接构成分布式计算机测控系统。

3）具有多功能性与智能化，能同步测出流体的密度、质量流量和体积流量；可解算出互不相容的双组分流体各自所占的比例（包括体积流量和质量流量以及它们的累积量）。

4）可测量流体范围广，包括高黏度液体、含有固形物的浆液、含有少量气体的液体和有足够密度的中高压气体等。

5）测量管路内无阻碍件和活动件，测量管的振动幅度小，可视为非活动件；对迎流流速分布不敏感，无上下游直管段的要求。

6）涉及多学科领域，技术含量高，但加工工艺复杂，应用成本高。

目前国外有多家公司，如罗斯蒙特（Rosemount）、费希尔（Fisher）、科隆（Krohne）、博普罗依特（Bopp&Reuther）、日本东机等研制出多种结构形式测量管的谐振式直接质量流量传感器，精度已达到 0.1%，主要用于石油化工等领域。从 20 世纪 80 年代末，国内一些单位开始研制谐振式直接质量流量传感器，近几年发展很快，推出了一些性能优良、价格相对较低的产品，成功用于许多工业自动化领域。

10.4.6　声表面波谐振式加速度传感器

1. 结构与原理

图 10-20 为一种声表面波（Surface Acoustic Wave，SAW）谐振式加速度传感器的原理示意图。该传感器采用悬臂梁式弹性敏感结构，在由压电材料（如压电晶体）制成的悬臂梁的表面上设置声表面波谐振子（Surface Acoustic Wave Resonator，SAWR）。加载到悬臂梁自由端的敏感质量块感受被测加速度，产生惯性力，使 SAWR 区域产生表面变形，改变声表面波的波速，引起 SAWR 的中心频率变化。因此，声表面波加速度传感器实现了加速度–力–应变–频率的变换。通过测量输出频率解算出被测加速度。

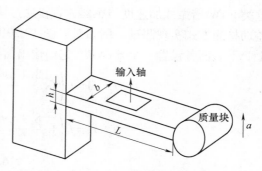

图 10-20　声表面波谐振式加速度传感器的原理示意图

2. 特性方程

图 10-20 所示为长 L、宽 b、厚 h 的悬臂梁。自由端通过半径为 R 的质量块加载，以感受加速度。

当 SAWR 置于悬臂梁的 (x_1, x_2) 时，加速度传感器的输出频率（Hz）为

$$f(a) = f_0 \left(1 + \frac{8.4ma[L+R-0.5(x_1+x_2)]}{Ebh^2} \right)$$

$$= f_0 \left(1 + \frac{8.4\pi\rho R^2[L+R-0.5(x_1+x_2)]a}{Eh^2} \right) \tag{10-43}$$

$$f_0 = v_0 / \lambda_0 \tag{10-44}$$

式中　m——敏感质量块的质量（kg），$m = \rho\pi R^2 b$；

　　　f_0——加速度为零时 SAWR 的频率（Hz）；

　　　E——基片材料的弹性模量（Pa）；

v_0，λ_0——未加载时 SAWR 表面波传播的速度（m/s）和波长（m）。

带有敏感质量 m 的悬臂梁的最低阶固有频率（Hz）为

$$f_{B,m} = \frac{1}{4\pi}\sqrt{\frac{Ebh^3}{L^3 m}} = \frac{1}{4\pi}\sqrt{\frac{Eh^3}{\rho\pi R^2 L^3}} \tag{10-45}$$

利用式（10-43），可以针对加速度传感器的检测灵敏度，来设计悬臂梁和敏感质量块的结构参数。利用式（10-45），可以针对加速度传感器的最低固有频率，来设计悬臂梁和敏感质量块的结构参数。

【简单算例讨论】　图 10-20 所示的 SAW 谐振式加速度传感器，$E = 7.6 \times 10^{10}$ Pa，$\mu = 0.17$，$\rho = 2.5 \times 10^3$ kg/m³；悬臂梁的长 $L = 25$ mm、宽 $b = 3$ mm、厚 $h = 0.15$ mm；质量块半径 $R = 2$ mm；SAWR 置于悬臂梁的 $(2, 3)$ mm；利用式（10-43），可得

$$f(a) = f_0(1 + 3.781 \times 10^{-5} a) \tag{10-46}$$

若初始频率 $f_0 = 100$MHz，加速度变化范围为（-10，10）m/s^2，由式（10-46）可计算出 $f(a)$ 的变化范围为 99996219 ~ 100003781Hz，频率变化量为（100003781 $-$ 99996219）Hz = 7562Hz，相对变化率为（100003781 $-$ 99996219）／（100×10^6）= 7.562×10^{-3}%。可见，对于这类 SAW 谐振式加速度传感器，直接通过输出信号的频率解算被测量较为困难，通常通过差动检测方式实现测量。例如对于图 10-20 所示的 SAW 谐振式加速度传感器，在悬臂梁的上、下表面各设置一个 SAWR，它们输出信号的频率以及频率差分别为

$$f_1(a) = f_0 \left(1 + \frac{8.4\pi\rho R^2 \left[L + R - 0.5(x_1 + x_2) \right] a}{Eh^2} \right)$$

$$f_2(a) = f_0 \left(1 - \frac{8.4\pi\rho R^2 \left[L + R - 0.5(x_1 + x_2) \right] a}{Eh^2} \right)$$

$$\Delta f(a) = f_1(a) - f_2(a) = \frac{16.8\pi\rho R^2 \left[L + R - 0.5(x_1 + x_2) \right] f_0 a}{Eh^2} \tag{10-47}$$

这样，通过 $\Delta f(a)$ 解算被测加速度就容易多了。

另一方面，利用式（10-45）可计算出 $f_{B,m} \approx 1819$Hz；为了减小动态测量误差，被测加速度信号的频率可以控制在 500Hz 以下。

3. 应用特点

SAW 谐振式加速度传感器除了具有一般谐振式传感器的优点外，还有以下特点：

1）灵敏度高、参数设计灵活，可适用于微小量程的测量。

2）结构工艺性好、便于批量生产、易于实现智能化。

3）功耗低、体积小、质量小、动态特性好。

4）成本较低、便于使用。

思考题与习题

10-1 从谐振式传感器敏感元件的工作特征，如何理解谐振现象？

10-2 什么是谐振子的机械品质因数 Q 值？如何测定 Q 值？如何提高 Q 值？

10-3 利用式（10-9）中的谐振子归一化幅值特性的峰值 A_{max} 测量其品质因数时，讨论其测量误差。

10-4 分别从时域、复频域讨论谐振式传感器闭环系统的实现条件。

10-5 实现谐振式传感器时，通常需要构成以谐振子（谐振敏感元件）为核心的闭环自激系统。该闭环自激系统主要由哪几部分组成？各有什么用途？

10-6 从谐振式传感器的闭环自激条件来说明 Q 值越高越好。

10-7 谐振式传感器的主要优点是什么？可能存在的缺点是什么？

10-8 利用谐振现象构成的谐振式传感器，除了检测频率的测量原理外，还有哪些测量原理？它们在使用时应注意什么问题？

10-9 在谐振式压力传感器中，谐振子可以采用哪些敏感元件？

10-10 简述谐振弦式压力传感器的工作原理与应用特点。

10-11 间歇式激励方式的谐振式传感器的主要应用特点有哪些？

10-12 谐振弦式压力传感器中的谐振弦为什么必须施加预紧力？设置预紧力的原则是什么？

10-13 给出谐振筒式压力传感器原理结构示意图，简述其工作原理和应用特点。

10-14 简要说明图 1-3 所示的谐振筒式压力传感器中谐振筒选择 $m = 1$，$n = 4$ 的原因。

10-15 谐振筒式压力传感器中如何进行温度补偿？

10-16 给出谐振膜式压力传感器的原理结构图，简述其工作原理和应用特点。

10-17 说明石英谐振梁式压力传感器的工作原理和应用特点。

10-18 什么是科里奥利效应（Coriolis effect）？在谐振式科里奥利直接质量流量传感器中，科里奥利效应是如何发挥作用的？

10-19 简述谐振式科里奥利直接质量流量传感器的工作原理及应用特点。

10-20 为什么说谐振式科里奥利直接质量流量传感器是多功能的流量传感器？

10-21 利用谐振式科里奥利直接质量流量传感器，能够实现双组分测量的原理是什么？有什么条件？

10-22 利用体积守恒和质量守恒原理，证明式（10-37）~式（10-40）。

10-23 针对图 10-20 的声表面波谐振式加速度传感器的结构示意图，说明其工作原理和应用特点。

10-24 某工程技术人员通过测试一谐振子的幅频特性曲线求得其机械品质因数 Q 值，测得谐振频率为 4.5762kHz，同时记了两个半功率点的频率值：4.5758kHz 和 4.5767kHz。试计算该谐振子的机械品质因数。

10-25 题 10-24 中，若工程技术人员没有记录下谐振频率值，试评估该谐振子的机械品质因数。

10-26 题 10-24 中，若工程技术人员没有记录下左边的半功率点的频率值，试评估该谐振子的机械品质因数。

10-27 题 10-24 中，若工程技术人员没有记录下右边的半功率点的频率值，试评估该谐振子的机械品质因数。

10-28 某谐振筒式压力敏感元件由 3J53 加工而成，其几何结构参数为 $R = 9$mm，$L = 55$mm，$h = 0.078$mm，试由式（10-22）、式（10-23）计算当振型沿谐振筒圆周方向的整波数 $n = 2$，3，4，5，母线方向的半波数 $m = 1$，2，压力范围 $0 \sim 1.35 \times 10^5$Pa 时的压力-频率特性（可以等间隔计算 11 个点），并作简图表示。（注：3J53 材料的弹性模量为 1.96×10^{11}Pa，泊松比为 0.3，密度为 7850kg/m³）

10-29 某谐振膜式压力传感器的圆平膜片敏感元件采用 3J53 加工而成，基于工艺条件将其厚度设计为 0.18mm，如被测压力为 $0 \sim 3.5 \times 10^5$Pa，当要求传感器具有 25% ~ 30% 的相对频率变化时，试由式（10-29）、式（10-30）设计圆平膜片的半径取值范围。

10-30 利用科里奥利直接质量流量传感器测量油水混合液的双组分。若油和水的密度分别为 870kg/m³ 和 1000kg/m³，当实测液体密度在 915kg/m³ 时，计算油在总体积流量中的比例和油在总质量流量中的比例。

◉ 第 11 章 ∶∶

光纤传感器

主要知识点：

光纤的基本结构与传光原理

光纤的数值孔径的物理意义与计算

光纤传输损耗的计算与产生的主要因素

光纤传感器的主要实现方式与工作特点

反射式光纤压力传感器的基本结构与工作原理

光纤陀螺的实现方式与工作机理

频率调制光纤血流速度传感器的基本结构与工作原理

    光纤传感器（Fiber Optic Sensor，FOS）是 20 世纪 70 年代末发展起来的一种新型传感器。它具有灵敏度高，质量小，可传输信号的频带宽，电绝缘性能好，耐火、耐水性好，抗电磁干扰强，挠性好，可实现不带电的全光型探头等独特优点。在防爆要求较高和在电磁场下应用的技术领域，可以实现点位式测量或分布式参数测量。利用光纤的传光特性和感光特性，可实现位移、速度、加速度、角速度、压力、温度、液位、流量、水声、浊度、电流、电压和磁场等多种物理量的测量；它还能应用于气体（尤其是可燃性气体）浓度等化学量的检测；也可以用于生物、医学领域。总之，光纤传感器具有广阔的应用前景。当然，对于光纤传感器，在实现方案和具体应用中要充分考虑测量过程中参数之间的干扰问题。

    光纤传感器主要分为非功能型和功能型两类。前者利用其他敏感元件感受被测量，光纤仅作为光信号的传输介质，这一类光纤传感器也称传光型光纤传感器。后者利用光纤本身感受被测量变化而改变传输光的特性，如发光强度、相位、偏振态、波长；光纤既是传光元件，又是敏感元件，这一类光纤传感器也称传感型光纤传感器。

11.1 光纤及有关特性

11.1.1 光纤的结构与种类

    光纤是一种工作在光频范围内的圆柱形介质波导，主要包括纤芯、包层和涂覆层，如图 11-1 所示。纤芯位于光纤的中心部分，通常由折射率（n_1）稍高的介质制作，直径约为 $5\sim100\mu m$；纤芯周围包封一层折射率（n_2）较低的包层，即满足 $n_2<n_1$。纤芯

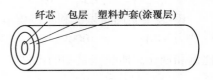

图 11-1 光纤的基本结构

与包层一般由玻璃或石英等透明材料制成，构成一个同心圆的双层结构。光纤具有将光功率封闭在光纤里面进行传输的功能。涂覆层起保护作用，通常是一层塑料护套。

光纤按本身的材料组成不同，可分为石英光纤、多组分玻璃光纤和全塑料光纤。石英光纤的纤芯与包层由高纯度 SiO_2 掺适当杂质制成，损耗低；多组分玻璃光纤用钠玻璃（SiO_2-Na_2O-CaO）掺适当杂质制成；全塑料光纤损耗高，但机械性能好。

按光纤折射率分布不同，可分为阶跃折射率光纤和梯度折射率光纤。阶跃折射率光纤也称阶跃型光纤，其纤芯的折射率 n_1 不随半径变化，包层内的折射率 n_2 也基本上不随半径而变。在纤芯内，中心光线沿光纤轴线传播；通过轴线平面的不同方向入射的光线（即子午光线）呈锯齿状轨迹传播，如图 11-2a 所示。梯度折射率光纤也称梯度型光纤，其纤芯内的折射率不是常值，从中心

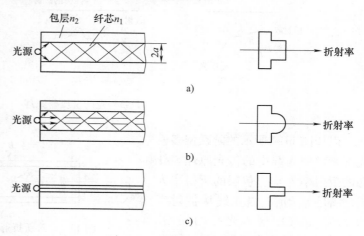

图 11-2　光纤的种类和光传播形式

轴开始沿半径方向大致按抛物线规律逐渐减小。光在传播中会自动地从折射率小的界面处向中心汇聚，光线偏离中心轴线越远，则传播路程越长，传播轨迹类似于波曲线。这种光纤又称为自聚焦光纤。图 11-2b 为经过轴线的子午光线传播的轨迹。

光纤也可以按其传播模式，分为单模光纤和多模光纤。单模光纤在纤芯中仅传输一个模的光波，如图 11-2c 所示，而多模光纤则传输多于一个模的光波。在光纤内传播的光波，可以分解为沿轴向传播的平面波和沿垂直方向（剖面方向）传播的平面波。沿剖面方向传播的平面波在纤芯与包层的界面上产生反射。如果此波在一个往复（入射和反射）中相位变化为 2π 的整数倍，就会形成驻波。只有能形成驻波的那些以特定角度射入光纤的光才能在光纤内传播，这些光波就称为“模”。在光纤内只能传输一定数量的模。通常，芯径较粗时（几十微米以上），能传播几百个以上的模，而芯径很细时（$5\sim10\mu m$），只能传播一个模，即基模 HE_{11}。

11.1.2　传光原理

光的全反射原理是研究光纤传光原理的基础。根据几何光学原理，当光线以较小的入射角 φ_1（$\varphi_1<\varphi_c$，φ_c 为临界角）由折射率为 n_1 的光密媒质射入到折射率为 n_2 的光疏媒质时，一部分光线被反射，另一部分光线折射入光疏媒质中，如图 11-3a 所示。折射角 φ_2 满足斯耐尔（Snell）定律，即

$$n_1\sin\varphi_1 = n_2\sin\varphi_2 \tag{11-1}$$

根据能量守恒定律，反射光与折射光的能量之和等于入射光的能量。

当入射角增加时，一直到临界角 φ_c，折射光都会沿着界面传播，即折射角达到 90°，如图 11-3b 所示。临界角 φ_c 由式（11-2）确定，即

$$\varphi_c = \arcsin(n_2/n_1) \tag{11-2}$$

当入射角继续增加（$\varphi_1 > \varphi_c$）时，光线不再产生折射，只有反射，形成光的全反射现象，如图 11-3c 所示。

a) $\varphi_1 < \varphi_c$ b) $\varphi_1 = \varphi_c$ c) $\varphi_1 > \varphi_c$

图 11-3　光的全反射原理

以如图 11-4 所示的阶跃型多模光纤来说明光纤中的传光原理。纤芯的折射率为 n_1，包层的折射率为 n_2，满足 $n_2 < n_1$。当光线从折射率为 n_0 的空气中射入光纤的端面，并与其轴线的夹角为 θ_0 时，按斯

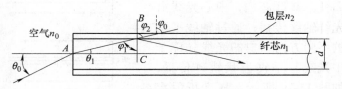

图 11-4　阶跃折射率光纤中子午光线的传播

耐尔定律，在光纤内折成 θ_1 角，然后以 φ_1（$\varphi_1 = 90° - \theta_1$）角入射到纤芯与包层的界面上。如果入射角 φ_1 大于临界角 φ_c，则入射光线就能在界面上产生全反射，并在光纤内部以同样角度反复逐次全反射向前传播，直至从光纤的另一端射出。由于光纤两端处于同一媒质（空气）中，所以出射角也为 θ_0。光纤即使弯曲，只要不是过分弯曲，光就能沿着光纤传播。如果光纤弯曲程度太大，以至于使光射至界面上的入射角小于临界角，那么大部分光线将透过包层损失掉，从而不能在纤芯内部传播。这在使用中应当注意。

从空气中射入到光纤的光线不一定都能在光纤中实现全反射。只有在光纤端面一定的入射角范围内的光线才能在光纤内部产生全反射传输出去。能产生全反射的入射角可以由斯耐尔定律以及临界角 φ_c 的定义求得。

如图 11-4 所示，假设光线在 A 点入射，则有

$$n_0\sin\theta_0 = n_1\sin\theta_1 = n_1\cos\varphi_1 \tag{11-3}$$

基于全反射条件，当入射光在纤芯与包层的界面上形成全反射时，应满足

$$\sin\varphi_1 > n_2/n_1 \tag{11-4}$$

即

$$\cos\varphi_1 < \sqrt{1-(n_2/n_1)^2} = \sqrt{n_1^2-n_2^2}/n_1 \tag{11-5}$$

利用式（11-3）、式（11-5）可得

$$\sin\theta_0 < \sqrt{n_1^2-n_2^2}/n_0 \tag{11-6}$$

式（11-6）确定了能发生全反射的子午线光线在端面的入射角范围。如果入射角超出这个范围，则进入光纤的光线便会透入包层而散失。

利用式（11-6）可以得到入射角度最大值 θ_c，即

$$\sin\theta_c = \sqrt{n_1^2-n_2^2}/n_0 \stackrel{\text{def}}{=} NA \tag{11-7}$$

式中 NA——光纤的数值孔径（Numerical Aperture）。

考虑到空气中 $n_0 = 1$，则式（11-7）可以写成

$$NA = \sin\theta_c = \sqrt{n_1^2 - n_2^2} \qquad (11\text{-}8)$$

因 n_1 与 n_2 的差值甚小，故式（11-8）可近似表示为

$$NA \approx n_1\sqrt{2\Delta} \qquad (11\text{-}9)$$

$$\Delta \overset{\text{def}}{=} (n_1 - n_2)/n_1$$

式中 Δ——相对折射率差。

数值孔径 NA 表征了光纤的集光能力。在一定条件下，NA 值大，则由光源输入光纤的光功率大；反之则小。数值孔径是一个比 1 小的量，通常为 $0.14 \sim 0.5$。由式（11-8）可知：纤芯与包层的折射率差越大，数值孔径越大，光纤集光能力越强。

基于数值孔径，引入一个与光纤芯径有关的归一化频率，即

$$v = \frac{\pi d}{\lambda}(NA) \qquad (11\text{-}10)$$

式中 λ——光波波长（m）；

d——光纤芯径（m）。

归一化频率 v 值能够确定在光纤纤芯内部沿轴线方向传播光波的模式数量。理论研究表明：当 $v < 2.405$ 时，光纤中只能传播基模 HE_{11}，这种光纤称为单模光纤；当 $v > 2.405$ 时，光纤中能传播多种模式，这种光纤称为多模光纤。多模光纤中传播的模式数目，随着 v 值的增大而增多。

由式（11-10）可知：在传播光波波长、数值孔径确定的情况下，v 值取决于光纤芯径 d。因此，单模光纤芯径比较小，一般为 $5 \sim 10\mu m$；多模光纤芯径较大。

对于单模光纤，偏振状态沿光纤长度不变的单模光纤，称为单模保偏光纤。保偏光纤有两类：低双折射率光纤和高双折射率光纤。拍长长的光纤，称为低双折射率光纤；拍长短的光纤，称为高双折射率光纤。在一些光纤传感器中，应使用单模保偏光纤。

11.1.3   光纤的集光能力

图 11-5 中 dS 为面光源中的发光面积元，锥体半顶角 θ_c 为光纤的最大半孔径角。发光元面积 dS 在立体角 $d\Omega$ 内的光通量 dF 为

$$dF = B\cos\theta dS d\Omega \qquad (11\text{-}11)$$

式中 B——面光源的亮度；

θ——r 方向与面光源法线间的夹角。

考虑如图 11-5 中锥面上的一环带，即

$$dA = rd\theta \cdot 2\pi r\sin\theta = 2\pi r^2\sin\theta d\theta \qquad (11\text{-}12)$$

dA 所对应的立体角为

$$d\Omega = \frac{dA}{r^2} = 2\pi\sin\theta d\theta \qquad (11\text{-}13)$$

将式（11-13）代入式（11-11）可得

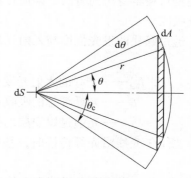

图 11-5   半顶角为 θ_c 的面光源光锥

$$\mathrm{d}F = 2\pi B\sin\theta\cos\theta\mathrm{d}S\mathrm{d}\theta \tag{11-14}$$

即

$$F = 2\pi B\mathrm{d}S\int_0^{\theta_c}\sin\theta\cos\theta\mathrm{d}\theta = \pi B\sin^2\theta_c\mathrm{d}S \tag{11-15}$$

F 是由面光源上面积元 $\mathrm{d}S$ 发出的射入光纤端面的有效光通量，即能为光纤传输的光通量。大于 θ_c 角的光线虽然能进入光纤端面，但不能在光纤内部产生全反射而传播。

由面光源发出的总的光通量相当于 $\theta_c = 90°$ 的情况。这时由式（11-15）可得

$$I_{\mathrm{out}} = I_{\mathrm{in}}e^{-\beta x}F_{\mathrm{max}} = \pi B\mathrm{d}S \tag{11-16}$$

定义 $f = F/F_{\mathrm{max}}$ 为集光率，则有

$$f = \sin^2\theta_c = NA^2 \tag{11-17}$$

式（11-17）进一步揭示了数值孔径的物理意义，它充分反映了光纤的集光能力，集光率与数值孔径的二次方成正比。特别地，由式（11-8）可知：如果 $\sqrt{n_1^2 - n_2^2} \geq 1$，则集光能力达到最大，集光率 $f = 1$。

11.1.4 光纤的传输损耗

光从光纤一端射入，从另一端射出，发光强度衰减，产生传输损耗，其定义为

$$\alpha = \frac{10}{L}\lg\left(\frac{P_{\mathrm{in}}}{P_{\mathrm{out}}}\right) \tag{11-18}$$

式中　α——光纤的传输损耗（dB/km）；

　　　L——光纤长度（km）；

P_{in}，P_{out}——光纤的输入光功率（W）和输出光功率（W）。

光纤中光能量的损耗主要有吸收损耗、散射损耗和辐射损耗，简要说明如下。

1. 吸收损耗

吸收损耗与组成光纤材料的电子受激跃迁和分子共振有关。当电子与光子相互发生作用时，电子会吸收能量而被激发到较高能级。分子共振吸收则与材料的原子构成分子时共价键的特性有关。当光子频率与分子振动频率接近时，即发生共振，大量吸收光能量。以上吸收损耗是材料本身所固有的，即使在不含任何杂质的材料中，也存在这种现象，所以又被称为本征吸收。

透过媒质的发光强度与入射光发光强度之间有如下关系：

$$I_{\mathrm{out}} = I_{\mathrm{in}}e^{-\beta x} \tag{11-19}$$

式中　I_{in}，I_{out}——光纤的入射光发光强度（cd）和透过媒质的发光强度（cd）；

　　　β——光纤纤芯的吸收系数（1/km）；

　　　x——光透过媒质层的距离（km）。

当子午光线沿光纤传播时，基于图 11-4 可知光路的总长度为

$$x = L\sec\theta_1 \tag{11-20}$$

式中　θ_1——光线在光纤端面上的折射角，$\theta_1 = 90° - \varphi_1$；

　　　L——光纤总长度（km）。

2. 散射损耗

玻璃中的散射损耗是由于材料密度的微观变化、成分起伏以及在制造光纤过程中产生的

结构不均匀性或缺陷引起的，从而导致材料中出现折射率的差异，使光波在光纤传播过程中产生不均匀或不连续的情况；一部分光就会散射到不同方向去，不能传输到终点，造成散射损耗。散射损耗可以表示为

$$\alpha_R = \frac{8\pi^2}{3\lambda^4} n_1^8 p^2 kT\beta_T \qquad (11-21)$$

式中　λ——光波波长（m）；

　　　　n_1——光纤纤芯折射率；

　　　　p——弹光系数；

　　　　k——玻耳兹曼常数，$k = 1.381 \times 10^{-23}$ J/K；

　　　　T——绝对温度（K）；

　　　　β_T——材料的等温压缩系数。

由式（11-21）可知：散射损耗与 λ^4 成反比，它随着光波波长的增加而急剧减小。

3. 辐射损耗

当光纤以一定曲率半径弯曲时，就会产生辐射损耗。光纤可能有两种类型弯曲：一是弯曲半径比光纤直径大很多的弯曲，例如，当光缆拐弯时就会发生这样的弯曲；二是微弯曲，当把光纤组合成光缆时，光纤轴线会产生随机性的微弯曲。

曲率半径大时引起的辐射损耗，可以通过对图 11-6 所示模式的电场分布加以定性说明。束缚在纤芯中的导波模式场，有一个延伸到包层中的衰减场尾部。该尾部随着距纤芯距离的增加而呈指数衰减。当光纤弯曲时，位于曲率外沿部分的衰减场尾部，必须以大于光速行进才能跟着纤芯中的场一同前进。显然这是不可能的。因此，衰减场尾部中的光能量只能从光纤内辐射出去，造成传输光能量的损耗。辐射损耗与光纤的曲率半径有关。当曲率半径很大时（轻度弯曲），辐射损耗较小，可不予考虑；当曲率半径减小时，损耗呈指数增长，必须认真考虑。

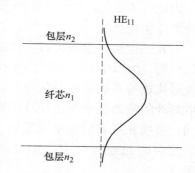

图 11-6　光纤中传导模式的电场分布

光波导中另一种形式的辐射损耗由光纤随机产生的微弯引起。光纤的弯曲由光纤护套的不均匀性或光纤成缆时产生的不均匀侧向压力引起。其结果使光纤轴线弯曲，曲率半径呈重复性变化，从而引起光纤中的传导模与辐射模之间反复产生耦合，使一部分光能量从纤芯中消失。

总之，光纤损耗是多种因素影响的综合结果，也可归结为固有损耗和非固有损耗两类。固有损耗包括光纤材料的性质和微观结构引起的吸收损耗和散射损耗。它们是光纤中都存在的损耗因素，从原理上不可克服，决定了光纤损耗的极限值。非固有损耗是指杂质吸收、结构不完善引起的散射和弯曲辐射损耗等。这些损耗可以通过光纤制造技术的完善得以减小或消除。

通常，加大光纤直径、缩短光纤长度、减小光的入射角，可减小光纤损耗。一般光纤的损耗为 3~10dB/km，最低可达到 0.18dB/km 的水平。

11.2 光纤传感器的典型实例

11.2.1 基于位移测量的反射式光纤压力传感器

图 11-7 为反射式光纤压力传感器原理示意图。膜片由弹性合金材料制成，用电子束焊将它焊接到探头端面上。膜片内表面抛光并蒸镀一层反射膜，以提高反射率。光纤束由数百根，甚至数千根阶跃型多模光纤集束而成，被分为纤维数大

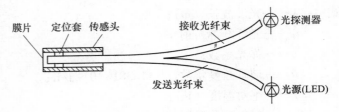

图 11-7 反射式光纤压力传感器

致相等、长度相同的两束：发送光纤束和接收光纤束。在两束光纤的汇集端，呈随机分布排列。

对于周边固支圆平膜片，小挠度变形时，其中心位移与所受压力成正比。即光纤与膜片之间的距离随压力的增加而线性减小。这样，光纤接收的反射光发光强度随压力增加而减小。因此，该反射式光纤压力传感器实质上是一种测量位移的光纤压力传感器，它通过调制发光强度实现测量。

发光强度调制原理可以参照图 11-8 加以说明。由图中发送光纤的虚像与接收光纤构成的等效光路分析得知：只有接收光纤的端面位于发送光纤出射光锥之内，接收光纤才能收集到反射光；而且，接收的光通量与交叠的光斑面积有关。

设发送光纤与接收光纤的芯径为 $2a$，孔径角为 θ，均为阶跃型折射率光纤，两根光纤相距 d_0。显然，当光纤端面与反射面之间的距离 L 很小，以至当 $L<0.5d_0\cot\theta$ 时，接收光纤位于发送光纤像的光锥之外，发送光纤与接收光纤之

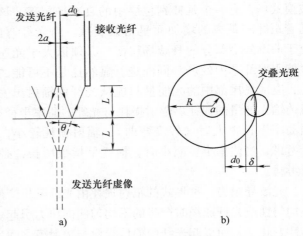

图 11-8 发送光纤与接收光纤的光耦合

间的光耦合为零，无反射光能量进入接收光纤。随着距离 L 增大，交叠光斑面积逐渐增大，接收光纤端面逐渐被反射光照射。当 $L=0.5(d_0+2a)\cot\theta$ 时，接收光纤端面完全被发送光纤虚像发出的光锥照亮，光斑面积等于接收光纤端面积。这时光耦合最强，收集的反射光光通量达到最大。L 继续增大，交叠光斑面积不再增加，但发送光纤产生的出射光锥的面积将增大。因此，接收的光通量反而随距离的增加而减小。

关于交叠光斑面积的计算，这里给出近似计算方法。假设发送光纤的出射光锥边缘与接收光纤纤芯端面交界的弧线近似为直线，如图 11-8b 中虚线所示。在线性近似条件下，通过对交叠面简单的几何分析，得到交叠面积与光纤纤芯端面积之比为

$$\alpha = \frac{1}{\pi}\left[\arccos\left(1-\frac{\delta}{a}\right)-\left(1-\frac{\delta}{a}\right)\sin\left(1-\frac{\delta}{a}\right)\right] \tag{11-22}$$

式中 δ——光斑交叠扇形面的高度（m），$\delta = 2L\tan\theta - d_0$。

由式（11-22）可以绘出 α 与 δ/a 的关系曲线，如图 11-9 所示。

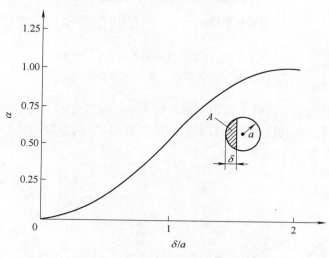

图 11-9 α 与 δ/a 的关系曲线

假设反射面无光吸收，则两束光纤的光功率耦合效率为交叠光斑面积与光纤端面处的光锥面积之比，即

$$\eta = \frac{\alpha\pi a^2}{\pi\,(2L\tan\theta)^2} = \alpha\left(\frac{a}{2L\tan\theta}\right)^2 \tag{11-23}$$

根据式（11-23），可以绘出反射面位移 L 与光功率耦合效率 η 的关系曲线。例如当芯径 $d = 100\mu m$，数值孔径 $NA = 0.5$，两根光纤间距离为 $100\mu m$ 时，可以绘出如图 11-10 所示的 η 与 L 的关系曲线。

实用光纤可采用束状结构。在光纤探头中，发送光纤束与接收光纤束可有多种排列分布方式，如随机分布（见图 11-11a）、对半分布（见图 11-11b）及同轴分布等。同轴分布包括发送光纤在内层（见图 11-11c）和发送光纤在外层两种（见图 11-11d）。

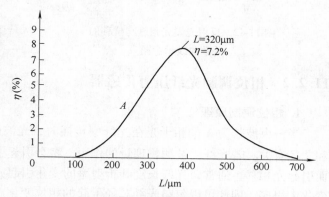

图 11-10 耦合效率 η 与反射面距离之间的关系曲线

四种光纤分布方式相应的反射光发光强度与位移的关系曲线如图 11-12 所示，参见图中曲线 1、2、3、4。以曲线 1 为例说明，在其 AB 段和 CD 段具有很好的线性特性。AB 段的斜率比 CD 段大得多，线性也较好。因此，测量小位移的传感器工作范围可选择在 AB 段，偏置工作点设置在 AB 段的中点 M 点。而测量大位移的传感器，工作范围可选择在 CD 段，偏置工作点设置在 CD 段的中心 N 点。

a) 随机分布

b) 对半分布

c) 同轴分布（发送光纤在内层）

d) 同轴分布（发送光纤在外层）

图 11-11　光纤分布方式

● — 发送光纤；　○ — 接收光纤

　　光纤压力传感器具有非接触、结构简单、探头小、线性度好、灵敏度高、频率响应高等优点，应用领域广泛，尤其适用于动态压力测量。图 11-13 为测量动态压力时，反射光发光强度随压力（位移）变化的波形。

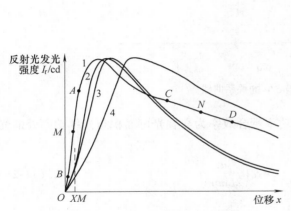

图 11-12　反射光发光强度与位移的
关系曲线示意图

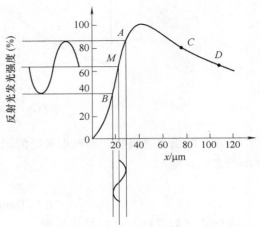

图 11-13　用于动态压力测量时反射光
发光强度的变化

11.2.2　相位调制光纤压力传感器

1. 相位调制原理

　　当一束波长为 λ 的相干光在光纤中传播时，光波的相位角与光纤长度、纤芯折射率 n_1 和芯径有关。若光纤受被测物理量的作用，将会引起上述三个参数发生不同程度的变化，从而引起光相移。通常，光纤长度和折射率的变化引起光相位的变化要比芯径变化引起的相位变化大得多，因此可以忽略光纤芯径引起的相位变化。

　　一段长为 L，波长为 λ 的输出光相对输入端来说，其相位角为

$$\varphi = 2\pi n_1 L / \lambda \tag{11-24}$$

当光纤受到外界物理量作用时，则光波的相位角变化量（rad）为

$$\Delta\varphi = 2\pi(n_1 \Delta L + \Delta n_1 L)/\lambda = 2\pi L(n_1 \varepsilon_L + \Delta n_1)/\lambda \tag{11-25}$$

式中　n_1，Δn_1——光纤纤芯的折射率及其变化量；

　　　　ΔL——光纤长度的变化量（m）；

　　　　ε_L——光纤的轴向应变，$\varepsilon_L = \Delta L / L$。

光的频率很高，在 10^{14}Hz 量级，光电探测器不能响应这样高的频率，不能跟踪以这样高的频率进行变化的瞬时值。因此，光波的相位变化应通过间接方式来检测。如应用光学干涉测量技术，将相位调制转换成振幅（发光强度）调制。通常，在光纤传感器中采用马赫-曾德尔（Mach-Zehnder）干涉仪、法布里-珀罗（Fabry-Perot）干涉仪、迈克耳孙（Michelson）干涉仪和萨格纳克干涉仪等。它们有一个共同之处，即光源的输出光被分束器（棱镜或低损耗光纤耦合器）分成光功率相等的两束光（或几束光），并分别耦合到两根或几根光纤中。在光纤的输出端，再将这些分离光束汇合起来，输到一个光电探测器。在干涉仪中采用锁相零差、合成外差等解调技术，可以检测出调制信号。

2. 一种典型的相位调制光纤压力传感器

图 11-14 为利用马赫-曾德尔干涉仪测量水声压力的光纤传感器的原理示意图。He-Ne 激光器发出一束相干光，经过扩束以后，被分束棱镜分成两束光，并分别耦合到单模的信号光纤（又称传感光纤）和参考光纤中。信号光纤被置于被测压力场中，感受压力变化。参考光纤不感受被测压力，而应有效屏蔽，避免或减小来自被测对象和环境温度的影响。这两根光纤作为马赫-曾德尔干涉仪的两个臂，它们长度相等，在光源的相干长度内，两臂的光程长相等。光合成后形成一系列明暗相间的干涉条纹。

由式（11-25）可知：压力引起光纤的长度和折射率的变化。使光波相位发生变化，从而产生两束光的相对相位发生变化。如果在信号光纤和参考光纤的汇合端放置一个合适的光电探测器，如图 11-15 所示。在初始阶段，信号光纤中的传播光与参考光纤中的传播光同相，输出光电流最大；随着相位增加，光电流逐渐减小；相移增加到 π，光电流达到最小值；相移继续增加到 2π，光电流又上升到最大值。这样，光的相位调制便能转换为电信号的幅值调制。对应于相位 2π 的变化，移动一根干涉条纹。如果在两光纤的输出端用光电元件来扫描干涉条纹的移动，并变换成相应的电信号，就可以通过移动条纹解算出压力的变化。

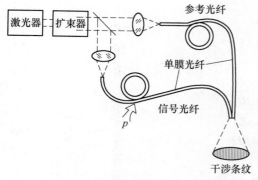

图 11-14　干涉型光纤压力传感器原理图

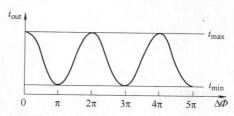

图 11-15　输出光电流与光相位变化的关系

应当指出：图 11-14 所示的干涉型光纤压力传感器原理图也可以实现对温度的测量，构成干涉型光纤温度传感器，且有较高的灵敏度。

11.2.3　基于萨格纳克干涉仪的光纤角速度传感器

利用萨格纳克效应可以实现旋转角速度的测量，即构成光纤陀螺。其突出优点是：精度高，灵敏度高，无活动部件，体积小，质量小，抗干扰能力强。

图 11-16 为萨格纳克干涉仪的原理示意图。激光源发出的光由分束器或 3dB 耦合器分成 1∶1 的两束光，耦合进入一个多匝（多环）单模光纤圈的两端。光纤两端出射光经分束器送到光探测器。

设半径为 R 的圆形闭合光路上，同时从相同的起始点 A 沿相反方向传播两列光波。当闭合光路静止时（即 $\Omega = 0$），两列光波同时回到起始点，即两束光的相位差为零。当闭合光路沿顺时针方向以角速度 Ω 转动时，两列光波再回到 A 点花费的时间不同，同时 A 点已从位置 1 转到了位置 2，如图 11-17 所示。

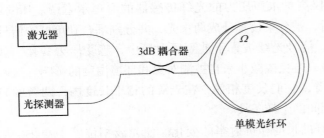

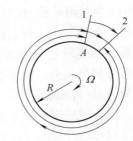

图 11-16　萨格纳克干涉仪原理图　　　　图 11-17　萨格纳克效应示意图

顺时针方向传播的光所需的时间满足

$$t_R = \frac{2\pi R + R\Omega t_R}{c_R} \tag{11-26}$$

式中　c_R——光路中沿顺时针方向传播的光速（m/s）。

逆时针方向传播的光所需的时间满足

$$t_L = \frac{2\pi R - R\Omega t_L}{c_L} \tag{11-27}$$

式中　c_L——光路中沿逆时针方向传播的光速（m/s）。

由式（11-26）、式（11-27）可得

$$t_R = \frac{2\pi R}{c_R - R\Omega} \tag{11-28}$$

$$t_L = \frac{2\pi R}{c_L + R\Omega} \tag{11-29}$$

根据相对论，有

$$c_R = \frac{c/n + R\Omega}{1 + R\Omega/(nc)} = c/n + R(1 - 1/n^2)\Omega + \cdots \tag{11-30}$$

$$c_L = \frac{c/n - R\Omega}{1 - R\Omega/(nc)} = c/n - R(1 - 1/n^2)\Omega + \cdots \tag{11-31}$$

式中　n——光路介质的折射率；

　　　c——光速（m/s），在真空中，$c \approx 2.998 \times 10^8$ m/s。

考虑到 $c \gg R\Omega$，则两列光波传输的时间差为

$$\Delta t = t_R - t_L = (4\pi R^2/c^2)\Omega = (4A/c^2)\Omega \qquad (11-32)$$

式中　A——光路所包含的面积（m^2），$A = \pi R^2$。

为了增强萨格纳克效应，提高陀螺灵敏度，可用 N 匝光纤环路代替图 11-17 的圆盘周长传播光路，使光路等效面积增加 N 倍，则式（11-32）可以改写为

$$\Delta t = (4AN/c^2)\Omega \qquad (11-33)$$

因此，两列光相应的光程差和相位差分别为

$$\Delta L = c\Delta t = (4AN/c)\Omega \qquad (11-34)$$

$$\Delta\varphi = 2\pi\Delta L/\lambda = [8\pi AN/(\lambda c)]\Omega \qquad (11-35)$$

式中　λ——光波波长（m）。

测出 $\Delta\varphi$，即可确定转速 Ω 值。这就是光纤陀螺的基本工作原理。

【简单算例讨论】　若某光纤陀螺，总长度 L，绕成半径 R 的光纤环路，有

$$AN = \pi R^2 \cdot \frac{L}{2\pi R} = 0.5LR$$

结合式（11-35）可知，使用相同长度的光纤，光纤回路半径越大，灵敏度越高。但考虑到增大半径，意味着增大光纤陀螺的体积。因此，半径 R 不宜太大。

例如半径 $R = 25mm$，光纤总长度 $L = 500m$，当光的波长 $\lambda = 0.6328\mu m$ 时，则

$$\frac{8\pi AN}{\lambda c} = \frac{8\pi}{\lambda c} \cdot \frac{LR}{2} = \frac{4\pi \times 500 \times 0.025}{0.6328 \times 10^{-6} \times 2.998 \times 10^{8}}s \approx 0.828s$$

利用式（11-35），当 $\Omega = 400°/s$ 时，$\Delta\varphi = 0.828s \times 400°/s = 331.2°$；当 $\Omega = 0.01°/h$ 时，$\Delta\varphi = 0.828 \times 0.01°/3600 = 2.3° \times 10^{-6}$。

11.2.4　频率调制光纤血流速度传感器

图 11-18 为光纤血流速度传感器的工作原理图。该传感器利用了频率调制，即光学多普勒效应。

激光源发出频率为 f_0 的线偏振光束，被分束器分成两束：一束光经偏振分束器，被一显微镜聚焦后进入光纤，并传输至光纤探头，射入血液；另一束光作为参考光束。如将光导管以 θ 角插入血管，则由光纤探头射出的激光，被移动着的红细胞所散射，经多普勒频移的部分背向散射光信号，由同一光纤反向回送。

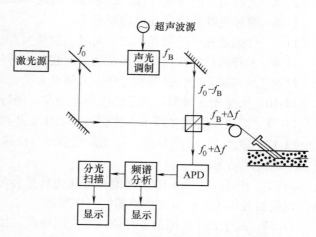

图 11-18　光纤血流速度传感器工作原理图

为了区别血流的方向，参考光束中设置一声光频率调制器——布拉格盒。通过布拉格盒调制，参考光产生频移，其频率为 $f_0 - f_B$（f_B 为超声波频率）。将参考光（$f_0 - f_B$）与频率为 $f_0 + \Delta f$ 的多普勒频移光信号进行混频，即使用光外差法检测，采用信噪比较高的雪崩二极管（APD）作为光探测器（接收器），接收频率为 $f_B + \Delta f$ 的信号，形成光电流。来自 APD 的光电流被送入频谱分析仪，可以分析多普勒频移，解算血流速度 v。

根据上述分析及光学多普勒效应，其频移为

$$\Delta f = 2nv\cos\theta / \lambda \qquad\qquad (11\text{-}36)$$

式中　　n——血的折射率，$n = 1.33$；

　　　　v——血流速度（m/s）；

　　　　θ——光纤轴线与血管轴线间的夹角（°）；

　　　　λ——激光波长（m）。

当 $\lambda = 0.6328\mu m$，$\theta = 60°$，实测出频移 Δf 为 $0.84MHz$ 时，可得血流速度为 $v = 0.4m/s$。

图 11-18 所示的光纤血流速度传感器的速度测量范围的典型值为 $0.04\sim10m/s$，精度为 5%，所用光纤直径为 $150\mu m$。光纤传感探头部分不带电，化学状态稳定，直径小，已用于眼底及动物腿部血管中血流速度的测量，其空间分辨率（$100\mu m$）和时间分辨率（$8ms$）都相当高。其缺点是光纤造成流动干扰，并且背向散射光非常弱。因此，设计信号检测电路时必须考虑这些情况。

需要指出，频率调制并没有改变光纤的特性，光纤仅起传输光的作用，而不是作为敏感元件。

思考题与习题

11-1　简要说明光纤的基本结构。

11-2　简要说明光纤传感器的特点。

11-3　简述光纤传感器的主要类型，并比较它们之间的不同之处。

11-4　简要说明光纤的种类与光在光纤中的传播形式。

11-5　光的全反射是光纤传光的基础，简述光的全反射现象。

11-6　解释光纤数值孔径的物理意义。

11-7　什么是光纤的集光能力？何时达到最大？

11-8　光纤的传输损耗是怎么产生的？它对光纤传感技术有哪些影响？

11-9　从调制光的特征参数考虑，有哪几大类光纤传感器？各有什么主要特点？

11-10　简述光纤微弯传感器的工作原理和应用特点。

11-11　简述反射式光纤压力传感器的工作原理和应用特点。

11-12　就图 11-12 所示的反射光发光强度与位移的关系曲线 1，说明其在反射式光纤传感器中的应用情况。

11-13　图 11-14 所示的干涉型光纤压力传感器原理也可以应用于干涉型光纤温度传感器。试简要分析该光纤温度传感器的工作原理。

11-14　简述光纤陀螺的工作原理与应用特点。如何提高其测量灵敏度？

11-15　简述光纤血流速度传感器的工作原理。

11-16　若某一光纤的纤芯与包层的折射率分别为 1.5438 和 1.5124，试计算该光纤的数值孔径。

11-17　某一段长 5km 的光纤，输入光功率为 5mW 时，输出光功率为 3mW，试计算该段光纤的传输损耗。

11-18　传输损耗为 0.2dB/km 的长 10km 的光纤，输出光功率要求不低于 3mW 时，试计算其最小的输入光功率。

11-19   某光纤陀螺用波长 $\lambda = 0.6328\mu m$ 的光，圆形环光纤的半径 $R = 4\times 10^{-2}m$，光纤总长 $L = 500m$，当 $\Omega = 0.02°/h$ 和 $200°/s$ 时，相移分别为多少？

11-20   图 11-18 所示的光纤血流速度传感器，当 $\lambda = 0.6328\mu m$，$\theta = 30°$，$n = 1.33$，$v = 0.8m/s$ 时，试计算所对应的频率偏移和相对频率变化。

第 12 章

微机械传感器

主要知识点：

微传感器中应用的材料与微机械加工工艺

微传感器中的微弱信号处理及其特点

热激励硅微结构谐振式压力传感器的敏感结构与特点

差动输出的硅微结构谐振式压力传感器的实现方式与特点

硅电容式集成压力传感器的敏感结构与工作机理

硅电容式微机械加速度传感器的敏感结构与工作机理

硅微机械陀螺的实现方式与工作原理

12.1 概述

12.1.1 微机械传感器的发展

近 30 年来，传感器技术发展的一个显著特征就是微机械传感器（MEMS Sensors）或微传感器（Micro Sensors）的成功研制、批量生产并在工业自动化领域的普遍应用。与传统传感器完全不同，微传感器采用新型非金属材料和新型微机械加工工艺生产。目前，在微传感器中，发展最快、应用最成功的当属硅传感器（Silicon Sensor）。该传感器在当今快速发展的智能化技术、物联网技术，发挥着重要作用。

硅传感器不仅具有体积小、功耗低、质量小、响应快、性价比高、便于批量生产等优点；更重要的是它很好地结合了硅材料优良的机械性能和电学性能，其制造工艺与微电子集成制造工艺相容，便于传感器的机械敏感部分与信号处理电路部分制作在同一个芯片上，实现片上系统技术（System On Chip，SOC），即非常有利于实现传感器的集成化、多功能化和智能化。同时，随着工艺水平的进步，无论是早期的硅压阻式传感器，还是后来发展起来的硅电容式传感器和硅谐振式传感器，在重复性、迟滞、精度、长期稳定性、温度稳定性和可靠性等方面有了明显提高。特别是硅谐振式传感器，更具有直接准数字式输出的独特优点。

应当指出：微传感器的一个突出特征就是其敏感结构的几何参数非常微小，其典型尺寸为微米级或亚微米级。微传感器的体积只有传统传感器的几十分之一乃至几百分之一；质量从千克级下降到几十克乃至 1g 以下。但微传感器绝不是传统传感器按比例缩小的产物，其基础理论、敏感结构、设计方法、加工工艺、关键技术、系统实现以及性能测试与评估等都有许多自身的特殊规律，必须进行有针对性的理论与试验研究。

12.1.2　微传感器中应用的材料

微传感器敏感结构所用材料首选硅，如单晶硅、多晶硅、非晶硅和硅蓝宝石等。

单晶硅为正立方晶格，具有优良的力学性质，材质纯、内耗小。理论上，其机械品质因数高达 10^6，弹性滞后和蠕变非常低，长期稳定性好。单晶硅具有很好的导热性，为不锈钢的 5 倍，而热膨胀系数仅为不锈钢的 1/7。单晶硅是各向异性材料，其许多物理特性取决于晶向（详见 6.1.2 节），如弹性模量在 <100>、<110>、<111> 三个方向的值，以 Pa 为单位分别为 1.3×10^{11}、1.7×10^{11}、1.9×10^{11}。硅材料在自然界储量非常丰富，成本低，非常适合于制成片状结构。

多晶硅是许多单晶（晶粒）的聚合物。这些晶粒排列无序，不同的晶粒有不同的单晶取向，每一单晶内部具有单晶的特征。

非晶硅由于具有许多晶体材料难以得到的特性，多用于制作温度传感器、光电器件和光电式传感器等。

硅蓝宝石材料是一种在蓝宝石（$\alpha\text{-}Al_2O_3$）衬底上应用外延生长技术形成的硅薄膜。由于衬底是绝缘体，可以实现元件之间的分离，且寄生电容量小。需要说明的是：硅蓝宝石制成的传感器可以用于高达 300℃ 的温度条件下。

除了硅材料以外，微传感器应用较多的材料还有：化合物半导体、石英晶体、熔凝石英、精密陶瓷、压电陶瓷、薄膜、形状记忆合金、智能材料和复合材料等。

12.1.3　微传感器中应用的加工工艺

由于在微传感器中采用了大量的新型非金属材料，因此必须采用相应的微机械加工工艺。其核心是利用上述材料制成层与层之间差别较大的微小三维敏感结构。通常认为微机械加工工艺主要包括硅微机械加工工艺、LIGA 技术和特种精密机械加工技术。它们互为补充，为微传感器主体结构加工和表面加工提供了必要的制造工艺。下面介绍硅传感器中应用的几项主要关键工艺。

（1）薄膜技术

在硅微机械结构中利用各种材料制作薄膜，如敏感膜、介质膜和导电膜等。

（2）光刻技术

把设计好的图形转换到硅片上的一种技术。这些图形是微机械的各个零件及其组成部分。光刻技术包括紫外线光刻、X 射线光刻、电子束光刻和离子束光刻等。

（3）腐蚀技术

它是形成硅微机械结构的重要手段，包括各向异性腐蚀技术、电化学腐蚀技术、等离子腐蚀技术和牺牲层技术。

（4）键合技术

不使用黏结剂，将分别制作的微部件连接在一起的技术。如硅-硅直接键合技术（Silicon Direct Bonding，SDB），在 1000℃ 的高温条件下依靠原子间的力把两个平坦的硅面直接键合在一起而形成一个整体；静电键合技术，主要用于硅和玻璃之间的键合，在 400℃ 下在硅与玻璃之间施加电压产生静电引力，使两者键合成一个整体。

（5）LIGA 技术

LIGA 技术是由深度同步辐射 X 射线光刻、电铸制模和注模复制三个主要工艺步骤组成的。先使用强大的同步加速器产生的 X 射线，通过掩膜照射，将部件的图形深深刻在光敏聚合物层上，经过处理在光敏聚合物上留下部件的立体模型。再使用电场将金属迁移到由上述光刻过程所形成的模型中，这样就得到一个金属结构。以该金属结构作为微型模型将其他材料成型为所需要的结构与部件。

LIGA 技术可以实现高深宽比的三维微结构，可在硅、聚合物、陶瓷以及金属材料上加工制作。

LIGA 技术只能制成没有活动部件的微结构。近年来又发展了 SLIGA，即"牺牲层"技术与 LIGA 技术相结合，可以制作含有活动部件的微结构。

在微传感器中，特种精密机械加工技术主要用于精密定位、精密机械切割等。制造硅传感器时，是把多个芯片制作在一个基片上，因此，需要将每个芯片用分离切断技术分割开来，以避免损伤和残余应力。

12.1.4 微传感器中敏感结构的模型问题

由于微传感器敏感结构的几何参数非常微小，与传统传感器相比，其整体结构可以设计的较为精细，复杂多样，影响其特性的参数也比较多。因此，为了合理设计传感器整体结构、优化其敏感结构参数，就应该准确建立传感器，特别是敏感结构的模型。考虑到敏感结构典型参数在微米级或亚微米级，因此分析、研究其工作机理，建立传感器模型时，应注意其可能产生的尺寸效应。一般而言，对于利用到结构特性的微传感器，如经典的硅压阻式传感器、硅电容式传感器和硅谐振式传感器等，理论与试验研究表明，在目前的几何结构参数范围内，其尺寸效应可以忽略；但对于进一步发展，或利用一些特殊敏感膜的特性实现测量的微传感器，如利用石墨烯膜的新型微传感器，就要考虑其几何结构参数的尺寸效应。

12.1.5 微传感器中微弱信号的处理问题

由于微传感器敏感结构的尺寸非常微小，所以从敏感结构上直接检测到的信号非常微弱，如电压信号在微伏、亚微伏量级；电流信号在纳安量级；电容值低于皮法量级，至飞法量级。而且微传感器中的有用信号远低于噪声水平，并与噪声信号始终混叠在一起。所以检测高噪声背景下的微弱信号，是实现微传感器必须要解决好的关键问题之一。

通常在微传感器中采用的微弱信号检测的方法主要有滤波技术、相关检测技术、锁相环技术、时域信号的取样平均技术及开关电容网络技术等。

微传感器中至关重要的微弱信号问题不仅仅体现在检测上，也体现在所需加载到敏感结构的输入激励信号上。由于敏感结构几何参数的微小，输入激励信号应当严格控制，稍微偏大就将使传感器敏感结构的工作性能变坏，使其不能正常工作，甚至使其永久损坏。另一方面，如果加载到敏感结构上的输入激励信号过于弱小，将不能获得较理想的敏感特性。因此根据应用背景，设计选择合理的输入激励信号并实施严格的控制，也是微传感器必须要解决好的关键问题之一。

12.2　硅微结构谐振式压力传感器

12.2.1　热激励硅微结构谐振式压力传感器

1. 敏感结构及数学模型

图 12-1 为图 1-5 所示的热激励硅微结构谐振式压力传感器的敏感结构，由方形平膜片、双端固支梁谐振子和边界隔离部分构成。方形平膜片作为一次敏感元件，直接感受被测压力 p，使膜片产生应变与应力；在膜片上表面制作浅槽和硅梁，硅梁为二次敏感元件，感受膜片上的应力，即间接感受被测压力。被测压力使梁谐振子的等效刚度发生变化，从而引起梁的固有频率变化。通过检测梁谐振子固有频率的变化，即可间接测出外部压力的变化。

在膜片的中心建立直角坐标系，如图 12-2 所示。xOy 平面与膜片的中平面重合，z 轴向上。被测压力 p 引起方形平膜片的法向位移为

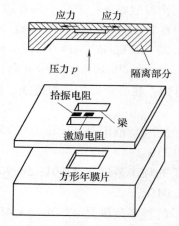

图 12-1　硅微结构谐振式压力传感器敏感结构

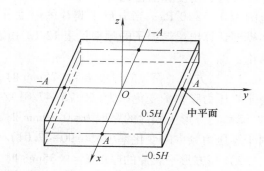

图 12-2　方形平膜片坐标系

$$w(p,x,y)=\overline{W}_{S,\max}H\left(x^2/A^2-1\right)^2\left(y^2/A^2-1\right)^2 \tag{12-1}$$

$$\overline{W}_{S,\max}=\frac{49p(1-\mu^2)}{192E}\left(\frac{A}{H}\right)^4 \tag{12-2}$$

式中　$\overline{W}_{S,\max}$——在压力 p 的作用下，膜片的最大法向位移与其厚度之比；

　　A,H——膜片的半边长（m）和厚度（m）；

　　E,μ——梁材料的弹性模量（Pa）和泊松比。

根据敏感结构及工作机理，当梁谐振子沿 x 轴设置在 $x\in[X_1,X_2]$（$X_2>X_1$）时，由压力 p 引起梁的谐振子的初始应力为

$$\sigma_0=E(u_2-u_1)/L \tag{12-3}$$

$$u_1=-2H^2\overline{W}_{S,\max}\left(\frac{X_1^2}{A^2}-1\right)\frac{X_1}{A^2} \tag{12-4}$$

$$u_2=-2H^2\overline{W}_{S,\max}\left(\frac{X_2^2}{A^2}-1\right)\frac{X_2}{A^2} \tag{12-5}$$

式中　u_1，u_2——梁在其两个端点 X_1，X_2 处的轴向位移（m）；

　　　　L，H——梁的长度（m）、厚度（m），且有 $L=X_2-X_1$。

在初始应力 σ_0（由压力 p 引起）作用下，双端固支梁的一阶固有频率（Hz）为

$$f_{B1}(p)=f_{B1}(0)\sqrt{1+0.2949\frac{KL^2p}{h^2}} \tag{12-6}$$

$$f_{B1}(0)=\frac{4.730^2h}{2\pi L^2}\sqrt{\frac{E}{12\rho}}$$

$$K=\frac{49(1-\mu^2)}{96EH^2}(-L^2-3X_2^2+3X_2L+A^2)$$

式中　$f_{B1}(0)$——压力为零时双端固支梁的一阶固有频率（Hz）；

　　　　ρ——梁材料的密度（kg/m³）。

式（12-3）~式（12-6）给出了上述谐振式压力传感器的压力-频率特性方程。

【简单算例讨论】　某硅微结构谐振式传感器敏感结构参数如下：方形平膜片边长 5mm；梁谐振子沿 x 轴设置于方形平膜片正中间，长 1.4mm，宽 0.14mm，厚 0.012mm；硅材料的弹性模量、密度和泊松比分别为 $E=1.3\times10^{11}\mathrm{Pa}$、$\rho=2.33\times10^3\mathrm{kg/m^3}$、$\mu=0.278$；被测压力范围为 $0\sim5\times10^5\mathrm{Pa}$；当方形平膜片的厚度分别为 0.25mm、0.30mm 和 0.35mm 时，利用上述模型计算出梁谐振子的频率见表 12-1。由表中数据可知，在所计算的压力范围，可得如下结论：

1）当方形平膜片的厚度 $H=0.25$mm 时，梁谐振子的频率范围是 47.01~60.75kHz，相对于零压力频率的变化率为 $(60.75-47.01)/47.01\approx29.23\%$。

2）当方形平膜片的厚度 $H=0.30$mm 时，梁谐振子的频率范围是 47.01~56.90kHz，相对于零压力频率的变化率为 $(56.90-47.01)/47.01\approx21.04\%$。

3）当方形平膜片的厚度 $H=0.35$mm 时，梁谐振子的频率范围是 47.01~54.45kHz，相对于零压力频率的变化率为 $(54.45-47.01)/47.01\approx15.83\%$。

基于上述分析，结合式（12-6）以及加工工艺的约束条件，设计选择该硅微结构谐振式压力传感器敏感结构几何参数时，尽可能固定梁谐振子的几何结构参数以及在方形平膜片上的位置，通过适当调节方形平膜片的厚度 H，可以较灵活地改变传感器的灵敏度。即针对不同的压力测量范围，选择合适的厚度，控制传感器的灵敏度。这是该压力传感器的一个重要优点。

表 12-1　微传感器的压力-频率特性　　　　　　　　　　　　（单位：kHz）

$p\times10^5/\mathrm{Pa}$	0	0.5	1	1.5	2	2.5	3	3.5	4	4.5	5
$H=0.25$mm	47.01	48.56	50.06	51.52	52.93	54.31	55.66	56.98	58.26	59.52	60.75
$H=0.30$mm	47.01	48.09	49.15	50.18	51.20	52.19	53.17	54.13	55.07	55.99	56.90
$H=0.35$mm	47.01	47.80	48.59	49.36	50.12	50.87	51.60	52.33	53.05	53.76	54.45

2. 信号转换过程

图 12-3 为硅微结构谐振式压力传感器敏感结构中梁谐振子部分的激励、拾振示意图。基于激励与拾振的作用与信号转换过程，热激励电阻 R_E 设置在梁谐振子的正中间，拾振压

敏电阻 R_D 设置在梁谐振子一端的根部。当激励电阻上加载正弦电压 $U_{ac}\cos\omega t$ 和直流偏压 U_{dc} 时，激振电阻 R_E 上产生的热功率为

$$P(t) = \frac{U_{dc}^2 + 0.5U_{ac}^2 + 2U_{dc}U_{ac}\cos\omega t + 0.5U_{ac}^2\cos 2\omega t}{R_E} \tag{12-7}$$

$P(t)$ 包含常值分量 P_s、与激励频率相同的一倍频分量 $P_{d1}(t)$ 和二倍频分量 $P_{d2}(t)$，分别为

$$P_s = 0.5(2U_{dc}^2 + U_{ac}^2)/R_E \tag{12-8}$$

$$P_{d1}(t) = 2U_{dc}U_{ac}\cos\omega t/R_E \tag{12-9}$$

$$P_{d2}(t) = 0.5U_{ac}^2\cos 2\omega t/R_E \tag{12-10}$$

一倍频分量 $P_{d1}(t)$ 使梁谐振子产生交变的温度差分布场 $\Delta T(x)\cos(\omega t + \varphi_1)$，从而在梁谐振子上产生交变热应力

$$\sigma_{ther} = -E\alpha\Delta T(x)\cos(\omega t + \varphi_1 + \varphi_2) \tag{12-11}$$

式中　α——硅材料的热应变系数（1/℃）；

　　　x——梁谐振子的轴向位置坐标（m）；

　　　φ_1——由热功率到温度差分布场产生的相移（°）；

　　　φ_2——由温度差分布场到热应力产生的相移（°）。

显然，相移 φ_1、φ_2 与激励电阻在梁谐振子上的位置、激励电阻的参数、梁的结构参数及材料参数等有关。

由压阻效应，拾振压敏电阻在交变热应力作用下的电阻相对变化为

$$\Delta R_D/R_D = \pi_a\sigma_{axial} = \pi_a E\alpha\Delta\overline{T}(x_1, x_2)\cos(\omega t + \varphi_1 + \varphi_2) \tag{12-12}$$

式中　　σ_{axial}——拾振压敏电阻感受的热应力（Pa）；

$\Delta\overline{T}(x_1, x_2)$——拾振压敏电阻感受到的平均温度变化量（℃），它是电阻在梁上轴向位置
　　　　　　　坐标 x_1，x_2 的函数；

　　　　π_a——压敏电阻的纵向压阻系数（Pa^{-1}）。

利用电桥电路将拾振电阻的变化转换为电压信号的变化 $\Delta u(t)$，可描述为

$$\Delta u(t) = K_B\Delta R_D/R_D = K_B\pi_a E\alpha\Delta\overline{T}(x_1, x_2)\cos(\omega t + \varphi_1 + \varphi_2) \tag{12-13}$$

式中　K_B——电桥电路的灵敏度（V）。

由于 $\Delta u(t)$ 的角频率 ω 与梁谐振子的固有角频率一致，故 $P_{d1}(t)$ 是所需要的交变信号，由它实现了"电-热-机"转换。为实现传感器闭环自激系统提供了条件。

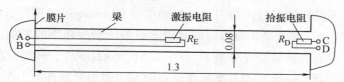

图 12-3　梁谐振子平面结构示意图

3. 梁谐振子的温度场模型与热特性分析

常值分量 P_s 产生恒定的温度差分布场 ΔT_{av}，引起梁谐振子的初始热应力

$$\sigma_T = -E\alpha\Delta T_{av} \qquad (12\text{-}14)$$

于是，综合考虑被测压力、初始热应力时，梁谐振子一阶固有频率（Hz）为

$$f_{B1}(p,\Delta T_{av}) = f_{B1}(0)\sqrt{1+0.2949\frac{(Kp-\alpha\Delta T_{av})L^2}{h^2}} \qquad (12\text{-}15)$$

式（12-15）表明，激励电阻引起的恒定温度差分布场将减小梁谐振子的等效刚度，引起梁谐振子频率的下降，而且下降程度与激励热功率 P_s 成单调变化。因此必须对这个刚度的减小量加以限制，保证梁谐振子稳定可靠工作。通常可以由式（12-16）来确定加在梁谐振子上的常值功率 P_s。

$$0.2949\alpha\Delta T_{av}(L^2/h^2) \leqslant 1/K_s \qquad (12\text{-}16)$$

式中　K_s——安全系数，通常可以取为 5~7。

4. 硅微结构谐振式压力传感器的闭环系统

基于图 12-3 所示的热激励硅微结构谐振式压力传感器敏感结构中梁谐振子激励、拾振设置方式以及相关的信号转换规律，当采用激励电阻上加载正弦电压 $U_{ac}\cos\omega t$ 和直流偏压 U_{dc} 时，重点需要解决二倍频交变分量 $P_{d2}(t)$ 带来的信号干扰问题。通常可选择适当的交直流分量，使 $U_{dc} \gg U_{ac}$，或在调理电路中进行滤波处理。于是可以给出如图 12-4 所示的传感器闭环自激振荡系统电路实现的原理框图。由拾振电桥电路测得的交变信号 $\Delta u(t)$ 经差分放大器进行前置放大，通过带通滤波器滤除掉通带范围以外的信号，再由移相器对闭环电路其他各环节的总相移进行调整。

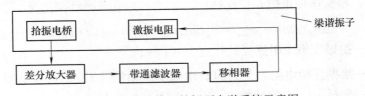

图 12-4　加直流偏置的闭环自激系统示意图

利用幅值、相位条件［式（10-13）与式（10-14）］，可以设计、计算放大器的参数，以保证硅微结构谐振式压力传感器在整个工作频率范围内稳定的自激振荡，使传感器可靠地工作。但这种方案易受到温度差分布场 ΔT_{av} 对传感器性能的影响。

为了尽量减小 ΔT_{av} 对梁谐振子频率的影响，可以考虑采用单纯交流激励的方案。借助于式（12-7），这时的热激励功率为

$$P(t) = 0.5(U_{ac}^2 + U_{ac}^2\cos2\omega t)/R_E \qquad (12\text{-}17)$$

考虑到梁谐振子的机械品质因数很高，激励信号 $U_{ac}\cos\omega t$ 可以选得非常小，因此这时的常值功率 $P_s = 0.5U_{ac}^2/R_E$ 非常低，可以忽略其对梁谐振子谐振频率的影响。而交流分量不再包含一倍频信号，只有二倍频交变分量 $P_{d2}(t) = 0.5U_{ac}^2\cos2\omega t/R_E$，纯交流激励的闭环自激系统必须解决好分频问题。一个实用方案是在电路中采用锁相分频技术，即在设计的基本锁相环的反馈支路中接入一个倍频器，以实现分频，其原理如图 12-5 所示。假设由拾振电阻相位比较器中进行比较的两个信号频率是 $2\omega_D$ 和 $N\omega_E$，当环路锁定时，则有 $2\omega_D = N\omega_E$，即 $\omega_E = 2\omega_D/N$。其中 N 为倍频系数，由它决定分频次数。当 $N=2$ 时，压控振荡器输出频率 ω_{out} 为检测到的梁谐振子的固有频率 ω_D。由于该频率受被测压力调制，直接检测压控振荡器的输

出频率 ω_{out} 就可以实现对压力的测量；同时，以 $\omega_E = \omega_{out}$ 为激励信号频率反馈到激励电阻，构成微传感器的闭环自激系统。

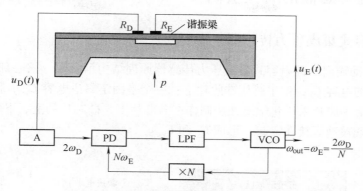

图 12-5　纯交流激励的闭环自激系统示意图

12.2.2　差动输出的硅微结构谐振式压力传感器

图 12-6 为差动输出的硅微结构谐振式压力传感器原理示意图。这是基于硅微机械加工工艺设计的一种精巧的复合敏感结构。被测压力 p 直接作用于 E 形圆膜片下表面；在其环形膜片的上表面制作一对起差动作用的硅梁谐振子，封装于真空内。由于梁谐振子 1 设置在膜片内边缘，处于拉伸状态；梁谐振子 2 设置在膜片外边缘，处于压缩状态。因此压力 p 增加时，梁谐振子 1 的固有频率升高，梁谐振子 2 的固有频率降低。通过检测梁谐振子 1 与梁谐振子 2 的频率差解算被测压力。

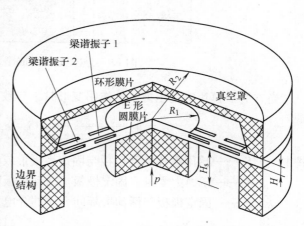

图 12-6　差动输出的硅微结构谐振式压力传感器

这种具有差动输出的微结构谐振式压力传感器不仅可以提高测量灵敏度，而且对于共模干扰的影响，如温度、环境振动、过载等具有很好的补偿功能，从而显著提高其性能指标。

基于上述分析，考虑被测压力和环境温度时，梁谐振子 1 与梁谐振子 2 的谐振频率可以描述为

$$f_1(p,T) \approx f_0 + C_{1p}p + C_{1T}(T-T_0) \qquad (12\text{-}18)$$

$$f_2(p,T) \approx f_0 + C_{2p}p + C_{2T}(T-T_0) \qquad (12\text{-}19)$$

$$C_{1p} = (\partial f_1/\partial p)\big|_{p=0} \approx -C_{2p} = -(\partial f_2/\partial p)\big|_{p=0}$$

$$C_{1T} = (\partial f_1/\partial T)\big|_{T=0} \approx C_{2T} = (\partial f_2/\partial T)\big|_{T=0}$$

式中　f_0——压力为零、参考温度 T_0 时，梁谐振子 1 与梁谐振子 2 的频率。

由式（12-18）、式（12-19）可得

$$\Delta f = f_1(p,T) - f_2(p,T) \approx C_{1p}p - C_{2p}p \approx 2C_{1p}p \qquad (12\text{-}20)$$

12.3 其他硅传感器的典型实例

12.3.1 硅电容式集成压力传感器

图 12-7 为差动输出的硅电容式集成压力传感器原理结构示意图。核心部件是两个电容：一个是敏感压力的电容 C_p，位于感压硅膜片上；一个是固定参考电容 C_{ref}，位于压力敏感区之外。感压的方形平膜片采用化学腐蚀法制作在硅芯片上，硅芯片的上、下两侧用静电键合技术分别与硼硅酸玻璃固接在一起，形成 C_p 和 C_{ref}。

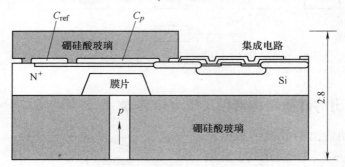

图 12-7 硅电容式集成压力传感器示意图

当方形平膜片感受压力 p 的作用变形时，导致 C_p 变化，可表述为

$$C_p = \iint_{S_0} \frac{\varepsilon}{\delta_0 - w(p,x,y)} \mathrm{d}S = \varepsilon_r \varepsilon_0 \iint_{S_0} \frac{\mathrm{d}x \mathrm{d}y}{\delta_0 - w(p,x,y)} \tag{12-21}$$

式中　S_0——感压膜片活动极板与固定极板形成的电容电极覆盖的面积（m^2）；

　　　　δ_0——压力为零时，固定极板与活动极板间的距离（m）；

　　ε，ε_r——固定极板与活动极板间介质的介电常数（F/m）和相对介电系数；

　　　　ε_0——真空中的介电常数（F/m），$\varepsilon_0 = \dfrac{10^{-9}}{4\pi \times 9}$ F/m；

$w(p,x,y)$——方形平膜片在压力作用下的法向位移（m），见式（12-1）。

【简单算例讨论】　某硅电容式集成压力传感器，方形平膜片敏感结构半边长 $A = 0.6 \times 10^{-3}$ m，厚度 $H = 20 \times 10^{-6}$ m；硅材料的弹性模量和泊松比分别为 $E = 1.3 \times 10^{11}$ Pa，$\mu = 0.278$；电容电极处于方形平膜片的正中央，为边长 1×10^{-3} m 的正方形，初始间隙 $\delta_0 = 10 \times 10^{-6}$ m。考虑电极间为空气介质，则其初始电容量为

$$C_{p0} = \frac{\varepsilon_0 S_0}{\delta_0} = \frac{10^{-9}}{4\pi \times 9} \cdot \frac{1 \times 10^{-6}}{10 \times 10^{-6}} \mathrm{F} \approx 0.8842 \mathrm{pF} \tag{12-22}$$

考虑被测压力范围为 $0 \sim 1 \times 10^5$ Pa；则由式（12-2），可计算出方形平膜片的最大法向位移（压力为 1×10^5 Pa）与其厚度的比值为

$$\overline{W}_{S,max} = \frac{49p(1-\mu^2)}{192E} \left(\frac{A}{H}\right)^4 = \frac{49 \times 10^5 \times (1-0.278^2)}{192 \times 1.3 \times 10^{11}} \left(\frac{0.6}{0.02}\right)^4 \approx 0.1467 \tag{12-23}$$

由式（12-1）、式（12-21）~（12-23），可以计算出最大电容量为

$$C_{p,\max} = C_p(p = 1\times10^5\mathrm{Pa}) \approx 1.0114\mathrm{pF}$$

特别指出，计算电容量时，注意电极的范围为边长 $1\times10^{-3}\mathrm{m}$ 的正方形，而不是方形平膜片的整个敏感结构。

相对于零压力下的电容量，变化量和相对变化量分别约为 0.1272pF 和 14.39%。可见，对于该类压力传感器，电容值小，变化量更小。因此，必须将敏感电容、参考电容与后续信号处理电路尽可能靠近或制作在一个芯片上。

图 12-7 所示的硅电容式集成压力传感器就是按这样的思路设计、制作的。压力敏感电容 C_p、参考电容 C_{ref} 与测量电路制作在一块硅片上，构成集成式硅电容式压力传感器。该传感器采用的差动方案的优点主要是测量电路对杂散电容和环境温度的变化不敏感，缺点是对过载、随机振动的干扰的抑止作用较小。

12.3.2 硅电容式微机械加速度传感器

1. 单轴加速度传感器

图 12-8 为差动输出的硅电容式单轴加速度传感器的原理结构示意图。该传感器活动电极固连在连接单元上；两个固定电极设置在活动电极初始位置对称的两端。连接单元将两组梁框架结构的一端连在一起，梁框架结构的另一端通过"锚"固定。

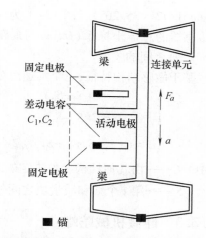

图 12-8　硅电容式单轴加速度传感器

该结构可以敏感沿着连接单元主轴方向的加速度。基于惯性原理，被测加速度 a 使连接单元产生与加速度方向相反的惯性力 F_a；惯性力 F_a 使敏感结构产生位移，引起活动电极移动，与两个固定电极形成一对差动敏感电容 C_1、C_2 的变化。将 C_1、C_2 组成适当的检测电路便可以解算出被测加速度 a。该结构只敏感沿连接单元主轴方向的加速度。对于其正交方向的加速度，由于它们引起的惯性力作用于梁的横向（宽度与长度方向），而梁的横向相对于其厚度方向具有非常大的刚度，因此这样的结构不会敏感与所测加速度 a 正交的加速度。

将两个或三个如图 12-8 所示的敏感结构组合在一起，就可以构成微机械双轴或三轴加速度传感器。

2. 三轴加速度传感器

图 12-9 为一种硅微机械三轴加速度传感器。它有四个敏感质量块、四个独立信号读出电极和四个参考电极。该传感器敏感结构巧妙地利用了敏感梁在其厚度方向具有非常小的刚度而能够感受垂直于梁厚度方向的加速度，在其他方向刚度相对很大而不能敏感加速度的结构特征。图 12-10 为该加速度传感器的横截面示意图，由于各向异性腐蚀的结果，敏感梁厚度方

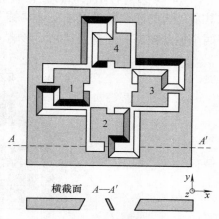

图 12-9　三轴加速度检测原理的顶视图和横截面视图
注：四个敏感质量块设置于悬臂梁的端部。

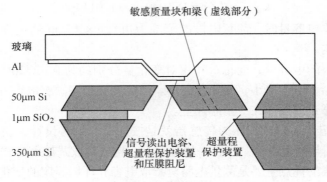

图 12-10 SOI 加速度传感器的横截面示意图

向与传感器法线方向（z 轴）成 35.26°（arctan$1/\sqrt{2} \approx 35.26°$）。图 12-11 为单轴加速度传感器的总体坐标系（$Oxyz$）与局部坐标系（$Ox'y'z'$）之间的关系。

基于敏感结构特征，三个加速度分量为

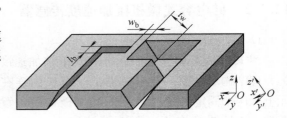

图 12-11 在梁局部坐标系下的单轴加速度传感器
注：梁局部坐标系相对 y 轴转动 35.26°。

$$\begin{cases} a_x = C(S_2 - S_4) \\ a_y = C(S_3 - S_1) \\ a_z = C(S_1 + S_2 + S_3 + S_4)/\sqrt{2} \end{cases} \quad (12\text{-}24)$$

式中　C——由几何结构参数决定的系数$[\text{m}/(\text{s}^2 \cdot \text{V})]$；

S_i——第 i 个梁和质量块之间的电信号（V），$i = 1 \sim 4$。

12.3.3 硅微机械陀螺

1. 硅电容式表面微机械陀螺

图 12-12 为一种结构对称并具有解耦特性的表面微机械陀螺的原理示意图。该敏感结构在其最外边的四个角设置了支承"锚"，通过梁将驱动电极和敏感电极有机连接在一起。由于两个振动模态的固有振动相不影响，故该连接方式避免了机械耦合。

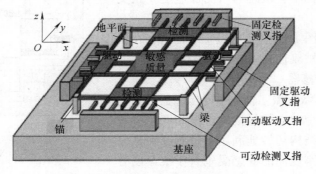

图 12-12 硅电容式微机械陀螺示意图
注：所设计的整体结构具有对称性，驱动模态与检测模态相互解耦结构
在 x 轴和 y 轴具有相同的谐振频率。

微机械陀螺的工作原理基于科里奥利效应。工作时，在敏感质量块上施加一直流偏置电压，在活动叉指和固定叉指间施加一适当的交流激励电压，使敏感质量块产生沿 x 轴方向的固有振动。当陀螺感受到绕 z 轴的角速度时，将引起科里奥利效应，使敏感质量块产生沿 y 轴，与角速度成比例的附加振动。通过测量该附加振动幅值解算出被测角速度。

2. 输出频率的硅微机械陀螺

图 12-13 为一种直接输出频率量的硅微机械陀螺的工作原理图。中心质量块沿着 x 方向作简谐振动。当有绕 z 轴的角速度时，x 方向上的简谐振动将感受引起科里奥利效应，产生 y 方向的惯性力。通过外框和杠杆机构将此惯性力施加于两侧的谐振音叉的轴向，改变谐振音叉 1、2 的谐振频率。通过解算这两个频率获得被测角速度。

需要指出，由于加载于谐振音叉 1、2 上的惯性力是由作用于中心质量块沿 x 方向的简谐振动引起的，该惯性力也是简谐力，其频率与上述简谐振动频率相同。

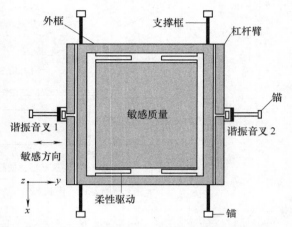

图 12-13　输出频率量的硅微机械陀螺示意图

这完全不同于一般以音叉作为谐振敏感元件实现测量的传感器。谐振音叉 1、2 自身的谐振状态处于调制状态。其调制频率为上述中心质量块沿着 x 方向简谐振动的频率。为了准确解算出音叉的谐振频率，保证该谐振陀螺的正常工作，要求音叉谐振频率应远高于上述简谐振动的频率。利用谐振音叉 1 与 2 构成差动工作模式，有利于提高灵敏度和抗干扰能力。

12.3.4　硅微机械科里奥利质量流量传感器

图 12-14 为一种基于科里奥利效应的微机械质量流量传感器。其中，图 12-14a 为传感器三维视图，图 12-14b 为传感器横截面视图。它与图 10-16 介绍的科里奥利质量流量传感器工作原理一样，直接测量流体的质量流量和密度。硅微机械质量流量传感器除了具有体积小的优势外，还具有响应快、分辨率高、成本低等优点。

如图 12-14 所示，该微机械质量流量传感器的基本结构包括一个 U 形微管和一个玻璃底座，它们键合在一起，并用一个硅片将它们真空封装起来。U 形微管在硅基底上通过深度硼扩散形成。微管振动通过电容来检测，简单实用，精度较高。

图 12-15a、b 为所研制的微机械质量流量传感器的整体结构视图和横截面视图。微管的横截面可以制成矩形或梯形，其与硅基底平行。微管可以方便地实现不同形状和参数。例如，微管的横截面可以制成一根头发丝（截面直径 $100\mu m$）的大小，也可以制成一根头发丝截面直径 1/10 的大小，如图 12-15b、c 所示。

一个微机械质量流量传感器样机实测结果为：微管振动频率 16kHz，机械品质因数 1000，质量流量分辨力 $2\mu g/s$，流体密度分辨力 $2.0mg/cm^3$。

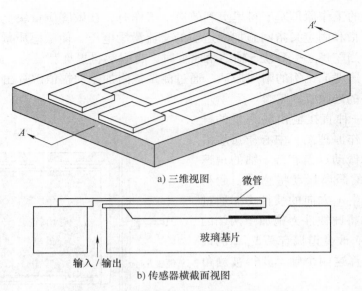

a) 三维视图

b) 传感器横截面视图

图 12-14 微机械质量流量传感器示意图

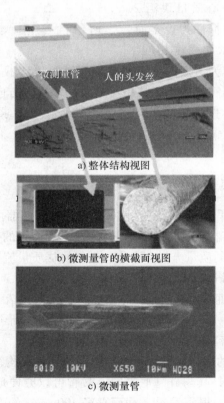

a) 整体结构视图

b) 微测量管的横截面视图

c) 微测量管

图 12-15 微机械质量流量传感器

思考题与习题

12-1 简述微传感器技术的发展过程及主要特征。

12-2 微传感器中常使用的材料及其加工工艺有哪些？

12-3 简述 LIGA 技术、SLIGA 技术的应用特点。

12-4 简要说明在微传感器研究中建模的重要性。

12-5 简述必须解决好微传感器中的微弱信号处理问题的理由。

12-6 说明图 12-1 所示的硅微结构谐振式压力传感器的工作原理及应用特点。

12-7 对于图 12-1 所示的硅微结构谐振式压力传感器，如果想提高测量灵敏度，可以采取哪些合理措施？

12-8 图 12-1 所示的硅微结构谐振式压力传感器闭环自激系统可以采用哪些方案？各自的特点是什么？

12-9 说明图 12-5 所示的闭环自激系统的工作原理。

12-10 说明图 12-6 所示差动输出的硅微结构谐振式压力传感器的工作原理及优点，并从原理上解释其能够实现对温度、外界干扰振动影响进行补偿的原因。

12-11 说明图 12-6 所示的硅微结构谐振式传感器可以实现对加速度测量的原理，并解释其不仅可以实现对加速度大小的测量，还可以敏感加速度方向的原理。

12-12 试从原理上解释如图 12-7 所示的硅电容式压力传感器，能够对环境温度变化带来的影响进行补偿，而对随机振动的干扰没有补偿作用。另外，如果要使硅电容式压力传感器具有对随机振动干扰的补偿功能，可采取哪些措施？

12-13 说明图 12-8 所示的硅电容式单轴加速度传感器的原理。

12-14 对于图 12-8 所示的加速度传感器，简要说明提高其灵敏度的措施。

12-15 简述图 12-9 所示的三轴加速度传感器的设计思路，并说明可能的测量误差。

12-16 说明图 12-12 所示微机械陀螺的工作原理和"谐振"在该陀螺工作中的作用。

12-17 说明图 12-13 所示直接输出频率量的微机械陀螺的工作原理，说明其工作特点。

12-18 简要说明图 12-12 和图 12-13 所示的两种微机械陀螺，在工作原理上的主要差异。

12-19 简述干扰加速度对图 12-13 所示微机械陀螺的影响情况。

12-20 比较图 12-14 所示微机械质量流量传感器与图 10-16 所示 U 形管式谐振式直接质量流量传感器的结构特点。

12-21 如图 12-1 所示的硅微结构谐振式压力传感器，硅材料的弹性模量、密度和泊松比分别为 $E = 1.9 \times 10^{11} \mathrm{Pa}$，$\rho = 2.33 \times 10^3 \mathrm{kg/m^3}$，$\mu = 0.18$；敏感结构参数：方形平膜片边长 3mm，膜厚 0.2mm；梁谐振子沿 x 轴设置于方形平膜片正中间，长 1.3mm，宽 0.08mm，厚 0.01mm；被测压力范围为 $0 \sim 3 \times 10^5 \mathrm{Pa}$ 时，利用式（12-6）的模型计算梁谐振子压力-频率特性（等间隔计算 11 个点），并进行简要分析。

12-22 对于如图 12-7 所示的硅电容式压力传感器，硅材料弹性模量和泊松比分别为 $E = 1.9 \times 10^{11} \mathrm{Pa}$，$\mu = 0.18$；若其敏感结构的有关参数为：半边长 $A = 0.8 \times 10^{-3} \mathrm{m}$，厚度 $H = 30 \times 10^{-6} \mathrm{m}$；电容电极处于方形平膜片的正中央，为边长 $1.5 \times 10^{-3} \mathrm{m}$ 的正方形，初始间隙 $\delta_0 = 12 \times 10^{-6} \mathrm{m}$，压力测量范围为 $0 \sim 2 \times 10^5 \mathrm{Pa}$，利用式（12-21）计算 p-C_p 关系（等间隔计算 11 个点），并进行简要分析。

第 13 章

智能化传感器及其发展

主要知识点：

  智能化传感器的发展趋势

  智能化传感器的主要功能

  智能化传感器中基本传感器的主要作用

  智能化传感器中软件的主要作用

  智能化差压传感器的实现方式与应用特点

  智能化大气数据传感器系统的实现方式与应用特点

  智能化流量传感器系统的基本工作原理

13.1　概述

13.1.1　传感器技术的智能化

  20 世纪 70 年代以来，微处理器在传感器、仪器仪表中的作用日益重要。传感器作为获取实时信号的源头，微处理器作为信息处理的核心，在测控系统中的重要性与日俱增。随着系统自动化程度和复杂性的增加，对传感器的精度、稳定性、可靠性和动态响应要求越来越高。传统的传感器因其功能单一、体积大，性能已不能适应以微处理器为基础构成的多种多样测控系统的要求。为此，出现了以微处理器控制的新型传感器系统。人们把这种与专用微处理器相结合而组成的、具有许多新功能的传感器称为"灵巧传感器"或"智能化传感器"（Smart Sensor）。这种传感器于 20 世纪 80 年代初期问世。近年来，伴随着微处理器技术的大力发展，数字信号处理（Digital Signal Processor，DSP）技术、现场可编程门阵列（Field Programmable Gate Array，FPGA）技术、蓝牙（Bluetooth）技术等在测控系统中获得了成功应用，也为智能化传感器不断赋予新的内涵与功能。

  图 13-1、图 13-2 分别给出了传统传感器和智能化传感器的功能简图。

图 13-1　传统传感器功能简图

  传统传感器仅是在物理层次上进行设计、分析、制作；而智能化传感器则具有如下主要新功能。

1）自补偿功能：如非线性、温度误差、响应时间、噪声、交叉耦合干扰以及缓慢的时漂等的补偿。

2）自诊断功能：如在接通电源时进行自检测，在工作中实现运行检查、诊断测试，以判断哪一组件有故障等。

3）双向通信功能：微处理器和基本传感器之间具有双向通信功能，构成闭环工作模式。

4）信息存储和记忆功能。

5）数字量输出或总线式输出功能。

由于智能化传感器具有自补偿能力和自诊断能力，所以基本传感器的精度、稳定性、重复性和可靠性可得到提高和改善。

由于智能化传感器具有双向通信能力，所以在控制室就可对基本传感器实施控制；还可实现远程设定基本传感器的量程以及组合状态，使基本传感器成为一个受控的灵巧检测装置。而基本传感器又可通过数据总线把信息反馈给控制室。从这个意义上，基本传感器又可称为现场传感器（或现场仪表）。

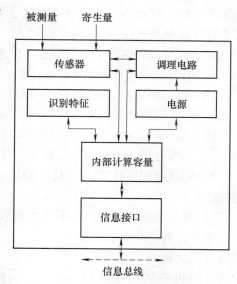

图 13-2　智能化传感器功能简图

由于智能化传感器有存储和记忆功能，所以该传感器可以存储已有信息，如工作日期、校正数据、故障情况等。

智能化传感器依其功能可划分为两个部分，即基本传感器部分和信号处理单元部分，如图 13-3 所示。这两部分可以集成在一起实现，形成一个整体，封装在一个表壳内；也可以

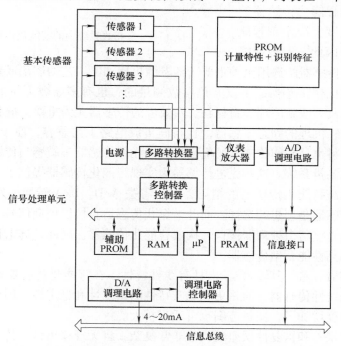

图 13-3　智能化传感器一种可能的结构方案

远距离实现，特别在测量现场环境较差的情况下，有利于电子元器件和微处理器的保护，也便于远程控制和操作。

基本传感器应执行下列三项基本任务：

1）用相应的传感器现场测量需要的被测参数。

2）将传感器的识别特征存在可编程的只读存储器中。

3）将传感器计量的特性存在同一只读存储器中，以便校准计算。

信号处理单元应完成下列三项基本任务：

1）为所有器件提供相应的电源，并进行管理。

2）用微处理器计算上述对应的只读存储器中的被测量，并补偿非被测量对传感器的影响。

3）通信网络以数字总线形式传输数据（如读数、状态、内检等）并接收指令或数据。

此外，智能化传感器也可以作为分布式处理系统的组成单元，受中央计算机控制，如图 13-4 所示。其中每一单元代表一个智能化传感器，含有基本传感器、信号调理电路和微处理器；各单元接口电路直接挂在分时数字总线上，与中央计算机通信。

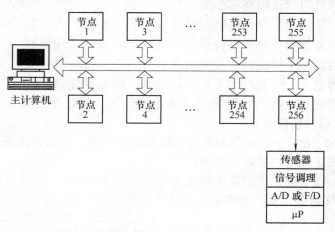

图 13-4 分布式系统中的智能化传感器示意图

13.1.2 基本传感器

基本传感器是智能化传感器的基础，它在很大程度上决定着智能化传感器的性能。因此，实现智能化传感器时，基本传感器的选用至关重要。随着微机械加工工艺的逐步成熟，相继加工出许多实用的高性能微机械传感器，不仅有单参数测量的，也有多参数测量的。特别是硅传感器、光纤传感器以及一些新原理、新材料、新效应的传感器尤为重要。硅材料的许多物理效应适于制作多种敏感机理的固态传感器，且与硅集成电路工艺兼容，便于制作集成传感器。石英、陶瓷等新材料也是制作传感器的优良材料。光纤传感器集敏感与传输于一体，便于实现分布式或阵列式测量系统。这些先进传感器为实现智能化传感器提供了基础。

为了进一步提高智能化传感器的精度，同时省去 A/D、D/A 转换，发展直接输出数字式或准数字式的传感器是理想的选择。而硅谐振式传感器直接以周期信号为背景输出，为准数字量，可简便地直接与微处理器接口，构成智能化传感器。因此，硅谐振式传感器被认为是最具发展前景的高性能新型传感器。

对于传统传感器，希望其输入-输出具有线性特性。在智能化传感器设计中，不再要求基本传感器一定是线性传感器，而是更关心其特性的重复性和稳定性。因此，基本传感器工作原理的选择自由度增加了，测量范围也可适当扩大。

由于引起迟滞误差和重复性误差的机理非常复杂，且无规律可依，传感器的迟滞现象和重复性问题仍然相当棘手。利用微处理器不能彻底消除它们的影响，只能进行有针对性的改善。因此，在传感器设计、生产中，应从材料选用、结构设计、热处理、稳定处理以及生产检验上采取有效措施，以减小迟滞误差和重复性误差。

传感器的长期稳定性，即传感器输出信号随时间的缓慢变化带来的漂移，也是难以补偿的误差。一方面在传感器生产阶段，应设法减小加工材料的物理缺陷和内在特性对传感器长期稳定性的影响；另一方面，实际使用中可通过远程通信功能和一定的控制功能，定期对基本传感器进行现场校验。

总之，对于智能化传感器，首先应尽可能提高基本传感器性能。

13.1.3 智能化传感器中的软件

智能化传感器是在软件（程序）支持下进行工作的。其功能的多少与强弱、使用方便与否、工作是否可靠以及传感器的性能指标如何等，在很大程度上依赖于软件设计与运行的质量。下面介绍软件具有的主要内容。

1. 标度变换

被测信号转换成数字量后，应根据需要转换成所需要的测量值，如压力、温度和流量等。被测对象的输入值不同，经 A/D 转换后得到一系列的数字量，必须把它转换成带有单位的数据后才能运算、显示和打印输出。这种变换叫标度变换。

2. 数字调零

在测量系统的输入电路中，一般都存在零点漂移、增益偏差和器件参数不稳定等现象。它们会影响测量数据的准确性，必须对其进行自动校准。实际应用中，常采用各种程序来实现偏差校准，称为数字调零。还可在测量系统开机时或每隔一定时间，自动测量基准参数，实现自动校准。

3. 非线性补偿

测量系统的输入-输出具有线性特性时，在整个刻度范围内灵敏度一致，便于读数，有利于进行分析处理。但是基本传感器的输入-输出特性往往有一定非线性，或者传感器特性本身就是非线性的，就需要进行补偿。采用微处理器进行非线性补偿时，常采用插值方法，即首先用实验方法测出传感器的特性曲线，然后进行分段插值。只要插值点数取得合理且足够多，即可获得良好的补偿效果。

4. 温度补偿

环境温度变化会给测量结果带来不可忽视的误差。在智能化传感器中，建立温度变化对基本传感器输出特性影响的数学模型，由温度传感器在线实时测出传感器敏感结构所处环境的温度值，送入微处理器，利用插值方法即可补偿温度误差。

5. 数字滤波

模拟式传感器输出信号经 A/D 转换输入微处理器时，常混有如尖脉冲之类的随机噪声干扰，在传感器输出小信号时，这种干扰更明显，应予以滤除。对于周期性的工频（50Hz）干扰信号，采用积分时间为 20ms 整数倍的双积分 A/D 转换器，可有效消除其影响；对于随机干扰信号，也可以利用数字滤波进行处理。

6. 动态补偿

智能化传感器一般应具有很强的实时功能，在动态测量时，常要求在几微秒内完成数据的采样、处理、计算和输出。根据实际应用需要，一方面从基本传感器考虑，设计、选择自身动态特性优的；另一方面，可通过建立传感器动态特性的模型，采用数字滤波补偿技术，提高传感器的动态特性。

总之，对于智能化传感器，首先尽可能在基本传感器的设计、生产中，补偿其误差，提高其性能。然后，利用微处理器再进行改善。这是提高智能化传感器整体性能的主要思路。例如，对于电阻型传感器，适当加入正或负温度系数电阻，可有效减小其温度误差；在此基础上，再利用微处理器进一步提高对温度误差的补偿。

13.2 智能化传感器的典型实例

13.2.1 智能化差压传感器

图 13-5 所示为早期应用的一个典型的智能化差压传感器，由基本传感器、微处理器和现场通信器组成。传感器敏感元件为硅压阻式力敏元件，具有多功能，即在同一单晶硅芯片上扩散有可测静压、差压和温度的敏感单元；该传感器输出的静压、差压和温度三个信号，经前置放大、A/D 转换，送入微处理器中。其中静压和温度信号用于对差压进行补偿，经过补偿处理后的差压数字信号再经 D/A 转换变成 4～20mA 的标准信号输出，或由数字接口直接输出数字信号。

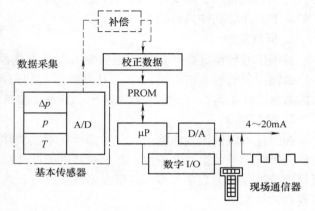

图 13-5 智能化差压传感器

该智能化传感器的主要特点是：

1）最大测量值与最小测量值比（又称量程比）高，可达到 400∶1。

2）精度较高，在其满量程内优于 0.1%。

3）具有远程诊断功能，如在控制室内就可断定是哪一部分发生了故障。

4）具有远程设置功能，在控制室内可设定量程比，选择线性输出还是二次方根输出，调整零点设置、动态响应时间等。

5）在现场通信器上可调整智能化传感器的流程位置、编号和测压范围。

6）具有数字补偿功能，可有效地对非线性特性、温度误差等进行补偿。

图 13-6 所示为智能化硅电容式集成差压传感器，由两部分组成，即硅电容式传感器和信号处理单元。硅电容式传感器的感压硅膜片由硅微机械电子集成工艺制成，其工作原理、结构特点和信号变换等可参考 12.3.1 节。

13.2.2 机载智能化结构传感器系统

图 13-7 所示为智能化结构传感器系统在飞机上应用的示意图。现代飞机和空间飞行器的结构采用了许多复合材料。在复合材料内埋入分布式或阵列式光纤传感器，像植入人工神

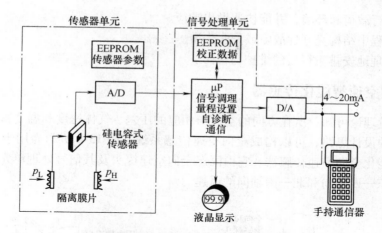

图 13-6　智能化硅电容式集成差压传感器

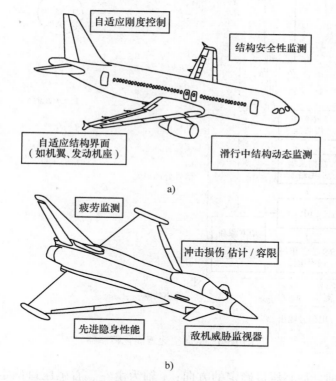

图 13-7　智能化传感器系统在先进飞机上应用的示意图

经元一样,构成智能化结构件。光纤传感器既是结构件的组成部分,又是结构件的监测部分,实现具有自我监测的功能。把埋入在结构中的分布式光纤传感器和机内设备与信息处理单元联网,便构成智能化传感器系统。它们可以连续地对结构应力、振动、加速度、声、温度和结构的完好性等多种状态实施监测和处理,成为飞机健康监测与诊断系统。该传感器系统具有如下主要功能:

1)提供飞行前完好性和适航性状态报告。

2) 监视飞行载荷和环境，并能快速做出响应。

3) 飞行过程中结构完好性故障或异常告警。

4) 适时合理地安排飞行后的维护与检修。

13.2.3 全向空速智能化传感器

由空速测量理论可知：所在方向的空速与相应的压差、气体密度和温度密切相关。基于智能化传感器的设计思路，可以构成全向空速传感系统。图 13-8 所示为用于飞机上测量风速、风向的智能化全向空速传感器。它由固态全向空速探头及其信号处理单元组成，全向空速探头感受沿东—西轴向和北—南轴向的风速。

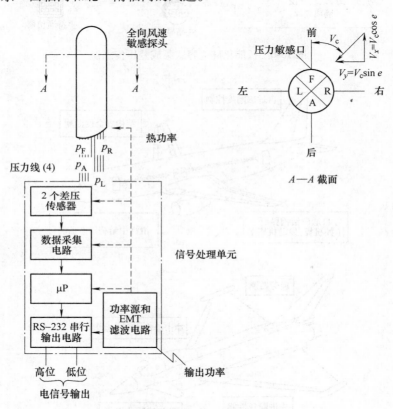

图 13-8　全向空速智能化传感器

定义 x 轴为由前、后感压口确定的方向；y 轴为由左、右感压口确定的方向。前、后、左、右分别用 F、A、L、R 表示。合成风速大小和风向角分别由式（13-1）和式（13-2）确定：

$$V_C = \sqrt{V_x^2 + V_y^2} \tag{13-1}$$

$$\theta = \arctan(V_y/V_x) \tag{13-2}$$

式中　V_x，V_y——沿 x 轴和 y 轴的风速（m/s）。

风速可以描述为

$$\begin{cases} V_x = f(p_F - p_A, \rho_a - T_t) \\ V_y = f(p_L - p_R, \rho_a - T_t) \end{cases} \tag{13-3}$$

式中 $f(\cdot)$ ——空速解算函数；

p_F, p_A——全向空速探头感受前向和后向的压力（Pa）；

p_L, p_R——全向空速探头感受左向和右向的压力（Pa）；

ρ_a, T_t——测量位置处的空气密度（kg/m³）和总温（K）。

全向空速传感器是现代飞机上不可缺少的重要监测装置，为飞机提供不可预测的风速、风向和瞬间的风切变信息，以确保飞机安全飞行和着陆，特别对于在舰艇上起飞和降落的飞机尤为重要。

13.2.4 嵌入式智能化大气数据传感器系统

传统的大气数据传感器系统以中央处理式为主，即利用机头前的静压、总压受感器和机身两侧的静压、总压受感器，并通过一定的气压管路将这些压力信号引到装在机身某处的高精度静压和总压传感器。同时通过安装在机头左右两侧的迎角传感器、总温传感器测量迎角与大气总温。通过安装在机翼上的角度传感器获取左右机翼的后掠角信号。将这些信号汇总到中央大气数据处理计算机中进行处理，解算出所需要的飞行大气数据，如自由气体的静压、动压、静温、高度、高度偏差、高度变化率、指示空速、真空速、马赫数、马赫数变化率和大气密度等重要参数。这些是飞行自动控制系统和发动机自动控制系统、导航系统、空中交通管理系统，以及用于航行驾驶的仪表显示系统、告警系统等不可缺少的信息。对飞行安全、飞行品质起着重要作用。

随着飞机技术的发展，中央式大气数据传感器系统渐渐显出了其不足，例如机头前伸出去的空速管影响气动特性不利于隐身；气压测量管路过长，严重影响了压力测量的动态响应品质，这又限制了飞行的机动性。

为此，近年来在飞行器实现了分布式大气数据计算系统，并进一步发展到嵌入式智能化大气数据传感器系统。其设计思想是：取消机身外部气动感压形式，基于智能结构（见图13-9），将多只微机械压力传感器在环线方向和母线方向按一定规律分布，嵌入飞机头部的

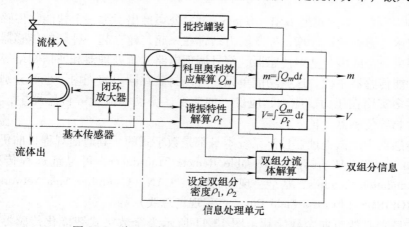

图 13-9 嵌入式智能化大气数据传感器系统示意图

复合材料蒙皮中，360°全方向感受飞机前方的气流信息，获得综合大气数据。将这些大气数据送入信号处理机中进行处理、分析和解算，获得具有精度高、动态响应优和可靠性高的大气数据。显然嵌入式智能化大气数据传感器系统也大大减少了飞机的雷达发射面，提高了隐身性能。

13.2.5 智能化流量传感器系统

10.4.5 节详细介绍了基于科里奥利效应的谐振式直接质量流量传感器的工作原理与应用特点。该直接质量流量传感器是一个典型的智能化流量传感器系统。图 13-10 所示为智能化流量传感器系统功能示意图。

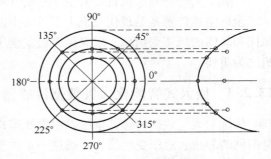

图 13-10　智能化流量传感器系统功能示意图

利用流体流过测量管引起的科里奥利效应，直接测量流体质量流量；利用流体流过测量管引起的谐振频率变化，直接测量流体密度。基于同时直接测得的流体质量流量和密度，实现对流体体积流量的实时解算；基于同时直接测得的流体质量流量和体积流量，对流体质量数与体积数进行累计积算，实现批控罐装。

基于直接测得的流体密度，实现对两组分流体（如油和水）各自质量流量、体积流量的测量，详见式（10-37）～式（10-40）；同时也可以实现对两组分流体各自质量与体积的积算，给出两组分流体各自的质量比例和体积比例，详见式（10-41）、式（10-42）。这在石油石化生产中具有重要的应用价值。

除了实现上述功能外，在流体的实时性测量要求也越来越高，而传感器自身的工作频率较低，如弯管结构在 60～110Hz，直管结构在几百赫兹至 1000Hz，因此必须以一定的解算模型对流量测量过程进行在线动态校正，以提高测量过程的实时性。

13.3 发展前景

20 世纪 80 年代，美国霍尼韦尔（Honeywell）公司推出了第一个智能化传感器。它将硅微机械敏感技术与微处理器计算、控制能力结合在一起，建立起一种新的传感器概念：智能化传感器，即由一个或多个基本传感器、信号调理电路、微处理器和通信网络等功能单元组成的一种高性能传感器系统。这些功能单元块可以封装在同一表壳内，也可分别封装。目前智能化传感器多实用在压力、应力、应变、加速度、振动和流量等传感器中，并逐渐向光学、化学、生物等传感器上扩展。

智能化传感器中的微处理器控制系统本身都是数字式的，其通信规程目前仍不统一，有多种协议，如 HART（Highway Addressable Remote Transducer，可寻址远程传感器高速通道）、FF（Foundation Fieldbus，基金会现场总线）、CAN（Controller Area Network，控制器局域网络）、PROFIBUS（Process Field Bus，过程现场总线）等。

智能化传感器必然走向全数字化。图 13-11 所示为全数字式智能化传感器的结构示意图。其中图 13-11a 为一般原理示意图，图 13-11b 为以硅谐振式传感器为基础传感器，微处理器、现场总线作为信息处理单元，输出数字信号的一个例子。这种实现方式能消除许多与模拟电路有关的误差源（如无需 A/D、D/A 转换器）。这样，传感器的特性再配合相应的环境补偿，就可获得很高的测量重复性、准确性、稳定性和可靠性。

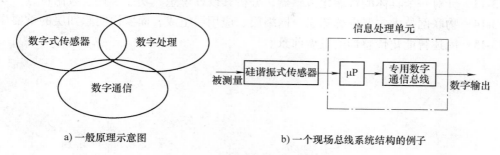

a)一般原理示意图　　　　　　　　　　b)一个现场总线系统结构的例子

图 13-11　全数字式智能化传感器

　　未来有的智能化传感器或测控系统，将所用到的微传感器、微处理器和微执行器集成在一个芯片或多片模块上，构成闭环工作的微系统。系统将数字接口与更高一级的计算机控制系统相连，通过专家系统中的软件，为基本微传感器部分提供更好的校正与补偿。这样的智能化传感器或测控系统，功能会更强大，精度、稳定性和可靠性会更高；其智能化程度也将不断提高，优点会越来越明显。

　　最近快速发展的传感器网络（Sensor Network，SN）或无线传感网络（Wireless Sensor Network，WSN）以及以传感器技术为重要基础的物联网（Internet of Things，IoT）技术已成为智能化传感器的重要应用与发展方向。

　　智能化传感器代表着传感技术今后发展的大趋势，这已成为信息技术、仪器仪表领域共同瞩目的研究内容。有理由相信：伴随着新型功能材料、微机械加工工艺与微处理器技术的大力发展，智能化传感器必将不断被赋予更新的内涵与功能，也必将推动传感器技术及应用、测控技术与仪器的大力发展。

思考题与习题

13-1　如何理解智能化传感器？

13-2　智能化传感器应有哪些主要功能？

13-3　对于智能化传感器中的"基本传感器"，提高其性能的主要措施有哪些？

13-4　简要说明智能化传感器中"软件"应具有的主要内容。

13-5　有观点认为："智能化传感器只能由微机械传感器作为基本传感器来实现"，你认为对吗？请说明理由。

13-6　简述图 13-3 所示的智能化传感器结构方案提供的主要信息。

13-7　简述图 13-5 所示的智能化差压传感器的基本组成与主要应用特点。

13-8　简述图 13-6 所示的智能化硅电容式集成差压传感器的基本组成与应用特点。

13-9　简要说明图 13-7 所示的智能化传感器系统在先进飞机上应用的主要功能。

13-10　简述图 13-8 所示的全向空速智能化传感器的主要功能。

13-11　简述图 13-9 所示的嵌入式智能化大气数据传感器的应用特点。

13-12　基于科里奥利质量流量传感器的工作机理，简述图 13-10 所示的智能化流量传感器系统的功能。

13-13　针对一个具体的智能化传感器，分析其设计思想、功能实现、应用特点。

13-14　物联网技术主要由感知层、网络层、应用层组成，简要说明感知层的重要作用。

13-15　简述智能化传感器的发展前景。

参 考 文 献

［1］仪器仪表元器件标准化技术委员会.传感器通用术语：GB/T 7665—2005［S］.北京：中国标准出版社，2005.

［2］余瑞芬.传感器原理［M］.2版.北京：航空工业出版社，1995.

［3］金篆芷，王明时.现代传感技术［M］.北京：电子工业出版社，1995.

［4］DOEBELIN E O. Measurement Systems Application and Design［M］.5th ed. New York：McGraw-Hill Book Company，2004.

［5］BECKWITH T G，MARANGONI R D. Mechanical Measurements［M］.6th ed. Reading Town：Addison-Wesley Publishing Company，2006.

［6］FRADEN J. Handbook of Modern sensors：Physics，Design，and Applications［M］.5th ed. Berlin：Springer，2016.

［7］蔡武昌，孙淮清，纪纲.流量测量方法和仪表的选用［M］.北京：化学工业出版社，2001.

［8］高世桥，刘海鹏.微机电系统力学［M］.北京：国防工业出版社，2008.

［9］宋文绪，杨帆.传感器与检测技术［M］.北京：高等教育出版社，2009.

［10］樊尚春，刘广玉.新型传感技术及应用［M］.2版.北京：中国电力出版社，2011.

［11］樊尚春，周浩敏.信号与测试技术［M］.2版.北京：北京航空航天大学出版社，2011.

［12］周真，苑惠娟.传感器原理与应用［M］.北京：清华大学出版社，2011.

［13］王祁，等.传感器信息处理及应用［M］.北京：科学出版社，2012.

［14］李现明.现代检测技术及应用［M］.北京：高等教育出版社，2012.

［15］樊尚春，张建民.传感器与检测技术［M］.北京：机械工业出版社，2014.

［16］刘广玉，樊尚春，周浩敏.微机械电子系统及其应用［M］.2版.北京：北京航空航天大学出版社，2015.

［17］樊尚春.传感器技术及应用［M］.3版.北京：北京航空航天大学出版社，2016.

［18］沈显庆.传感器与检测技术原理与实践［M］.北京：中国电力出版社，2018.

［19］赵鹏程，樊尚春.石墨烯谐振式振动测量进展［J］.计测技术，2017（4）：1-3，8.